W0042091

Traité de la
chronologie chinoise
divisé en trois parties

ANTOINE GAUBIL
EDITED BY SILVESTRE DE SACY

CAMBRIDGE
UNIVERSITY PRESS

CAMBRIDGE UNIVERSITY PRESS

Cambridge, New York, Melbourne, Madrid, Cape Town,
Singapore, São Paolo, Delhi, Mexico City

Published in the United States of America by Cambridge University Press, New York

www.cambridge.org
Information on this title: www.cambridge.org/9781108055062

© in this compilation Cambridge University Press 2013

This edition first published 1814
This digitally printed version 2013

ISBN 978-1-108-05506-2 Paperback

This book reproduces the text of the original edition. The content and language reflect
the beliefs, practices and terminology of their time, and have not been updated.

Cambridge University Press wishes to make clear that the book, unless originally published
by Cambridge, is not being republished by, in association or collaboration with, or
with the endorsement or approval of, the original publisher or its successors in title.

CAMBRIDGE LIBRARY COLLECTION

Books of enduring scholarly value

Perspectives from the Royal Asiatic Society

A long-standing European fascination with Asia, from the Middle East to China and Japan, came more sharply into focus during the early modern period, as voyages of exploration gave rise to commercial enterprises such as the East India companies, and their attendant colonial activities. This series is a collaborative venture between the Cambridge Library Collection and the Royal Asiatic Society of Great Britain and Ireland, founded in 1823. The series reissues works from the Royal Asiatic Society's extensive library of rare books and sponsored publications that shed light on eighteenth- and nineteenth-century European responses to the cultures of the Middle East and Asia. The selection covers Asian languages, literature, religions, philosophy, historiography, law, mathematics and science, as studied and translated by Europeans and presented for Western readers.

Traité de la chronologie chinoise, divisé en trois parties

A French Jesuit and missionary to China, Antoine Gaubil (1689–1759) spent half his life in Beijing. His rigorous translations and studies in the fields of history, geography, astronomy and cartography made him one of the finest sinologists of his day. Thanks to his remarkable mastery of Chinese language, he also became the official interpreter to European embassies for the imperial court. Respected throughout Europe, he was a corresponding member of the Royal Society of London, the French Académie Royale des Sciences and the St Petersburg Academy of Sciences. Edited by the French philologist and orientalist Antoine Isaac Silvestre de Sacy (1758–1838), this work was published posthumously in 1814. In it, Gaubil comments on Chinese chronology from the beginning of time until 206 BCE and the start of the Han dynasty. Expertly examining the sources on which this chronology is based, this remains an important contribution to Chinese historiography.

Cambridge University Press has long been a pioneer in the reissuing of out-of-print titles from its own backlist, producing digital reprints of books that are still sought after by scholars and students but could not be reprinted economically using traditional technology. The Cambridge Library Collection extends this activity to a wider range of books which are still of importance to researchers and professionals, either for the source material they contain, or as landmarks in the history of their academic discipline.

Drawing from the world-renowned collections in the Cambridge University Library and other partner libraries, and guided by the advice of experts in each subject area, Cambridge University Press is using state-of-the-art scanning machines in its own Printing House to capture the content of each book selected for inclusion. The files are processed to give a consistently clear, crisp image, and the books finished to the high quality standard for which the Press is recognised around the world. The latest print-on-demand technology ensures that the books will remain available indefinitely, and that orders for single or multiple copies can quickly be supplied.

The Cambridge Library Collection brings back to life books of enduring scholarly value (including out-of-copyright works originally issued by other publishers) across a wide range of disciplines in the humanities and social sciences and in science and technology.

TRAITÉ

DE LA

CHRONOLOGIE CHINOISE,

DIVISÉ EN TROIS PARTIES;

COMPOSÉ

PAR LE PÈRE GAUBIL, MISSIONNAIRE A LA CHINE,

ET PUBLIÉ

POUR SERVIR DE SUITE AUX MÉMOIRES CONCERNANT LES CHINOIS;

PAR M. SILVESTRE DE SACY.

A PARIS,

Chez TREUTTEL et WÜRTZ Libraires, ancien hôtel de Lauraguais, rue de Lille, n° 17;

Et à STRASBOURG, même maison de Commerce.

M. DCCC. XIV.

AVIS DE L'EDITEUR.

Dans l'avertissement que nous avons mis à la tête du seizième volume des Mémoires concernant les Chinois, nous avons annoncé le Traité de la chronologie chinoise du P. Gaubil que nous publions aujourd'hui, et nous avons rendu compte des circonstances qui nous ont engagés à nous charger d'en diriger l'impression, sur l'invitation de M. le comte Laplace. Le manuscrit, qui est une copie de celui du P. Gaubil, nous paraît avoir été écrit à la Chine. Il se termine par ces mots : *A Peking, ce 27 septembre* 1749. On lit sur la feuille qui l'enveloppe : *Copie du Traité de chronologie du P. Gaubil, divisé en trois parties, envoyé à M. Freret en novembre* 1749, *dont j'ai remis l'original à M. de Bougainville. Le P. Bertier en a reçu un second exemplaire, écrit de la main du P. Gaubil.* Cette copie appartient au bureau des longitudes ; elle a fait autrefois partie du dépôt des cartes, plans et journaux de la Marine. Elle est faite avec plus de soin et d'intelligence que celle de l'Abrégé de l'histoire chinoise de la grande dynastie *Tang*, dont nous avons fait usage pour publier la suite de cet Abrégé qui forme le tome seizième des Mémoires. Toutefois elle n'est pas exempte de fautes. Nous avons corrigé celles qui étaient évidentes et de peu d'importance; il en est d'autres dont nous avons indiqué la rectification en note.

Le lecteur reconnaîtra dans ce Traité l'esprit sage du P. Gaubil et sa critique modeste et réservée. On lira avec plaisir le jugement que ce missionnaire, qui a si bien connu la Chine, porte des livres qui servent de fondement à l'histoire de cet empire. La discussion des époques fondamentales de la chronologie chinoise n'inspirera pas moins d'intérêt. Nous croyons que ce Traité manquait à la littérature chinoise de l'Europe, et que tous les hommes éclairés nous sauront gré d'avoir concouru à leur en procurer la jouissance.

Nous avons joint à ce Traité une lettre du même missionnaire qui, sans contenir rien que l'on ne pût déjà trouver ailleurs, nous a paru cependant mériter d'être conservée, et former une suite naturelle du Traité de chronologie.

Le P. Gaubil a placé à la tête de ce Traité une préface, accompagnée de quelques tables des cycles chinois et des constellations, et suivie d'un petit nombre d'observations détachées, qui ne paraissent pas tout à fait à leur place. Nous donnons le tout tel qu'il se trouve dans le manuscrit, à l'exception des caractères chinois des noms des constellations. Nous n'avons voulu ni supprimer ces tables et ces observations, ni en changer la disposition.

Peut-être le dépôt qui nous a fourni l'Abrégé de l'histoire de la dynastie *Tang* et le Traité de la chronologie chinoise, pourrait-il encore offrir quelques autres morceaux dont la publication ne serait point désagréable aux savans. Nous avons cru devoir aujourd'hui nous borner à ces deux ouvrages : le succès qu'ils auront nous fera connaître, si nous devons nous livrer au travail qu'exigerait le dépouillement des porte-feuilles relatifs à la Chine.

Nous ne terminerons point cet avertissement sans instruire les lecteurs que nous avons été aidés dans la publication de ce Traité par M. Abel de Rémusat, dont le concours nous a été fort utile. C'est avec plaisir que nous lui en témoignons notre reconnaissance.

Paris, 16 janvier 1814.

SILVESTRE DE SACY.

a *

AVERTISSEMENT DE L'AUTEUR.

———

JE divise ce Traité en trois parties. Dans la première partie, je prends d'un Abrégé de l'histoire chinoise les règnes et les années des règnes, depuis le commencement de l'histoire jusqu'à l'année 206 avant J.-C. J'ajoute quelques remarques pour mieux faire connaître cette partie de l'histoire.

Dans la seconde partie je rapporte le sentiment des auteurs chinois sur la chronologie contenue dans cet Abrégé, et je donne une courte notice des livres de ces auteurs chinois.

Dans la troisième partie je propose mes vues sur la chronologie chinoise, et j'en examine les époques. On verra dans cette troisième partie, pourquoi je m'arrête à l'année 206 avant J.-C.

L'Abrégé dont je prends les règnes et les années des règnes fut fait sur la fin de la dynastie passée. Il a pour titre *Tse-tchi-kang-kien-ta-tsuen*. Cet Abrégé commence les temps historiques au règne de *Fou-hi*; il ne compte pas sur les règnes de *Soui-gin* et de *Yeou-tchao* avant *Fou-hi* : il les regarde comme douteux. Il raporte les temps des trois *Hoang* et de *Pan-kou* comme fabuleux et mythologiques. L'Abrégé finit par la dernière année de la dynastie *Yuen* ou des Tartares mogols (1368 de J.-C.), qui fut aussi la 1re année de la dynastie *Ming*.

AVERTISSEMENT DE L'AUTEUR.

CYCLE DE 60 ANS AVANT J.-C.

Kia tse.	Y tcheou.	Ping yn.	Ting mao.	Vou tchin.	Ki sse.	Keng ou.	Sin ouey.	Gin chin.	Kouey yeou.
3477	3476	3475	3474	3473	3472	3471	3470	3469	3468
Kia su.	Y hay.	Ping tse.	Ting tcheou.	Vou yn.	Ki mao.	Keng tchin.	Sin sse.	Gin ou.	Kouey ouey.
3467	3466	3465	3464	3463	3462	3461	3460	3459	3458
Kia chin.	Y yeou.	Ping su.	Ting hay.	Vou tse.	Ki tcheou.	Keng yn.	Sin mao.	Gin tchin.	Kouey sse.
3457	3456	3455	3454	3453	3452	3451	3450	3449	3448
Kia ou.	Y ouey.	Ping chin.	Ting yeou.	Vou su.	Ki hay.	Keng tse.	Sin tcheou.	Gin yn.	Kouey mao.
3447	3446	3445	3444	3443	3442	3441	3440	3439	3438
Kia tchin.	Y sse.	Ping ou.	Ting ouey.	Vou chin.	Ki yeou.	Keng su.	Sin hay.	Gin tse.	Kouey tcheou.
3437	3436	3435	3434	3433	3432	3431	3430	3429	3428
Kia yn.	Y mao.	Ping tchin.	Ting sse.	Vou ou.	Ki ouey.	Keng chin.	Sin yeou.	Gin su.	Kouey hay.
3427	3426	3425	3424	3423	3422	3421	3420	3419	3418

Première année des Cycles de 60 ans avant J.-C.

Avant J.-C.

4317	3417	2517	1617	717
4257	3357	2457	1557	657
4197	3297	2397	1497	597
4137	3237	2337	1437	537
4077	3177	2277	1377	477
4017	3117	2217	1317	417
3957	3057	2157	1257	357
3897	2997	2097	1197	297
3837	2937	2037	1137	237
3777	2877	1977	1077	177
3717	2817	1917	1017	117
3657	2757	1857	957	57
3597	2697	1797	897	
3537	2637	1737	837	
3477	2577	1677	777	

Dans la troisième partie on verra en quoi consiste l'usage du cycle de 60 années et de 60 jours pour la chronologie.

Le cycle de 60 ans a 10 caracteres appelés *kan*, et 12 caractères appelés *tchi*.

10 *kan.*	12 *tchi.*
Kia.	Tse.
Y.	Tcheou.
Ping.	Yn.
Ting.	Mao.
Vou.	Tchin.
Ki.	Sse.
Keng.	Ou.
Sin.	Ouey.
Gin.	Chin.
Kouey.	Yeou.
	Su.
	Hay.

Ces dix *kan* ont été autrefois un cycle de 10 jours.

Les douze *tchi* font aussi un cycle de 12 ans.

Les 28 Constellations chinoises.

ÉTENDUE ÉQUATORIENNE des 28 constellations.	COMMENC. DES CONSTELLAT. 1700 de J.-C.	LATITUDES.
1 Kio.........12°	Libra....19ᵈ. 40ᵐ. 3ˢ	2ᵈ.... 1ᵐ..49ˢ..Aust.
2 Kang......... 9	Scorpius.. 0..19...41	2 ...55...58 ..Boré.
3 Ti..........15	————..10..54...28	0 ...21...52 ..B.
4 Fang........ 6	————..28..44..58	5 ...26...42 ..A.
5 Sin......... 5	Arcitens. 3..35...48	3 ...58...10 ..A.
6 Ouey (1)......18	————..11.. 5... 0	14 ...50... 0 ..A.
7 Ki..........11	————..27.. 4...18-	6 ...56...37 ..A.
8 Teou........26	Caper.... 5..59...48	3 ...54...23 ..A.
9 Nieou....... 8	————..29..51...48	4 ...37... 2 ..B.
10 Nu..........12	Aquarius. 7..34...30	8 ...10...15 ..B.
11 Hiu.........10	————..19..13...17	8 ...38...20 ..B.
12 Ouey........17	————..29..11...13	10 ...39...40 ..B.
13 Che.........16	Pisces.. 19..17... 3	19 ..24...58 ..B.
14 Pi......... 9	Aries.... 4..57...13	12 ...36...30 ..B.
15 Kouey.......16	————..16..31... 0	17 ...48...20 ..B.
16 Leou........12	————..29..46...13	8 ...38...35 ..B.
17 Ouey........14	Taurus. .12..47 ..36	11 ... 8...29 ..B.
18 Mao.........11	————..25..47... 8	4 ... 1...13 ..B.
19 Pi..........16	Gemini. . 4..14...59	2 ...36...21 ..A.
20 Tse......... 2	————..19..35...30	13 ...25...40 ..A.
21 Tsan........ 9	————..18.. 9...43	23 ...36... 0 ..A.
22 Tsing.......33	Cancer .. 1.. 4...50	0 ...53...30 ..A.
23 Kouey....... 4	Leo..... 1..31...51	0 ...48... 8 ..A.
24 Lieou.......15	————.. 6.. 7...30	12 ...27... 0 ..A.
25 Sing........ 7	————..23.. 6...23	22 ...25...20 ..A.
26 Tchang......18	Virgo.... 1..30... 0	26 ...12... 0 ..A.
27 Y..........18	————..19..33... 0	22 ...41... 0 ..A.
28 Tchin.......17	Libra..... 6..35...0	14 ...25... 0 ..A.

L'équateur est divisé en
365° ¼.

Les noms des ving-huit constellations sont dans le

(1) Les noms des sixième, douxième et dix-septième constellations s'écrivent en chinois par des caractères différens. Il en est de même des noms des quatorzième et dix-neuvième, et de ceux des quinzième et vingt-troisième constellations. (*Note de l'éditeur.*)

livre de *Lu-pou-ouey* dont je parle dans la deuxième partie : c'est le plus ancien catalogue qui subsiste en entier. Dans le *Chou-king*, le *Chi-king*, le *Tchun-tsieou*, le *Tso-tchouen* et autres anciens livres, on voit les noms de quelques constellations, mais le catalogue entier n'y est pas.

L'étendue équatorienne des vingt-huit constellations est prise de l'astronomie chinoise plus de cent ans avant J.-C. : c'est la plus ancienne étendue qu'on ait. Depuis ce temps-là on a fait d'autres catalogues pour l'équateur et le zodiaque ; mais dans ce traité de chronologie on n'a besoin que de l'étendue équatorienne marquée ici.

La famille de l'empereur *Tsin-chi-hoang* régnait dans le *Chen-sy*, tandis qu'une autre famille *Tsin* régnait dans le *Chan-sy*. Celle du *Chan-sy* est écrite dans ce traité *Tcin* ; celle du *Chen-sy* est écrite *Tsin*. Les caractères chinois de ces deux familles sont différens.

J'ai écrit *Ven-vang*, il est mieux d'écrire *Ouen-ouang* ; de même pour les empereurs de *Tcheou*, j'ai toujours écrit *Vou-vang*, *Tching-vang*, etc. ; au lieu de *Vang*, il est mieux d'écrire *Ouang*.

Plusieurs livres européens parlent des flottes envoyées par *Tsin-chi-hoang* au Bengale et aux Indes, de même au Japon. Pour le Bengale et les Indes, il n'y a rien dans l'histoire qui puisse donner lieu de croire que du temps de *Tsin-chi-hoang* des flottes chinoises y aient été envoyées. On put alors aller par terre du *Yun-nan* sur les frontières des Indes ; de même par le *Tonquin* on put aller dans quelques terres au sud de ce royaume. Il peut se faire que quelques barques du temps de *Tsin-chi-hoang* allaient de Canton au Tonquin et en Cochinchine, mais on ne voit pas de vestiges de flottes envoyées aux Indes.

Pour les flottes envoyées au Japon, tout se réduit aux barques envoyées pour aller aux îles des Esprits, mais on ne dit pas quelles sont ces îles.

Quand Alexandre le Grand fut dans la Bactriane et aux Indes, il put aisément avoir quelque connaissance de la Chine ; quelques officiers ou autres de sa suite auraient pu aller au *Yun-nan*, au *Sse-tchouen*, au *Chen-sy* ; mais il n'est nullement probable qu'un corps d'armée ait été envoyé à la Chine par Alexandre, il est encore moins probable qu'il y soit venu lui-même avec l'armée. De son temps, dans le Khorasan et les pays de Samarcande et de Bokhara, il y avait des marchands qui faisaient le commerce de plusieurs marchandises de la Chine ; du moins cela est très-probable.

En Europe, il est aujourd'hui très-facile d'avoir une carte de la Chine ; j'ai cru qu'il était inutile d'en mettre une dans ce traité.

CATALOGUE DES PRINCES DE *TSIN*

Pour la troisième Partie.

(1) C'est le premier prince du pays de *Tsin* : l'histoire de *Tsin* n'a pas marqué les années de son règne. *Hiao-vang*, empereur de la dynastie de *Tcheou*, érigea en principauté tributaire le pays de *Tsin* (dans le territoire de *Kong-tchang-fou* du *Chen-sy*.) L'empereur donna cette principauté à *Fey-tse* et lui donna le surnom de *Yng* : on l'appela *Tsin-yng*.

(2) Les Tartares profitant des troubles de la cour de *Li-vang* chassèrent *Tsin-tchong* de son état à la troisième année de son règne. L'empereur *Suen-vang* étant monté sur le trône, le rétablit. A la sixième année du règne de *Suen-vang* (822 avant J.-C.) il fut tué dans un combat contre les Tartares.

(3) A la septième année du règne de *Siang-kong*, l'empereur *Yeou-vang* fut tué par les Tartares. L'empereur *Ping-vang* fit *Siang-kong* Régulo.

(4) A la quatrième année du règne de *Ning-kong*, *Yn-kong*, prince de *Lou*, fut tué : c'était la onzième année de son règne.

(5) La trente-sixième année du règne de *Mou-kong* répond à la troisième année de *Ven-kong*, prince de *Lou*. Cette troisième année est démontrée par les éclipses être l'année 624 avant J.-C.

(6) A la douzième année de *Tao-kong* on rapporte la mort de *Confucius* : cette année est démontrée être l'année 479 avant J.-C.

(7) *Ling-kong* ne régna que dix ans. Le nombre *treize* du livre dont on a pris les règnes est fautif. Il est corrigé dans les histoires. Sa dixième année est aussi comptée la première année du règne de *Kien-kong*.

(8) La deuxième année de *Tchou-tse* est aussi comptée la première année du règne de *Hien-kong*.

(9) *Ven-ouang* ne régna que quelques jours. Son année est marquée aussi la première année du règne de *Tchoang-siang-vang.*

(10) A la troisième année de son règne il est empereur.

(11) La troisième année de *Eul-chi* est l'an 207 avant J.-C.

TRAITE

TRAITÉ
DE LA CHRONOLOGIE CHINOISE.

PREMIERE PARTIE.

CHRONIQUE DES TROIS *HOANG* (3 Augustes).

C'EST une ancienne tradition que le premier qui gouverna le monde, fut *Pan-kou*: on l'appela aussi *Hoen-tun* (1). Il fut formé dans un vide immense. On ne sait pas son origine. Il savait parfaitement ce qui regarde le ciel et la terre, et les deux principes de la matière en mouvement et de la matière en repos. Il dirigea les diverses formations. C'est le premier qui a gouverné le ciel, la terre, les hommes. (On peut donner ce sens : C'est le premier qui traita comme souverain les affaires qui regardent le ciel, la terre et les hommes.)

TIEN-HOANG.

Tien-hoang (2), fut le titre de treize personnes (3) qui furent les successeurs de *Pan-kou*. Leur titre est aussi l'Esprit du ciel. Le cycle de 60 années fut fait dans ce temps-là. Ce cycle a 10 *kan* et 12 *tchi* (4). C'est pour désigner le lieu de chaque année dans la période de 60. On régla les devoirs du souverain et du sujet, on établit

(1) Cahos.
(2) *Tien*, ciel; *Hoang*, Auguste.
(3) C'etaient treize frères.
(4) Voyez le Cycle.

I

des mandarins, on fit des sceaux pour les contrats, on forma des caractères pour avoir communication avec ceux qui gouvernaient dans les huit départemens, on fit des figures et des représentations. Les hommes étaient en paix et sincères, il n'y avait nul dérangement dans les saisons. Les treize *Tien-hoang* régnèrent 18,000 ans.

NOTES.

1° Je traduis par matière en repos, le caractère *Yn*, et par matière en mouvement, le caractère *Yang*. Ces deux caractères *Yn*, *Yang*, soit dans le moral, soit dans le physique, sont fort en usage dans les livres chinois, et ont le sens de matière en mouvement et matière en repos, de fort, faible, clair, obscur, grand, petit, supérieur, inférieur; enfin ce qui est susceptible du plus ou du moins, s'exprime souvent par *Yn* et *Yang*. Le plus est *Yang*, le moins est *Yn*.

2° Plusieurs Chinois croient que *Pan-kou* est le premier homme, que le jour de sa naissance est le 16ᵉ jour de la 10ᵉ lune, et que son tombeau est dans les provinces méridionales de l'Empire. Selon d'autres, *Pan-kou* est un Esprit.

TI- HOANG.

Onze frères, du titre de *Ti-hoang* (1), régnèrent après les princes *Tien-hoang*. On nomme aussi ces onze frères Esprits de la terre. Ils surent profiter des connaissances qu'ils avaient, pour faire jouir les hommes des avantages du ciel et de la terre; tout fut dans l'ordre et en paix. On régla le cours du soleil, de la lune et des astres. On assigna les termes du jour et de la nuit. On détermina que trente jours feraient un mois, et que le solstice d'hiver serait dans la onzième lune. Le gouvernement des princes *Ti hoang* fut de 18,000 ans.

(1) *Ti*, terre ; *Hoang*, auguste.

GIN-HOANG.

Gin-hoang (1) est le titre de neuf frères qui succédèrent aux princes *Ti-hoang*. L'empire fut divisé en neuf parties, et chacun gouvernait dans une des neuf parties. L'abondance régnait partout, et il n'y avait nul désordre. Les neuf frères régnèrent 45,600 ans.

NOTES.

1° L'année de J. C. 1368 est la 1ere année du règne *Hong-vou.* C'est le titre des années du règne du fondateur de la dynastie *Ming.*

L'abrégé de l'histoire dit que depuis le commencement des *Tien-hoang*, jusqu'à la 1ere année de *Hong-vou*, *vou-chin* (45e année du cycle de 60.), on compte 86,496 ans

2° Pour les dix espaces de temps ou chroniques de quelques auteurs, voyez la 3e partie.

3° Le caractère chinois *tsay* exprime talent, habileté, bonne qualité, propriété. Les trois *tsay* selon les lettrés chinois, sont le ciel, la terre, l'homme, ou, pour mieux dire, les trois *tsay* sont les propriétés essentielles au ciel, à la terre et à l'homme.

4° Les premiers habitans de la Chine sont bien près des temps de Noé et de ses enfans, ils ont eu d'anciennes traditions ; mais dans la suite des temps elles ont été altérées. Dans ce qu'on rapporte de *Pan-kou* et des trois *Hoang*, il est facile de reconnaître des vestiges de quelque tradition de la création du monde et des temps avant le déluge.

5° Du temps de *Tsin-chi-hoang* (2) on brûla l'ancienne histoire. Cette histoire brûlée avait sans doute bien des traditions portées à la Chine par ses premiers habitans. Indépendamment de la perte des livres brûlés, on sait que la littérature chinoise souffrit beaucoup dans les temps des guerres, entre le temps de Confucius et la dynastie *Tsin* avant J.-C. On sait encore qu'avant Confucius il y eut bien des troubles, des pillages et saccagemens de villes, même de

(1) *Gin*, homme; *Hoang*, auguste.   (2) Voyez la dynastie de *Tsin.*

la cour. On sait encore que Confucius en revoyant les anciens livres, en retrancha bien des endroits comme peu prouvés et apocryphes. L'histoire de la création, de la vie des premiers patriarches, du déluge universel, et autres traits d'histoire parurent peut-être des faits incroyables à Confucius, et il les ôta des *King* comme fabuleux. Voilà les causes qui font que, dans les livres authentiques qui nous restent, on ne trouve pas autant de traditions qu'on souhaiterait sur les temps anciens.

6° Après le prince *Gin-hoang*, l'abrégé de l'histoire vient au règne de *Yeou-tchao* comme étant assez bien prouvé.

L'*Empereur* Yeou-tchao.

Yeou-tchao apprit aux Chinois la manière de construire des cabanes pour se mettre à couvert des bêtes féroces. Avant le temps de ce prince, on habitait dans des cavernes. Du temps de *Yeou-tchao*, on buvait le sang des animaux; la chair crue, les herbes, feuilles et fruits sauvages, étaient la nourriture ordinaire.

L'*Empereur* Soui-gin.

Après *Yeou-tchao* les peuples furent gouvernés par *Soui-gin*. Il apprit aux hommes l'usage du feu, et la manière de cuire les viandes pour se nourrir. Il apprit aussi à faire le commerce; il établit des écoles pour enseigner les principes de la religion. Il aimait à contempler les astres et à examiner les propriétés du bois, des métaux, de la terre, du feu, de l'eau. Il enseigna l'usage des nœuds de cordelettes, pour marquer et se ressouvenir des choses nécessaires.

NOTES.

1° On ne dit pas la durée des règnes de *Yeou-tchao*, et de *Soui-gin*.

2º Le caractere *tchao* exprime un nid d'oiseau sur les arbres; il exprime aussi hutte, cabane, case de bois. *Yeou* veut dire, *il y a*, *il y eût*, comme si on voulait dire : *prince au temps duquel il y eut des cabanes de bois.*

3º *Soui* est un caractère qui désigne un instrument à faire du feu, *gin* veut dire homme.

HISTOIRE DES CINQ *TI.*

L'Empereur Fou-hi.

Ce prince naquit dans la province de *Chan-sy.* Sa cour fut dans le pays de *Ho-nan.* Sa mère s'appelait *Hoa-su.* Les peuples apprirent de lui l'art de la chasse et de la pêche, pour avoir de quoi vivre. Il entretenait des animaux, et en réservait pour des victimes à sacrifier à l'Esprit. (On peut aussi traduire, *aux Esprits.*) Il fut héritier du ciel et fut roi.

L'année *kouey-yeou* (1) fut la première année du règne de *Fou-hi.* Il trouva les figures dites *Ho-tou Lo-chou,* il fit les huit figures dites les 8 *Koua.* Les trois lignes de chaque *Koua* étant rangées et combinées en plusieurs manières, forment 64 *Koua*, chacun de six lignes, et le nombre de ces lignes est 384. A la place des nœuds de cordelettes, *Fou-hi* fit des caractères pour écrire et faire des conventions ou contrats. Il composa une méthode pour l'astronomie et il se servit du cycle de 60. Les mandarins avaient le titre de Dragon. Il établit pour les mariages des lois fixes, inconnues auparavant. Il fut l'auteur des noms et surnoms pour distinguer les familles et les personnes. Il fit faire des instrumens de musique. Il mourut après un règne de 115 ans.

(1) 10ᵉ année du cycle de 60.

NOTES.

1° L'année *kouey-yeou* est ici l'année 3468 avant J.-C. Par-là on voit que sur le temps de *Fou-hi*, l'auteur dont le père Martini a pris la chronologie, est différent de celui dont on prend ici les époques. Celui-ci diffère encore de plusieurs autres auteurs qui placent *Fou-hi* ou plus près ou plus loin de nos temps. Il n'y a rien de certain là-dessus.

2° Je ne prétends pas faire une histoire chinoise, ni traduire quelqu'une de celles qu'on voit imprimées en chinois. Je ne prends que ce qui est nécessaire pour faire connaître la chronologie. Je ne dis rien des figures *Ho-tou Lo-chou*, on les voit dans beaucoup de livres imprimés en Europe, de même que les *Koua*.

Nu-ouA, Impératrice.

Après la mort de *Fou-hi*, sa sœur *Nu-oua* gouverna l'empire. La première année du règne fut *vou-tchin* (1). *Kong-kong*, mauvais prince, causa du désordre. Il fut cause d'un déluge qui faillit à perdre l'empire. *Nu-oua* remédia aux maux du déluge et fit mourir *Kong-kong*. Cette princesse régna 130 ans. Elle avait fort aidé son frère dans le gouvernement.

NOTES.

1° *Nu* signifie femme. *Oua* paraît ici n'être qu'un *son* qui n'a point de signification.

2° Ce déluge dont il est ici parlé, est rapporté fort diversement dans les divers auteurs qui ont entièrement défiguré la tradition du déluge de Noé et que les lettrés chinois traitent de fabuleux. Il y en a qui disent (2) que les colonnes du ciel étant ébranlées, l'eau qui tomba du ciel causa un déluge. *Nu-oua* avec une pierre de diverses couleurs remit le ciel en bon état, et arrêta les effets du

(1) 3535 ans avant J. C.
(2) Quelques historiens placent *Kong-kong* long-temps après le règne de la princesse *Nu-oua*.

déluge. D'autres disent que *Kong-kong* brouilla tout et causa du désordre dans les mœurs ; *Nu-oua* remédia aux désordres, et fit observer les règles du ciel pour la pratique de la vertu. C'est, disent-ils, en ce sens que *Nu-oua* répara le Ciel. Selon d'autres *Kong-kong* était surintendant des eaux, et à cause de sa négligence à faire les ouvrages, il y eut des rivieres qui rompirent les digues, et une grande inondation survint. Enfin, il y a une ancienne tradition qui rapporte que *Nu-oua* est le nom d'un Esprit; que dans le temps qu'il n'y avait pas encore d'hommes, *Nu-oua* avec une corde prit d'un marais de la terre jaune, et que c'est de-là que le premier homme vint au monde. Il peut se faire que *Nu-oua* désigne la tradition ancienne sur Eve. *Nu*, femme ; *oua* serait *Eva* ou *Ghe-oua*; mais je ne veux pas m'arrêter à ces sortes de conjectures.

3° Plusieurs ont mis après *Nu-oua* le nom du règne de quatorze princes; l'abrégé de l'histoire dont je prends la suite des règnes, suit le sentiment de ceux qui disent que ces quatorze princes étaient contemporains de *Fou-hi* et étaient des princes tributaires.

L'Empereur YEN-TI, *ou* CHIN-NONG.

La cour de ce prince fut dans le *Ho-nan*; il la transporta ensuite dans le *Chan-tong*. La première année de son règne fut *kouey-ouey* (3218 avant J. C.). Les Chinois apprirent de lui l'art de labourer la terre, semer et recueillir toute sorte de grains. Il était médecin, et fit des livres sur l'usage des plantes pour les remèdes. Il y eut de son temps des marchés où l'on faisait le commerce à midi. On fit de la toile. Il régna 140 ans. Il eut sept successeurs qui régnèrent en tout 380 ans. Le dernier s'appelait *Yu-ouang*.

NOTES.

1. Le caractère *Chin* exprime esprit, intelligence; *nong* veut dire labourer, labourage.

2. L'auteur de l'abrégé de l'histoire cite des textes pour faire voir le ridicule des fables débitées par ceux qui donnent des figures ridicules à *Fou-hi*, *Chin-nong*, etc., qui disent, par exemple, que *Fou-hi* avait le corps d'un serpent, et que *Chin-nong* avait la tête d'un bœuf.

3. Quand je parle de *Chan-sy*, *Ho-nan*, *Chan-tong*, etc., il faut entendre que ces pays, ainsi appelés aujourd'hui, répondent aux pays dont parle l'histoire.

L'Empereur HOANG-TI.

À la 55ᵉ année du règne de *Yu-ouang*, dernier empereur de la famille de *Chin-nong*, un prince de sa maison, nommé *Tchi-yeou*, se révolta et causa de grands désordres. Il était cruel, avare, et accusé de magie. Les Régulos étaient divisés entr'eux, et l'empereur ne pouvant venir à bout de réduire *Tchi-yeou*, fut obligé de se retirer Quelques Régulos se joignirent au prince *Hien-yuen*, qui avait un état dans le *Ho-nan*. *Hien-yuen* attaqua plusieurs fois *Tchi-yeou*, et par le moyen de la boussole il connut les routes que tenait *Tchi-yeou*, dont l'art magique avait causé des brouillards à la faveur desquels il voulait surprendre *Hien-yuen*. *Tchi-yeou* fut enfin pris et mis à mort; les Régulos élurent empereur *Hien-yuen*. Il eut le titre de *Hoang-ti* (1). La bataille où *Tchi-yeou* fut pris, fut dans le pays où est *Yen-kin-tcheou* du *Pe-tche-ly*.

L'année *kouey-hay* (2) fut la première du règne de *Hoang-ti*. Il fit des lois pour le gouvernement, établit des ministres, nomma des mandarins pour régler la forme des caractères chinois, et érigea le tribunal pour écrire l histoire. Il fit faire des livres de médecine, d'astro-

(1) *Hoang* veut dire jaune; *Ti* veut   (2) 2698 avant J.-C.
dire *souverain*.

nomie,

nomie, et des instrumens pour observer les astres, avec des cartes célestes. Il fit mettre en ordre le cycle de 60 (1). Dans la méthode pour l'astronomie, l'année *kia-yn* fut l'époque pour les années. L'époque des jours fut *kia-tse*. Le jour *ki-yeou* fut le jour du solstice d'hiver et le premier jour de la lune. Il inventa le cycle de dix-neuf ans pour le retour des conjonctions et oppositions, et pour l'intercalation. Il fit fondre des cloches, fit faire des barques, des voitures; il régla les poids et les mesures, le prix des denrées, et l'usage des métaux pour le commerce; il fit faire des instrumens de musique, fit nourrir des vers à soie, et on fit des étoffes de soie. Il donna les principes de l'arithmétique et de la géométrie. Il fit faire des arcs, des flèches, des bières pour les morts.

Hoang-ti fit faire des maisons et des murailles pour le contour de certains endroits. Il institua des écoles pour l'instruction des jeunes gens, et édifia des temples pour honorer *Chang-ti* (2) et les Esprits. Il divisa l'empire en divers départemens, régla les divers grades des mandarins, leurs habits; il fit des habits royaux, le sceptre, la couronne, le trône et autres marques de la dignité royale. On le représente comme un législateur et fondateur d'un nouvel empire. Il régna 100 ans, et si on en croit les Chinois, il n'y a jamais eu de règne aussi glorieux et heureux que celui de *Hoang-ti*.

NOTES.

1° Selon les Chinois, tous les empereurs, depuis *Hoang-ti* jusqu'à l'an 206 avant J. C., sont des descendans de l'empereur *Hoang-ti*.

2° S'il est vrai que *Hoang-ti* soit l'auteur des caractères, ou si, de

(1) Voyez la 3e partie.　　　(2) Souverain seigneur.

son temps, les caractères chinois ont été inventés, on ne voit pas trop comment il a fait faire des livres d'astronomie, de médecine et autres qui supposent bien des connaissances acquises. On dira peut-être que cela suppose des connaissances acquises dans des pays différens de la Chine, et dans des langues différentes de la chinoise, c'est-à-dire que *Hoang-ti* aurait fait traduire en chinois des livres écrits en langues étrangères. On peut dire encore que, selon beaucoup de Chinois, dès le temps de *Fou-hi* il y avait des caractères chinois et que *Hoang-ti* ne fit que leur donner une autre forme.

3° Les sectateurs de *Tao* regardent *Hoang-ti* comme le chef de leur secte; ils disent que *Hoang-ti* n'est pas mort, et qu'il monta vivant au ciel.

4° On a vu que, selon l'abrégé de l'histoire, avant *Hoang-ti* on avait le cycle de 60. C'est ce qu'on ne saurait bien déterminer au juste.

L'*Empereur* CHAO-HAO, *ou* KIN-TIEN.

Chao-hao était fils de *Hoang-ti*. La première année de son règne fut *kouey-mao* (2598 avant J.-C.); il mourut après avoir régné 84 ans.

L'*Empereur* TCHOUEN-HIU, *ou* KAO-YANG.

Kao-yang était fils du frère aîné de *Chao-hao*. L'année *ting-mao* fut la première de son règne (2514 avant J.-C.). Anciennement, dit l'histoire, il n'y avait ni fausse doctrine, ni culte superstitieux. Sous le faible gouvernement de *Chao-hao*, les neuf *Li* corrompirent les mœurs des peuples par leur mauvaise doctrine et leurs superstitions. On ne faisait nulle distinction des affaires des Esprits et de celles des hommes; des magiciens couraient de maison en maison, épouvantaient les hommes, et les cérémonies pour honorer les Esprits étaient mêlées de superstitions. Toute sorte de désastres et de malheurs affligèrent l'empire

Chao-hao ne put pas remédier à tant de maux. *Tchouen-hiu* étant monté sur le trône, ordonna à un de ses fils et à un des fils de *Chao-hao* (1) de faire distinction des esprits et des hommes, et de ce qui regarde les affaires des uns et des autres. L'un fut chargé du soin du ciel, l'autre le fut de celui de la terre. On réussit, on coupa la communication du ciel avec la terre, les cérémonies de religion se firent dans l'ordre, le peuple fut instruit de ses devoirs, la tranquillité régna partout, et on fut délivré des malheurs publics.

L'empereur fit faire une méthode pour l'astronomie. Il régla que *mong-tchun* (2) serait la première lune de l'année. Il fit faire des instrumens pour observer les astres et vérifier les calculs. Dans cette année la nouvelle lune, et première de l'année, fut au *li-tchun* (3). Ce jour-là les cinq planètes se trouvèrent réunies dans *yng-che* (4). L'empereur divisa l'empire en neuf parties, et mourut après avoir régné 78 ans. Il fut enterré à *Po-yang* (près de *Tong-tchang-fou* du *Chan-tong*). *Tchouen-hiu* fut un grand prince.

NOTES.

1° Ce que fit *Kao-yang* pour remédier aux désordres des superstitions, etc., est pris de l'ancien livre *Koue-yu*, livre estimé et fait près des temps de Confucius.

2° Pour la réunion ou conjonction des planètes, voyez la 3e partie.

3° Un des petits fils de *Kao-yang* fut *Pong tsou*, connu sous le nom de *Lao-pong*. Il passe pour avoir vécu 400 ans; il y en a même qui disent qu'il a vécu 700 et même 800 ans. Confucius parle de lui.

(1) *Tchong-li*.	(3) Milieu de notre signe verseau.
(2) Première lune du printemps.	(4) Constellation *che*.

4° Selon quelques traditions *Kao-yang* fit la loi qui ordonne que le seul empereur peut faire le sacrifice solennel au ciel.

L'Empereur Ty-ko, ou Kao-sin.

Ty-ko, petit-fils de *Chao-hao*, succéda à *Tchouen-hiu*, l'année *y-yeou* (2436 avant J.-C.) : sa cour fut dans le *Ho-nan*. Il eut un règne paisible et glorieux. Il régna 70 ans; son fils *Tchi* lui succéda. *Tchi*, à la 9ᵉ année de son règne, fut détrôné. Il ne songeait qu'à ses plaisirs. Son frère *Yao* monta sur le trône.

L'Empereur Yao.

L'année *kia-tchin* fut la première année du règne de *Yao* (2357 avant J.-C.). Ce prince eut sa cour à *Ping-yang-fou* du *Chan-sy*.

L'empereur *Yao* ordonna aux mathématiciens *Hi, Ho*, de supputer et de representer les mouvemens des planètes et les étoiles, et d'annoncer aux peuples ce qui regarde les quatre saisons. Il nomme les constellations, dont l'observation doit déterminer les solstices et les équinoxes. Il parle d'une période de 366 jours. Il ordonne de déterminer les intercalations et les quatre saisons.

NOTES.

1° Les astronomes *Hi, Ho*, étaient des descendans des princes *Li-tchong* auxquels l'empereur *Tchouen-hiu* avait donné le soin des affaires des Esprits et des hommes. *Yao* ordonna à *Hi, Ho*, de garder les anciennes règles.

2° Ce que dit l'histoire sur les étoiles, est relatif à ce qu'en dit le *Chou-king* dans le chapitre *Yao-tien*. Or, par ce livre et par la tradition, on voit qu'au temps de *Yao* (1) la constellation *hiu* désignait

(1) Voyez les Constellations.

le solstice d'hiver, la constellation *sing* désignait celui d'été, la constellation *mao* marquait l'équinoxe du printemps, et la constellation *fang* marquait celui d'automne; c'est-à-dire que les solstices et les équinoxes répondaient à ces quatre constellations. Ces quatre constellations ont quelques degrés d'étendue. On n'assigne pas le degré où répondaient les quatre saisons, et quelque exactitude qu'on suppose dans *Hi, Ho*, on ne saurait par-là fixer une époque précise; d'ailleurs on n'assigne pas l'année du règne où l'on fit les déterminations ou observations (1). On peut cependant conclure en général que le temps de *Yao* est bien ancien.

3° Selon le livre *Koue-yu* cité au règne de *Tchouen-hiu*, les *San-miao*, descendans des neuf *Li*, entreprirent de troubler l'empire en débitant les mêmes maximes que leurs ancêtres. *Yao*, pour y remédier, ordonna à *Hi, Ho* de faire ce que firent leurs aïeux *Tchong-li*. Par-là on voit que les premiers astronomes chinois avaient soin des affaires de religion, et étaient comme les docteurs de l'empire, chargés d'instruire et de déterminer les cérémonies et le temps de les faire. On voit encore que les astronomes devaient supputer et observer, et distribuer aux peuples des calendriers pour prévenir les désordres de la divination, magie, superstition, et remédier aux abus de l'astrologie judiciaire. L'histoire dit, qu'avant *Yao*, les méthodes pour l'astronomie étaient imparfaites, et qu'il faut regarder *Yao* comme l'inventeur du calendrier et des instrumens pour représenter ou observer les mouvemens des astres.

4° On voit encore l'origine du respect que les Chinois ont toujours eu pour le tribunal d'astronomie. Des fils et petits-fils des empereurs étaient à la tête. Les empereurs eux-mêmes se faisaient un devoir de s'appliquer aux calculs et observations astronomiques. Ce tribunal avait soin des fêtes et de la religion, et devait assigner le temps pour les cérémonies. Il était encore chargé d'écrire l'histoire de l'empire. L'intention primitive fut de maintenir la religion, de prévenir les mauvais effets de faux cultes et la corruption des mœurs.

5° L'histoire a pris du *Chou-king* ce qu'elle rapporte de l'intercalation, et de la période de 366 jours. Sur ces deux points, les au-

(1) Voyez la 3ᵉ partie.

teurs postérieurs ont appliqué au temps de *Yao* diverses connaissances qu'ils ont eues, et il faut bien prendre garde à ce qui est calcul et à ce qui est observation, à ce qui est nouveau et à ce qui est ancien, dans ce qui est rapporté dans les livres chinois. Il faut encore faire attention à ne pas confondre ce que les livres classiques et les auteurs avant l'incendie des livres ont dit, avec des commentaires, traditions incertaines, fables ridicules des auteurs postérieurs. Dans le texte qui parle d'après le *Chou-king* de la période de 366 jours, il s'agit d'une année de 365 jours un quart; de quatre en quatre ans, l'année doit être de 366 jours. On parle encore, d'après le même *Chou-king*, de 12 mois lunaires, on fait allusion à une année lunaire. On parle de l'intercalation, ou de la méthode d'ajuster l'année lunaire à la solaire. Les auteurs postérieurs ont cru pouvoir rapporter tout cela à la première et à la seconde année du règne de *Yao*; mais il n'y a rien de certain sur la fixation de ces années. Ces auteurs ont encore conclu que *Yao* a connu une période de 19 ans, qui a 235 mois lunaires, dont 7 sont intercalaires. Pour ce qui regarde l'année de 360 jours, elle n'a jamais été en usage à la Chine; on l'y a connue comme une année artificielle pour ajuster l'année solaire avec la lunaire.

A la 41ᵉ année du règne de *Yao* (1317), *Chun* naquit à *Tchou-fong* dans le district de *Pou-tcheou* du *Chan-sy*. L'année 2303 avant J.-C., *Yu* naquit. Son père *Koen* était descendant de l'empereur *Kao-yang*. L'année 60ᵉ du règne, *Yao*, en visitant l'empire, fut informé des grandes qualités de *Chun*. L'année suivante, l'histoire parle d'un déluge ou grande inondation dont on souffrait beaucoup. L'empereur affligé, fit chercher un homme capable de faire les travaux convenables pour réparer le dommage causé par les eaux. On proposa *Koen*, père de *Yu*; il travailla sans succès pendant neuf ans.

L'an 70 du règne, *Yao* donna deux filles en mariage à *Chun*, et le déclara ministre. *Chun* se fit estimer. A la

71ᵉ année du règne, il exila plusieurs grands qui se comportaient très-mal. *Koen* fut de ce nombre. *Chun* alla visiter lui-même les lieux qui souffraient le plus du déluge, et nomma *Yu*, fils de *Koen*, pour être à la tête des ouvrages pour les eaux. *Yu* fit de grandes provisions et partit avec d'habiles mandarins. On fit des barques pour aller par eau, et toute sorte de voitures pour aller aux lieux qui paraissaient impraticables; on fut aux montagnes, marais, forêts; et on purgea les pays pleins d'insectes, serpens, bêtes féroces. On secourut les peuples, *Heou-tsi* donna des instructions pour l'agriculture, *Sie* instruisit les peuples des devoirs pour régler les mœurs. Les Chinois ne pouvaient assez louer les grandes qualités de l'empereur, de ses ministres et de ses grands.

Yao, à la 73ᵉ année de son règne (2285 avant J.-C.), après avoir averti le ciel, déclara *Chun* associé à la dignité impériale. La cérémonie se fit à la salle des ancêtres, le premier jour de la première lune : ensuite *Chun* sacrifia au *Chang-ti* (souverain maître) et fit des cérémonies aux Esprits. Cette même année il fit le *Suen-ki* et le *Yu-heng* pour régler et observer les sept planètes. A la 74ᵉ année de l'empire, *Chun* visita la partie orientale de l'empire : ce fut à la deuxième lune. Il sacrifia au *Chang-ti* et honora divers Esprits. Il assembla les princes et les seigneurs, et leur déclara qu'il fallait garder l'uniformité dans le calendrier pour les mois et les jours, dans les cérémonies, dans les poids et les mesures. A la cinquième lune, il visita la partie méridionale de l'empire. A la huitième, il visita la partie occidentale, et à la onzième lune, il alla à la partie boréale. Dans ces trois parties il fit ce qu'il avait fait dans la partie orientale. De retour à la cour, il fit la cérémonie à la salle des ancêtres. Le principal de la cérémonie était d'offrir un bœuf qu'on avait égorgé. C'est ce que disent les interprètes. Tous les cinq ans *Chun* visitait l'empire. Les princes tributaires des quatre parties de l'empire venaient tour à tour une fois l'an à la cour, et y étaient examinés. On les punissait ou récompensait, selon leurs fautes ou leurs services.

NOTES.

1° Selon les interprètes, *Suen-ki* était un instrument mobile sur un axe, pour représenter le mouvement des planètes. Il y avait des pierres précieuses ou marques pour désigner les planètes et les étoiles. *Yu-heng* était un tube pour observer. Des astronomes fort postérieurs ont décrit au long l'instrument de *Chun*, en conséquence des sphères et autres instrumens qu'ils avaient devant les yeux. Tout ce qu'on peut assurer, c'est que *Chun* avait des instrumens pour observer les sept planètes.

2° Dans le calendrier de *Yao*, l'équinoxe du printemps est à la deuxième lune, le solstice d'été est à la cinquième; l'équinoxe d'automne est à la huitième lune, et le solstice d'hiver est à la onzieme. Or l'orient est désigné par l'équinoxe du printemps, l'occident par celui d'automne, le sud par le solstice d'été, et le nord par celui d'hiver.

Chun détermina cinq genres de supplices ou peines pour punir les criminels. A la 80e année du règne de *Yao*, *Yu* acheva ses grands ouvrages pour remédier aux maux de l'inondation, et tâcher d'en prévenir d'autres. Il détermina ce que chaque département payerait en tribut et redevances.

A la 18e année du règne de *Yao*, *Yu* fut déclaré prince de *Hia* (dans le *Chan-sy*); *Sie*, frère de *Yao*, eut la principauté de *Chang* (dans le *Ho-nan*); *Ki* ou *Heou-tsi*, autre frère de *Yao*, eut la principauté de *Tai* (dans le *Chen-sy*). *Yao* mourut à la 100ᵉ année de son règne, âgé de cent dix-sept ans. Il fut regardé comme un prince parfait. Les empereurs chinois ont toujours été exhortés à prendre *Yao* pour modèle. L'année de la mort de *Yao* est *kouey-ouey* dans le cycle, 2258 avant J.-C.

NOTES.

1° Les ouvrages de *Yu* sont décrits dans le *Chou-king*, chapitre *Yu-kong*. On y marque les tributs que chaque province devait payer. Ce que ce chapitre dit des pays parcourus par *Yu*, fait très-bien reconnaître que c'est la Chine d'aujourd'hui. Les noms de beaucoup de rivières et montagnes subsistent, le cours du *Hoang-ho*, du *Kiang*, du *Han* et autres rivières est conforme à ce qu'on voit, et on a l'histoire exacte de quelques changemens arrivés. On voit que le *Sse-tchouen*, *Chen-sy*, *Chan-sy*, *Hou-kouang*, *Pe-tche-ly*, *Ho-nan*, *Chan-tong*, *Kiang-nan* et une partie du *Kiang-si* étaient de l'empire de *Yao*.

2° Un livre ancien et fait plus de 1000 ans avant J.-C., assure que *Yu* dans ses ouvrages se servit de la connaissance des propriétés du triangle rectangle, pour savoir le haut, le profond, les distances, etc. Il fit percer des montagnes, creusa des canaux, examina les sources des rivières, dessécha des marais, et il y a bien de l'apparence qu'il avait des principes de géométrie.

3° Dans le même chapitre *Yu-kong*, on voit des îles de la mer orientale habitées au temps de *Yao*, et des habitans dans les pays de la Chine que j'ai nommés. On voit dans ce temps-là des Chinois s'embarquer dans le pays de la partie orientale, aller par mer vers le nord pour entrer dans la rivière *Hoang-ho* et porter à la cour leur tribut, ou leurs marchandises. Il constate qu'il y avait des ouvriers en fer, cuivre, vernis, soie, toile, et *Yu* dans ses ouvrages devait être accompagné d'un bon nombre d'ouvriers. Il faut conclure que la Chine fut peuplée long-temps avant *Yao*, et que *Yao* n'est pas Noé. Le chapitre *Yu-kong* ou l'on voit ce que je viens de dire, est un ouvrage ou du temps de *Yu*, ou bien près du temps de *Yu*.

3

4° C'est dans le *Chou king* qu'il faut voir ce qui est dit du déluge du temps de *Yao*. Le *Chou king* ne dit pas la cause de ce déluge, et ne dit pas à quelle année du règne de *Yao* il arriva. Il ne dit pas même nettement qu'il soit arrivé du temps de *Yao*. Fût ce l'effet des pluies extraordinaires ou de la fonte des neiges ? Parlerait-on de quelques grands lacs ou amas d'eau, restes d'une ancienne inondation, ce qui, joint à quelque débordement du *Hoang-ho* et autres rivières, aurait cause bien du dommage, c'est ce que je laisse à d'autres à examiner. Cette dernière cause d'une grande inondation au temps de *Yao*, ne manque pas de fondement; et c'est ce que rapporte un auteur habile cité dans le *Kang-kien* (1).

5° Par le chapitre *Yu kong*, on voit que la cour de *Yao* ne devait pas être loin du *Hoang-ho*, dans le district de *Ping-yang-fou* du *Chan-sy*.

6° Par le même chapitre *Yu-kong*, on voit qu'au temps de *Yu* un bras du *Hoang-ho* allait du *Ho-nan* dans le *Pe-tche-ly*, et qu'il se déchargeait dans la mer ou golfe de cette province. On a une histoire exacte des changemens du lit de cette rivière, et il est certain que plus de 100 ans avant J.-C. le *Hoang-ho* passait par le *Pe-tche-ly* et entrait dans la mer de cette province. On a parlé de cela dans l'Histoire des Tartares mogols, imprimée à Paris l'an 1739. Voyez la page 295 de ce livre.

7° Le règne de 1000 ans pour *Yao* est dans le livre classique *Chou-king*. Mengtze, auteur ancien et classique parle au long du déluge de *Yao* et des ouvrages de *Yu*.

8° *Yu* est le prince qui fut ensuite le fondateur de la dynastie *Hia*. *Sie* est regardé comme la tige de la famille de *Tching-tang*, fondateur de la dynastie *Chang*, et *Héou-tsi*, frère de *Yao*, est la tige de la famille de *Vou-vang*, fondateur de la dynastie *Tcheou*.

9° On ne sait pas au juste le lieu du tombeau de *Yao* : les uns disent qu'il est dans le district de *Ping-yang-fou* du *Chan-sy*, et les autres, qu'il est dans le district *Tong-tchang-fou* du *Chan-tong*.

L'Empereur CHUN.

Chun, après la mort de *Yao*, voulut céder l'empire à

(1) C'est le premier *Kang-kien*, ou Abrégé d'histoire fait par *Yuen-leao-fan*.

Tan-tchou, fils de *Yao*, et se retira de la cour. Les grands refusèrent de reconnaître *Tan-tchou* pour leur maître, et forcèrent *Chun* à accepter la dignité impériale. On enterra *Yao*, on porta le deuil trois ans, et dans tout ce temps-là il n'y eut ni concert de musique, ni divertissement public.

L'an *kia-chin* (2257 avant J.-C.), *Chun* suivi des ministres, des princes tributaires et des grands, alla à la salle des Ancêtres, et y fut reconnu empereur, le premier jour de la première lune. A la 3e année de son empire, *Yu* fut déclaré premier ministre, et on fit choix des mandarins pour régler les affaires civiles et criminelles. *Chun* établit partout des collèges pour instruire les jeunes gens des devoirs de la religion, des cérémonies, des sciences et des arts. Il recommanda l'étude des vers et les exercices militaires, et donna une principauté à *Tan-tchou*, et lui ordonna d'être exact à faire les cérémonies à l'honneur de *Yao*, son père. Il voulut qu'on honorât les anciens sages, morts; dans le collège impérial, il rassemblait des vieillards respectables, il leur faisait des pensions, leur faisait donner des repas, et il animait les jeunes gens à respecter la vertu dans tous les états. C'est en vers qu'il faisait écrire les maximes et les préceptes des anciens; il avait grand soin de faire un choix des chansons qu'on faisait dans l'empire pour former la jeunesse, et il faisait apprendre par cœur aux étudians ces chansons.

Avant le temps de *Yao* et *Chun*, on négligeait fort les enterremens. Ces deux princes firent de sages réglemens pour les sépultures, les bières et le deuil. Au lieu de tableaux, *Chun* ordonna de faire des tablettes pour écrire le nom et le titre du mort.

Chun fit le réglement pour l'examen qu'on fait encore exactement en temps réglés, des mandarins de tout l'empire. Ce grand prince se voyant infirme et âgé, à la 33ᵉ année de son règne, proposa *Yu* au ciel; et le premier jour de la première lune, *Yu* fut déclaré associé à l'empire, dans la salle des Ancêtres. Deux ans après, l'empereur eut avis que le prince de *Miao* (dans le *Hou-kouang*) s'était révolté. *Yu* eut ordre d'aller avec une armée faire obéir le prince. On n'en vint pas à bout; mais *Chun*, par sa vertu et ses exhortations, fit rentrer le prince dans son devoir.

Chun, à la 50ᵉ année de son règne, depuis la mort de *Yao*, mourut fort regretté, âgé de cent dix ans. Il faisait la visite de l'empire. Son tombeau est dans le territoire de *Yong-tcheou-fou* du *Hou-koang*. Des critiques chinois révoquent en doute cette visite de l'empire dans un âge si avancé, et disent que ce prince mourut dans sa cour.

Dans ce qu'on a d'imprimé en Europe des disciples de *Confucius* et de *Mengtze*, on voit combien ces deux philosophes estimaient *Yao* et *Chun*. Ces deux princes sont encore l'objet du respect et de la vénération des Chinois.

C'est dans le livre classique *Chou-king* qu'on lit de très-belles choses sur la vie de *Yao* et de *Chun*. Par ce livre, on voit qu'il y a un intervalle de 150 ans entre la première année du règne de *Yao* et l'année de la mort de *Chun*.

L'abrégé de l'histoire dit que depuis l'année où *Chun* fut associé à l'empire par *Yao*, jusqu'à la première année de *Hong-vou*, fondateur de la dynastie *Ming* (1368 de J -C.), il y a 3653 ans.

DYNASTIE *HIA.*

L'Empereur Yu.

Yu, après la mort de *Chun*, sortit de la cour et céda l'empire à *Kun*, fils de *Chun*. Les princes et les grands s'en tinrent à la volonté de *Chun*, et *Yu* fut obligé de gouverner en qualité d'empereur. Il fut le premier empereur de la dynastie *Hia*, et la première année de son règne est dans le cycle l'an *ping-tse* (2205 avant J.-C.). La même année, il fit la visite des provinces australes. Il ordonna que la première lune du printemps (1) serait la première de l'année civile.

Un mandarin appelé *Hi-tchong* apprit à atteler les bœufs, ânes, chevaux aux charrettes et chars. La Chine était sous *Chun* divisée en douze départemens. *Yu* renouvela l'ordre de *Yao*, de la diviser en neuf. Il fit fondre neuf grands vases ou urnes ou tables de cuivre (2); il y fit graver une espèce de carte géographique de la Chine, avec le catalogue des redevances de chaque département. Quelques-uns ajoutent qu'on y voyait les figures de ce qu'il y avait de rare et de curieux dans l'empire. Le mandarin *Y-ti* inventa ou perfectionna l'art de faire du vin de riz. *Yu*, à la 8ᵉ année de son règne, en faisant la visite de l'empire, mourut à *Hoey-ki*, dans le territoire de *Chao-hing-fou* du *Tche-kiang*. L'année était *kouey-ouey* (2198 avant J.-C.). *Yu* avait désigné le ministre *Y* pour son

(1) C'est la lune où le soleil entre dans notre signe *Pisces*.

(2) En chinois *kieou-ting*.

successeur; mais les grands choisirent unanimement pour empereur, *Ki*, fils de *Yu*.

NOTES.

1° La cour de *Yu* fut à *Gan-y-hien* dépendant de *Ping-yang-fou* du *Chan-sy*.

2° Les astronomes chinois ont donné le nom de *Hi-tchong* aux étoiles de l'aile droite du cygne.

DYNASTIE *HIA*.

EMPEREURS.	DURÉE du règne.	Iʳᵉ ANNÉE du règne.	ANNÉES avant J.-C.
Ki, fils de Yu.	9 ans.	Kia-chin.	2197.
Tay-kang, fils de Ki.	21.	Kouey-sse.	2188.
Tchong-kang, frère cadet de Tay-kang.	13.	Gin-su.	2159.

NOTES.

1° Dans le pays de *Chen-sy* il y avait un prince rebelle. L'empereur *Ki* lui fit la guerre, et l'obligea à se soumettre. Le *Chou-king* parle de cette guerre.

2° *Tay-kang*, à la 19ᵉ année de son règne, passa la rivière *Hoang-ho*, pour aller à la chasse. Ses débauches et sa négligence le firent haïr. Un grand leva des troupes, empêcha le retour de l'empereur dans sa capitale, et s'en rendit maître. *Tay-kang* privé de ce qu'il avait de meilleur, alla faire sa demeure au lieu appelé aujourd'hui *Tay-kang-hien*, qui dépend de *Kay-fong-fou* du *Ho-nan*. Les frères et la mère de l'empereur se rendirent auprès de lui. Ce que le *Chou-king* fait dire aux frères de *Tay-kang*, est remarquable.

3° Au temps de *Tchong-kang*, au premier jour de la troisième lune d'automne (9ᵉ lune), on vit une éclipse du soleil dans la constellation *fang*. Le *Chou-king*, en parlant de cette éclipse et de ce qui se passa, dit des choses bien curieuses. Dans la 3ᵉ partie de ce traité, on examine l'époque de cette éclipse.

DYNASTIE *HIA.*

EMPEREURS.	DURÉE du règne.	Iʳᵉ ANNÉE du règne.	ANNÉES avant J.-C.
Siang, fils de Tchong-kang.	28 ans.	Y-hay.	2146.
Chao-kang, fils de Siang.	65.	Kouey-mao.	2118.
Chou, fils de Chao-kang.	17.	Kia-tchin.	2057.
Hoay, fils de Chou.	26.	Sin-yeou.	2040.
Mang, fils de Hoay.	18.	Ting-hay.	2014.
Sie, fils de Mang.	16.	Y-sse.	1996.
Pou-kiang, fils de Sie.	59.	Sin-yeou.	1980.

NOTES.

1° On donne le nom de *Y* au grand qui empêcha le retour de *Tay-kang* dans sa cour. Sous prétexte de sauver l'empire, il s'arrogea l'autorité. *Tchong-kang* qui s'en aperçut, n'eut garde d'aller à la capitale, et pensa à détruire le parti de *Y.* Il leva des troupes, et fit mourir les astronomes *Hi, Ho.* Ceux-ci étaient princes d'un petit état. Leur naissance et leurs emplois les accréditaient. Ils étaient fauteurs des pernicieux desseins de *Y.* Cela était connu de *Tchong-kang* qui les fit mourir pour cela; mais le prétexte fut leur négligence à régler les cérémonies, à instruire les peuples, et à calculer et observer les éclipses.

2° Après la mort de *Tchong-kang*, *Y* se déclara ouvertement, et tout se faisait comme s'il était empereur. *Siang* se retira vers le pays où est *Kouey-te-fou* du *Ho-nan.* *Y* ne songeait qu'à la chasse, et le peuple était mécontent. Un de ses grands nommé *Han-tcho*, le trahit, et la 8ᵉ année de *Siang*, fit assassiner *Y*, et usurpa toute l'autorité. Il fit encore assassiner l'empereur dans sa propre cour, l'an 2129. L'impératrice *Mi* était enceinte, elle se sauva chez ses parens, elle y accoucha d'un fils l'an 2118, et cette année est réputée la première du règne de ce fils, qui fut nommé *Chao-kang.* Ce prince erra inconnu quelques années, favorisé en secret par quelques grands. Un de ceux-ci l'entretint dans ses terres (1), et lui fit épouser ses deux filles. Ayant lié son parti avec adresse, il déclara que son gendre était le fils de *Siang*, et se déclara contre *Han-tcho.*

(1) Dans le *Chan-sy.*

Il y eut bataille, *Chao-kang* et son fils *Chou* s'y distinguèrent. *Han-tcho* fut pris et tué. L'empereur entra victorieux dans l'ancienne cour de l'empereur *Yu*, et rétablit les affaires de sa famille. Cet événement arriva l'année *gin-ou* dans le cycle (2079 avant J.-C.).

DYNASTIE *HIA*.

EMPEREURS.	DURÉE du règne.	1ʳᵉ ANNÉE du règne.	ANNÉES avant J.-C.
Kiong, frère cadet de Pou-kiang.	21 ans.	Keng-chin.	1921.
Kin, fils de Kiong.	21.	Sin-sse.	1900.
Kong-kia, fils de Pou-kiang.	31.	Gin-yn.	1879.
Kao, fils de Kong-kia.	11.	Kouey-yeou.	1848.
Fa, fils de Kao.	19.	Kia-chin.	1837.
Koue, ou Kie, fils de Fa.	52.	Kouey-mao.	1818.

NOTES.

1° La 52ᵉ année de *Kie* est dans le cycle *kia-ou* (1767 avant J.-C.). La première année de *Yu* est *ping-tse* (2205 avant J.-C.) La dynastie de *Hia* a donc duré 439 ans, selon l'abrégé de l'histoire, 441 ans, si on met la première année de *Yu*, l'année après la mort de l'empereur *Chun*.

2° *Kie*, dernier empereur de *Hia*, est représenté dans l'histoire et le livre *Chou-king*, comme cruel, débauché, avare et sans religion. *Mey-hi*, son épouse, est aussi décriée que *Kie*. L'amour de *Kie* pour *Mey-hi*, le porta à de grands excès. Les grands et le peuple se voyant poussés à bout, et n'ayant aucune espérance de voir quelque changement dans l'empereur, invitèrent le prince de *Chang* (pays dans le *Ho-nan*) à prendre les armes pour détrôner *Kie*. Le prince de *Chang* avertit *Kie*, et lui fit voir le danger où il était de perdre l'empire s'il ne se corrigeait. Il fut arrêté comme suspect, mais dans peu de temps l'empereur le renvoya dans son Etat. Il y fut bientôt suivi par plusieurs grands. Le prince de *Chang*, de concert avec plusieurs Régulos, prit les armes, et on publia que c'était par ordre du ciel. Le sage *Y-yn*, natif du *Ho-nan*, fut un de ceux qui exhortèrent le plus fortement *Kie*, et le voyant obstiné dans ses crimes, fut un des plus ardens à animer le prince de *Chang* à

prendre

prendre les armes. *Kie* leva des troupes; les deux armées combattirent près de *Ping-yang-fou* du *Chan-sy* (1767 avant J.-C.); l'armée de *Kie* l'abandonna presque entièrement. *Kie* s'enfuit dans le *Chan tong*, et n'y étant pas en sûreté, il alla à *Nan-tchao* dans le district de *Sou-tcheou-fou*, du *Kiang-nan*. Il y mourut deux ans après. Quelques auteurs chinois disent que le fils de *Kie*, avec ce qui restait de sa famille, alla en Tartarie et y jeta les fondemens de la monarchie des Tartares du nord.

DYNASTIE DE *CHANG*.

EMPEREURS.	DURÉE du règne.	Ire ANNÉE du règne.	ANNÉES avant J.-C.
Tching-tang.	13 ans.	Y-ouey.	1766.
Tay-kia, petit fils de Tching-tang.	33.	Vou-chin.	1753.

NOTES.

1° Le prince de *Chang*, après sa victoire, fut reconnu empereur. Il eut le titre de *Tching-tang*; son premier ministre fut *Y-yn*. Sa cour fut dans le *Ho-nan*, dans le pays de *Kouey-te-fou*. Il ordonna que dans le calendrier de sa dynastie *Chang*, la 12e lune du calendrier de *Hia* serait la première lune de l'année civile. *Tching-tang* tirait son origine de *Sie*, frère de l'empereur *Yao*.

2° L'histoire, le livre *Chou-king* et autres font de grands éloges de la vertu de *Tching-tang*. Dans l'endroit où il prenait le bain, il y avait un grand bassin où on voyait en caractères chinois une sentence gravée qui exhortait à s'examiner et à se renouveler tous les jours.

3° L'histoire rapporte une famine et une sécheresse, les sept premières années du règne de *Tching-tang*. De l'avis du président du tribunal pour l'histoire et l'astronomie, il pria le ciel, se dévoua en victime, se fit couper les cheveux, se couvrit de haillons, et fit une confession publique de ses fautes. Le ciel, disent les historiens, exauça les vœux de l'empereur, et fit tomber des pluies abondantes.

4° *Tay-ting*, prince héritier, mourut du vivant de l'empereur; *Tay-kia*, fils de *Tay-ting*, fut empereur après la mort de son aïeul.

5° *Tay-kia* était un prince vicieux, et gâté par de mauvais mandarins. *Y-yn*, régent de l'empire pendant le deuil, fit un palais pour

4

le deuil, après avoir chassé les mandarins qui avaient gâté *Tay-kia,* et enferma *Tay-kia* dans le palais du deuil, près du tombeau de *Tching-tang.* *Y-yn* lui parlait continuellement des vertus de son grand-père, et lui présentait les motifs les plus propres à le corriger. Le temps du deuil passé, *Y-yn*, voyant que *Tay-kia* s'était corrigé, prit le parti de lui remettre le gouvernement de l'état, et il eut le plaisir de voir *Tay-kia* régner en grand prince.

6°. Le *Chou-king* parle au long de *Y-yn*, et des empereurs *Kie*, *Tching-tang* et *Tay-kia*.

DYNASTIE DE *CHANG*.

EMPEREURS.	DURÉE du règne.	1re ANNÉE du règne.	ANNÉES avant J.-C.
Ou-ting, fils de Tay-kia.	29 ans.	Sin-sse.	1720.
Tay-keng, fils de Ou-ting.	25.	Keng-su.	1691.
Siao-kia, fils de Tay-keng.	17.	Y-hay.	1666.
Yong-ki, frère cadet de Siao-kia.	12.	Gin-tchin.	1649.
Tchong-tsong, ou Tay-ou, frère cadet de Yong-ki.	75.	Kia-tchin.	1637.
Tchong-ting, fils de Tay-ou.	13.	Ki-ouey.	1562.

NOTES.

1° A la 8e année de *Ou-ting*, le ministre *Y-yn* mourut fort vieux. L'empereur lui fit faire des obsèques pareilles a celles d'un souverain. Le tombeau de *Y-yn* est près de *Kouey-te-fou* du *Ho-nan*.

2°· *Yong-ki* ne sut pas gouverner.

5° L'empereur *Tay-ou* eut de bons ministres. Il fit revivre les temps de *Tching-tang*. Plusieurs princes étrangers envoyèrent des ambassadeurs, et il y avait des interprètes pour expliquer en chinois ce que les étrangers disaient. On parle des peuples *Sy-jong* à l'ouest et au sud du *Chen-sy*.

4° C'est au temps de *Tay-ou*, que *Ou-hien*, astronome, mourut. Il fit un catalogue d'étoiles; mais dans les catalogues d'étoiles qui restent, on ne spécifie pas assez les étoiles du catalogue de *Ou-hien*. Le *Chou-king* parle de l'empereur *Tay-ou*.

5° A la 6e année de *Tchong-ting*, la rivière *Hoang-ho* rompit les digues du côté de la cour. L'empereur alla résider à *Gao* (*Ho-yn* du district de *Cai-fong-fou* du *Ho-nan*). De tout temps les Chinois ont été obligés de faire de grandes dépenses pour les levées ou digues destinées à empêcher les inondations du *Hoang-ho*.

DYNASTIE DE *CHANG*.

EMPEREURS.	DURÉE du règne.	1re ANNÉE du règne.	ANNÉES avant J.-C.
Oouay-gin , frère cadet de Tchong-ting.	15 ans.	Gin-chin.	1549.
Ho-tan-kia, frère cadet de Ouay-gin.	9.	Ting-hay.	1534.
Tsou-y, fils de Ho-tan-kia.	19.	Ping-chin.	1525.
Tsou-sin, fils de Tsou-y.	16.	Y-mao.	1506.
Ou-kia, frère cadet de Tsou-sin.	25.	Sin-ouey.	1490.
Tsou-ting, fils de Tsou-sin.	32.	Ping-chin.	1465.
Nan-keng, fils de Ou-kia.	25.	Vou-tchin.	1433.
Yang-kia, fils de Tsou-ting.	7.	Kouey-sse.	1408.

NOTES.

1° Sur la fin du règne de *Ouay-gin*, il y eut des troubles, et le règne de *Ho-tan-kia* fut faible.

2° Les inondations du *Hoang-ho* obligèrent *Ho-tan-kia* d'aller avec sa cour a *Siang*, près de *Tchang-te-fou* du *Ho-nan*. On voit encore des restes de la ville que *Ho-tan-kia* fit bâtir.

3° Le *Hoang-ho* avait autrefois deux bras, dont l'un, au nord de *Cai-fong-fou*, allait vers le nord et l'est; l'autre allait à l'est, et se déchargeait dans la mer de *Kiang-nan*. Le bras du nord passait par les districts de *Cai-tcheou* (1) et *Ta-ming-fou*, du *Pe-tche-ly*. *Tchang-te-fou* du *Ho-nan* et son district sont voisins des districts de *Cai-tcheou* et *Ta-ming-fou*; ainsi il ne faut pas être surpris si on lit dans l'histoire, que l'inondation du *Hoang-ho* obligea l'empereur *Tsou-y* de quitter le pays de *Tchang-te-fou*. Il alla à *Keng* (*Ho-tsing-hien* dans le pays de *Pou-tcheou* du *Chan-sy*). *Tsou-y* quitta encore *Keng* et alla à *Hing* dans le pays de *Chun-te-fou* du *Pe-tche-ly* *Tsou y* fut un grand prince. Les cinq empereurs successeurs de *Tsou-y* eurent

(1) On voit les vestiges de ce bras.

4*

un règne peu glorieux. Il y eut des troubles, et les princes tributaires ne respectaient pas assez l'empereur.

DYNASTIE DE *CHANG*.

EMPEREURS.	DURÉE du règne.	1re ANNÉE du règne.	ANNÉES avant J.-C.
Pan-keng, frère cadet de Yang-kia.	28 ans.	Keng-tse.	1401.
Siao-sin, frère cadet de Pan-keng.	21.	Vou-tchin.	1373.
Siao-y, frère cadet de Siao-sin.	28.	Ki-tcheou.	1352.

NOTES.

1° Les historiens disent que les désordres.de la dynastie *Chang*
venaient de ce que les frères se succédaient les uns aux autres au
préjudice des fils de l'empereur.

2° Dans le livre classique *Chou-king*, il est fort parlé de l'empereur *Pan-keng*.

3° Supposé que *Hing* soit le pays de *Chun-te-fou* du *Pe-tche-ly*,
la cour y fut peu de temps. L'histoire suppose qu'au temps de *Pan-keng*
la cour était dans le district de *Pou-tcheou* du *Chan-sy*. Ce prince
alla résider à *Po* (*Yen-che* dans le district de *Ho-nan-fou* du *Ho-nan*).
C'est ce *Po*, où, selon la tradition, *Ty-co* tenait sa cour. Le *Po* de
Tching-tang était dans le pays de *Kouey-te-fou* du *Ho-nan*. Il y avait
un autre *Po* dans un pays à l'orient de *Kouey-te-fou*.

4° *Pan-keng* donna le nom de *Yn* à la dynastie *Chang*. *Pan-keng*
sut se faire estimer et respecter.

5° A la 26e année de *Siao-y*, *Tan-fou* ou *Kou-kong*, aïeul de *Vou-
vang*, pour se mettre à couvert des irruptions des Tartares, quitta
son état de *Pin* dans le *Chen-sy*, et alla à *Ki*, dans le pays de *Fong-
tsiang-fou* du *Chen-sy*; il y fut suivi par un grand nombre de familles;
il bâtit des villes, forma une cour, nomma des ministres, et gouverna ses sujets avec sagesse et bonté. Ses descendans devinrent
maîtres de l'empire. Il donna à sa famille le nom de *Tcheou*.

DYNASTIE DE *CHANG* ou *YN*.

EMPEREURS.	DURÉE du règne.	Iʳᵉ ANNÉE du règne.	ANNÉES avant J.-C.
Vou-ting, fils de Siao-y.	59 ans.	Ting–sse.	1324.
Tsou-keng, fils de Vou–ting.	7.	Ping-tchin.	1265.
Tsou-kia, frère cadet de Tsou-keng.	33.	Kouey-hay.	1258.

NOTES.

1° Le fondement du gouvernement chinois est le respect pour le ciel, et pour les pères et mères, soit vivans, soit morts. Selon les anciennes lois, l'empereur étant mort, on gardait le deuil trois ans. Le prince héritier, pendant ces trois ans, ne faisait pas les affaires; il y avait un régent de l'empire. L'empereur n'était occupé qu'aux cérémonies pour honorer l'empereur mort, et ne devait penser qu'à ses vertus pour les imiter, ou à ses défauts pour les éviter dans le gouvernement.

2° *Vou-ting*, surnommé *Kao-tsong*, après les trois ans de deuil, continuait à garder le silence et à laisser le gouvernement à la disposition du régent de l'empire. Les grands l'ayant prié de gouverner par lui-même, *Vou-ting* leur dit qu'en songe il avait vu le *Seigneur;* que le *Seigneur* lui avait fait voir la figure d'un homme qui devait être son ministre. L'empereur fit faire plusieurs portraits de l'homme vu en songe, et ordonna de le chercher. Parmi quelques ouvriers qui travaillaient à des ouvrages de maçonnerie dans le pays de *Ping-yang-fou* du *Chan-sy*, on trouva un homme parfaitement ressemblant au portrait. Il fut conduit à la cour. L'empereur le reconnut et le déclara son ministre. C'est celui que le livre classique *Chou-king* appelle *Fou-yue*. Le *Chou-king* parle au long de cet évènement et rapporte une partie des instructions et maximes de ce nouveau ministre. Les commentateurs du *Chou-king*, même ceux qu'on a voulu faire passer en Europe pour athées, reconnaissent que dans ce songe il s'agit du *Chang-ti* ou souverain maître dont parlent les livres classiques. *Chun-tchi*, père de *Kang-hi*, fit traduire en tartare l'Histoire chinoise; le caractère chinois *Ti*, maître, seigueur, souverain, fut traduit en tartare par ces deux mots *Apcai han* (1), souverain roi du ciel.

3° *Fou-yue* fut un grand ministre, et *Kao-tsong* eut un beau règne. Des princes étrangers, dont la langue était différente de la chinoise, lui envoyèrent des ambassadeurs. Des peuples barbares voisins du *Sse-tchouen*, *Chen-sy*, *Hou-kouang*, furent réprimés.

4° A *Ping-lo-hien* du district de *Ping-yang-fou* dans le *Chan-sy*, on voit des restes d'une ancienne salle destinée à honorer la mémoire de *Fou-yue*, et depuis long-temps des astronomes chinois ont donné le nom de *Fou-yue* à une étoile qui est a l'orient de l'extrémité de la queue du scorpion.

5° A la 28° année de *Tsou-kia*, *Kou-kong*, prince de *Tcheou*, mourut fort estimé des Chinois. Il avait trois fils : l'aîné *Tay-pe*, loué par *Confucius*; le second, *Tchong-yong*; le troisième, *Ki-li*. *Kou-kong* avait fait connaître qu'il souhaitait que *Ki-li* fut son successeur. Les deux aînés se retirèrent et allèrent aux extrémités orientales du *Kiang-nan* dont les peuples barbares reçurent avec joie les princes étrangers, et les reconnurent pour leurs souverains. Ils revinrent à la ville de *Ki*, pour les funérailles de *Kou-kong*. *Ki-li*, voulut céder la principauté à ses frères. Ils la refusèrent à cause de ce que leur pere avait fait connaître en faveur de *Ki-li*. *Tay-pe* et *Tchong-yong* retournèrent dans le *Kiang-nan*. C'est l'origine du royaume de *Ou*. *Tay-pe* et *Tchong-yong*, selon la coutume du pays, se firent des marques sur le corps, et se firent couper les cheveux. Plusieurs historiens chinois disent que *Tay-pe* est l'origine des Dairis du Japon.

DYNASTIE DE *CHANG*.

EMPEREURS.	DURÉE du règne.	1re ANNÉE du règne.	ANNÉES avant J.-C.
Lin-sin, fils de Tsou-kia.	6 ans.	Ping-chin.	1225.
Keng-ting, frère cadet de Lin-sin.	21.	Gin-yn.	1219.
Vou-y, fils de Keng-ting.	4.	Kouey-hay.	1198.
Tay-ting, fils de Vou-y.	3.	Ting-mao.	1194.
Ty-y, fils de Tay-ting	37.	Keng-ou.	1191.
Cheou-sin, fils de Ty-y.	32.	Ting-ouey.	1154.

(1) *Apcai cœli*, *han* rex supremus.

NOTES.

1° Les Chinois out connaissance de l'origine céleste que les Japonais donnent à leurs Dairis. Ce qu'on dit de *Tay-pe*, comme l'origine des Dairis, souffre quelque difficulté. La science et les arts fleurissaient dans la famille de *Tay-pe,* et s'il avait été le premier souverain ou législateur des Japonais, ou si les successeurs de *Tay-pe* avaient été Dairis, ils auraient fait connaître aux Japonais les caractères chinois, comme *Ki-tse* au temps de *Vou-vang* les fit connaître aux Coréens. Or, il est constant par l'histoire chinoise que ce ne fut que peu de temps avant J.-C., que les Japonais eurent connaissance des caractères chinois.

2° Le père Couplet dit que le Japon pourrait bien avoir été peuplé par les Chinois au temps de l'empereur *Vou-y*, parce que, dit-il, sous ce prince, les peuples orientaux se dispersèrent dans les îles de la mer orientale. Le P. Martini dit que du temps de *Vou-y* les Chinois conduisirent des colonies dans les îles orientales, déjà habitées par des Chinois. Ce que dit le P. Couplet, a été dit aussi par un missionnaire qui a écrit sur l'histoire chinoise; mais ce qu'il dit est d'après le P. Couplet, et non en conséquence de ce qu'il a vu dans l'histoire. Ce que rapporte l'histoire au temps de *Vou-y*, est absolument contraire à ce que disent ces missionnaires. L'histoire dit nettement que les peuples barbares de l'orient, c'est-à-dire des pays du *Leao-tong* et de l'extrémité orientale du *Pe-tche-ly*, se trouvèrent au temps de *Vou-y* fort nombreux et puissans, et que profitant de la faiblesse du gouvernement de *Vou-y*, ils se divisèrent en troupes, et occupèrent les pays entre *Hoay* et *Tay,* ou entre le pays de *Hoay-gan* dans le *Kiang-nan*, et la montagne *Tay-chan*, dans le territoire de *Tsi-nan-fou* du *Chan-tong*. L'histoire ajoute que ces étrangers s'accoutumèrent peu à faire leur séjour dans l'empire. On ne parle ni d'îles ni de barques, ni de colonies envoyées dans les îles de la mer orientale. Les missionnaires dont j'ai parlé n'ont pas sans doute eté au fait sur les *peuples barbares de l'orient*, ni sur les pays de *Hoay* et de *Tay*. Il peut se faire aussi que les Chinois dont ils se sont servis pour lire l'histoire de l'empereur *Vou-y*, n'ont pas été instruits au juste sur ces pays, et que, voyant le sens de *dispersion des peuples orientaux*, ils ont conclu qu'il s'agissait de colonies envoyées au Japon.

3° *Vou-y* avait de grands défauts et peu de religion. Il donna le titre d'Esprit céleste à une statue de bois. Il ordonnait à certaines personnes de prendre la place de l'Esprit céleste représenté par la statue, et l'empereur faisait des paris avec ces personnes. Quand celui qui pariait ou faisait des jeux à la place de l'Esprit avait du dessous, l'empereur l'accablait d'injures et quelquefois le faisait mourir. Un jour, après avoir fait mourir une personne, il mit le sang dans un sac de cuir, et l'ayant suspendu, il décocha des flèches vers le ciel comme pour défier et insulter l'Esprit céleste. Étant allé à la chasse, la foudre tomba sur lui, et il expira sur-le-champ, haï et méprisé des Chinois, qui regardent encore cette mort comme une punition de ses crimes.

4° A la 7ᵉ année de l'empereur *Ty-y*, *Ki-li*, prince de *Tcheou*, mourut en grande réputation. Sous l'empire de *Tay-ting*, il remporta de grandes victoires sur les Tartares voisins de sa ville de *Ki*. Sous *Ty-y* il en fut de même, et *Ty-y* le déclara chef des princes tributaires occidentaux. *Ki-li* eut pour héritier le prince *Tchang*, surnommé *Ven-vang*.

5° *Ven-vang* eut la même dignité que son père, et se rendit encore plus illustre par ses victoires sur les Tartares. A la 23ᵉ année de *Ty-y* (1169 avant J.-C.), il eut un fils qui eut le nom de *Fa*. C'est celui qui fut depuis empereur, et qui eut le titre de *Vou-vang*.

L'année 1155 avant J.-C., l'empereur *Ty-y* mourut, à la 37ᵉ année de son règne, prince fort doux et aimé de ses sujets. Son fils *Cheou* lui succéda. *Cheou* ou *Tcheou* avait de bonnes qualités dont le bon usage aurait pu en faire un grand prince. Il avait de bons officiers, de bons ministres ; *Ouey-tse*, son frère aîné, ses oncles paternels *Ki-tse* et *Pi-can*, par leur prudence et leur probité, faisaient honneur à la famille impériale. *Cheou*, devenu empereur, donna dans le luxe, l'amour du vin et des femmes, fit craindre quelque grand changement. Il fut entièrement gâté par une fille qu'un grand lui offrit pour se mettre à couvert de la punition due à la hardiesse qu'il avait eue de prendre les armes contre l'empereur. Le nom de cette fille était *Ta-ki*. Maîtresse du cœur et de l'esprit du prince, elle

elle gouverna despotiquement, malgré les exhortations de *Ouey-tse* et de *Pi-can*. On fit mourir quantité d'honnêtes gens; on ruina les peuples pour bâtir des palais, faire des maisons de plaisance, amasser des trésors. La débauche et l'irréligion furent poussées à l'excès. *Ven-vang* voulut exhorter l'empereur, il fut mis en prison; son fils fut massacré; le père même aurait eu le même sort, si ses amis n'avaient agi en sa faveur. On chercha des bijoux et une belle fille, et on en fit présent à l'empereur ; le prince adouci, fit élargir *Ven-vang*, et le nomma même généralissime de l'armée. Alors les mécontens jetèrent les yeux sur *Ven-vang*, pour le mettre sur le trône impérial Partout on louait sa vertu, son courage, et le bon ordre qui régnait dans son état. *Yo-tse* fut un des premiers qui quitta la cour pour aller dans les états de *Ven-vang* : c'est ce *Yo-tse* dont on a quelques fragmens d'un ouvrage. Son exemple fut suivi de beaucoup d'autres. Des *Régulos* tributaires se mirent sous la protection de *Ven-vang*, qui mourut âgé de cent ans. En prison, il fit un livre sur les figures de *Fou-hi*, appelées *Koua*. Il avait un observatoire pour observer les astres. Tout ce qui fait un grand prince se trouvait réuni en lui.

Le livre de *Ven-vang* sur les *Koua*, ou figures de *Fou-hi*, existe. Les ouvrages de *Confucius* et de ses disciples sont pleins d'éloges magnifiques de *Ven-vang*, d'ailleurs fort loué dans les livres classiques *Chou-king* et *Chi-king*.

6º L'héritier de *Ven-vang* fut son fils *Fa*, connu sous le nom ou titre de *Vou-vang*. Quand *Vou-vang* vit qu'il était temps de se déclarer, il assembla ses troupes, et dans le manifeste qu'il publia, il eut grand soin de dire qu'il avait ordre du ciel de délivrer l'empire de la tyrannie de *Cheou*, dont il relevait les défauts et les crimes. *Pi-can*, *Ouey-tse* et *Ki-tse* exhortèrent encore inutilement l'empereur, l'an 1123. *Pi-can* fut mis à mort inhumainement, *Ki-tse* fut mis en prison, *Ouey-tse* prit la fuite. L'historien de l'empire se retira à la cour de *Vou-vang*. Celui-ci avec de bonnes troupes commandées par de bons officiers, arriva sur les bords de la rivière *Hoang-ho*, au lieu appelé *Ming-tsing* (dans le district de *Ho-nan-fou* du *Ho-nan*), et disposa tout pour le passage de la rivière. L'empereur de son côté se mit à la tête d'une armée nombreuse, mais

5

remplie de mécontens. A la première lune de l'année suivante, *Vou-vang* sacrifia au ciel, fit des cérémonies aux Esprits, harangua les officiers et les soldats. La bataille se donna dans la plaine de *Mou-ye* (dans le district de *Ouey-hoey-fou* du *Ho-nan*). L'empereur fit voir du courage, mais il fut mal servi. Son armée fut mise en déroute, et il se vit sans ressource. Il courut à la capitale (*Ouey-hoey-fou* du *Ho-nan*). Là, vêtu de ses habits royaux, il monta sur une tour où étaient ses trésors, et se jeta dans un feu qu'il avait fait préparer. Il y périt misérablement. *Vou-vang* fit trancher la tête à *Ta-ki*, et fut déclaré empereur, la même année 1122 avant J.-C. (c'est selon la Chronologie de l'abrégé de l'Histoire). *Vou-vang* est le premier empereur de la dynastie de *Tcheou*.

7° L'abrégé de l'Histoire, en comparant la première année de l'empire de *Vou-vang* avec la première de l'empire de *Tching-tang*, compte 444 ans pour la durée de la dynastie *Chang*.

DYNASTIE DE *TCHEOU*.

L'Empereur *Vou-vang*.

Le premier empereur de cette dynastie fut *Vou-vang*, fils de *Ven-vang*, prince de *Tcheou* dans le *Chen-sy*. L'an *ki-mao* dans le cycle (1122 avant J.-C.) était la 13 année de son règne particulier dans la principauté de *Tcheou*. Cette meme année fut la première année de son empire. Il ordonna que la lune où est le solstice d'hiver, serait la première lune dans son calendrier. On détermina que le moment de minuit commencerait le jour civil.

Vou-vang fit sortir de prison le prince *Ki-tse*, et tous ceux qui étaient injustement emprisonnés. Il fit faire un tombeau pour *Pi-can*, et il y eut des cérémonies pour honorer sa mémoire. Il fit distribuer à l'armée l'argent trouvé dans les trésors de *Cheou*, et fit de grands présens aux princes, aux grands et aux officiers. Il fit faire des cérémonies pour honorer ceux qui étaient morts dans

l'armée, et fit faire la recherche des gens habiles et ver-
tueux. Après avoir fait quelques réglemens pour soulager
les peuples et pour la sûreté des pays conquis, il s'en retourna à sa cour, dans le pays où est aujourd'hui le district de *Si-gan-fou* du *Chen-sy*. C'est-là qu'il mourut à
la 7ᵉ année de son règne (l'an 1116 avant J.-C.). Son
fils *Tching-vang* lui succéda. *Tcheou-kong*, frère de *Vou-
vang*, fut tuteur du jeune empereur, et régent de
l'empire.

NOTES.

1° *Ki-tse* communiqua ses vues sur le bon gouvernement ; c'est
la matière du chapitre *Hong-fan*, dans le livre *Chou-king*. *Ki-tse*,
fut fait prince dans la Corée. Il était oncle paternel de l'empereur
Cheou.

2° L'année 1169 fut celle de la naissance de *Vou-vang*; il mourut
l'année 1116. Il mourut donc âgé de 53 ans.

DYNASTIE DE *TCHEOU*.

EMPEREURS.	DURÉE, du règne.	Iʳᵉ ANNÉE du règne.	ANNÉES avant J.-C.
Tching-vang, fils de Vou-vang.	37 ans.	Ping-su.	1115.
Kang-vang, fils de Tching-vang.	26.	Kouey-hay.	1078.
Tchao-vang, fils de Kang-vang.	51.	Ki-tcheou.	1052.

NOTES.

1° *Vou-vang* avait donné le gouvernement des pays conquis à
plusieurs de ses frères ; et *Vou-keng*, fils de l'empereur *Cheou*,
avait reçu de *Vou-vang*, le titre de *Régulo* de ces pays. Ce jeune
prince s'aperçut que les frères de *Tcheou-kong* étaient jaloux de
l'autorité de régent de l'empire que *Tcheou-kong* avait ; il conçut le
dessein de monter sur le trône de son père ; et, cachant ses vues, il
se joignit aux frères de *Tcheou-kong* pour le rendre suspect
auprès de l'empereur *Tching-vang*. L'empereur entra dans quelques
soupçons; *Tcheou-kong* se retira de la cour, et donna avis de tout
à son frère *Chao-kong*, ministre d'état. Durant l'absence de *Tcheou-*

kong, l'empereur vit, dans les registres de l'histoire, la formule de l'acte par lequel *Tcheou-kong* s'était offert au ciel pour mourir à la place de son frère *Vou-vang* malade. D'ailleurs *Tcheou-kong.*, instruit en détail du complot de ses frères et de *Vou-keng*, donna connaissance de tout à l'empereur. On sut encore que *Vou-keng* fomentait en secret la révolte de quelques peuples'du *Kiang-nan*, qui avaient déclaré la guerre à *Pe-kin*, prince de *Lou* (dans le *Chan-tong*). *Pe kin* était fils de *Tcheou-kong* : celui-ci avait cédé à son fils cette principauté, qu'il avait eue de l'empereur *Vou-vang*. *Tching-vang* rappela *Tcheou-kong* , et le nomma pour commander l'armée qu'il fit marcher contre ses oncles et contre *Vou-keng*. *Tcheou-kong* remporta une victoire complète. *Vou-keng* fut mis à mort, et les frères de *Tcheou-kong* furent dégradés et mis en prison.

2º *Tcheou kong* fit bâtir une ville dans l'endroit où est aujourd'hui *Ho-nan-fou* du *Ho-nan*. Elle fut nommée *Cour orientale*. Quantité d'anciennes familles de la dynastie de *Chang* eurent ordre d'aller habiter dans cette nouvelle cour ; la ville était carrée, elle avait de grands faubourgs ; une des faces de la ville était de dix-sept mille deux cents pieds. Le pied d'alors était de plus d'un tiers plus petit que celui d'aujourd'hui. C'est dans cette ville que *Tcheou-kong* observa l'ombre solstitiale d'été, d'un pied cinq pouces : le pied avait dix pouces, le gnomon était de huit pieds.

3º *Ouey-tse*, frère aîné de l'empereur *Cheou*, fut déclaré chef de la famille de *Tching-tang*. On le nomma prince d'un état qu'on appela *Song*. C'est le pays de *Couy-te-fou*, dans le *Ho-nan*. C'est sous l'empereur *Tching-vang* qu'on fit, pour la première fois, des deniers de cuivre ronds, et qui ont un trou au milieu.

4º *Tcheou-kong* mourut à la onzieme année du règne de *Tching-vang*. C'est un des plus grands hommes que la Chine ait eus. Beaucoup de pièces de vers du livre *Chi-king*, sont de lui. Il a eu beaucoup de part à la collection du livre *Li-ki*. Il a fait un livre sur les figures du livre *Y-king*. On lui attribue l'ancien livre *Tcheou-li*, mais il est postérieur au temps de *Tcheou-kong*. Il était astronome; il savait la propriété du triangle rectangle. On lui attribue la connaissance de la boussole. Il en apprit l'usage à des étrangers pour pouvoir s'en retourner chez eux. Ces étrangers étaient des pays vers

Siam, Laos, Cochinchine. Quand ils furent près de la Cochinchine, ils suivirent la côte de la mer, et s'en retournèrent dans leur patrie. On ne parle ni de vaisseaux, ni de barques; il paraît qu'ils vinrent par terre à la Chine, et qu'ils s'en retournèrent ensuite par terre sans s'embarquer sur mer. Ils étaient venus féliciter *Tching-vang*.

5° *Tcheou-kong* fut enterré comme s'il avait été empereur. Sa régence fut de sept ans. *Tching-vang* fut un grand prince, aussi bien que *Kang-vang. Tchao-vang*, fils de *Kang-vang*, eut un long règne; mais il fut peu aimé. Le livre *Chou king* parle des règnes des empereurs *Vou-vang*, *Tching-vang*, *Kang-vang*, et de la régence de *Tcheou-kong*.

DYNASTIE DE *TCHEOU*.

EMPEREURS.	DURÉE du règne.	Iʳᵉ ANNÉE du règne.	ANNÉES avant J.-C.
Mou-vang, fils de Tchao-vang.	55 ans.	Keng-tchin.	1001.
Kong-vang, fils de Mou-vang.	12.	Y-hay.	946.
Y-vang, fils de Kong-vang.	25.	Ting-hay.	934.
Hiao-vang, frère cadet de Y-vang.	15.	Gin-tse.	909.
Y-vang, fils de Y-vang.	16.	Ting-mao.	894.

NOTES.

1° Le livre *Koue-yu* a conservé le placet offert à *Mou-vang*, pour le détourner de la guerre qu'il voulait faire, sans raison, à des peuples tributaires qui habitaient dans le pays qui répond au pays de *Tchang-cha* du *Hou-kouang*. Ce placet contient des éclaircissemens curieux sur l'antiquité. La guerre se fit sans succès et sans honneur.

2° Un mandarin, nommé *Tsao-fou*, était, du temps de *Mou-vang*, estimé par son adresse à conduire le char de l'empereur avec une vitesse incroyable. *Abdallah* (auteur persan), dans sa version d'un abrégé de l'histoire chinoise, parle de *Tsao-fou*. Il dit qu'il alla jusqu'en Perse. L'histoire dit que *Mou-vang*, conduit par *Tsao-fou*, alla à la fameuse montagne *Koen-lun*, entre le *Chen-sy* et le *Tibet*. Un prince d'occident, appelé *Si-vang-mou*, vit *Mou-vang*, et ces deux princes furent quelque temps ensemble, et se traitèrent mutuellement avec beaucoup de magnificence. Les sectateurs de *Tao* regardent *Si-vang-mou* comme un des premiers de leur secte, et paraissent le mettre aux nombre des immortels. La géographie de *Sse-ma-tsien* (écrite plus de cent ans avant J.-C.), place le pays de *Si-vang-mou*, aux pays qui sont vers la Perse ou Syrie. *Si-vang-mou* signifie littéralement ; *mère du roi occidental*. On peut aussi dire que c'est le nom du pays, comme qui dirait, *pays qui est l'origine des rois occidentaux*. Le pays de *Si-vang-mou* est le *Ta-tsin*, selon les Chinois.

3° *Mou-vang* fit des réglemens remarquables, pour les procédures criminelles : c'est le sujet d'un des plus beaux chapitres du *Chou-king*.

4° Les astronomes Chinois ont donné le nom de *Tsao-fou* aux étoiles de la tête de Cephée. Le peu que l'histoire rapporte des quatre successeurs de *Mou-vang*, n'a rien d'intéressant pour les Européens.

DYNASTIE DE *TCHEOU*.

EMPEREURS.	DURÉE du règne.	1re ANNÉE. du règne.	ANNÉES avant J.-C.
Li-vang, fils de Y-vang,	51 ans.	Kouey-ouey.	873.
Suen-vang, fils de Li-vang.	46.	Kia-su.	827.

NOTES.

1° Du temps de *Li-vang*, les poètes firent beaucoup de satires contre la mauvaise conduite de ce prince. Le livre *Chi-king* a conservé plusieurs de ces vers satiriques, de même que quelques poésies à la louange de *Suen-vang*. Ces vers sont de gens contemporains.

2° *Li-vang*, par son avidité et sa cruauté, se rendit odieux et insupportable. On se révolta, et le peuple voulait exterminer la famille royale. L'empereur prit la fuite vers la 37e année du règne, et s'exila lui-même pour n'être pas mis à mort. Un ministre zélé sacrifia au peuple son propre fils, que le peuple massacra dans l'idée que c'était le prince héritier. Le ministre cacha dans son palais le prince héritier. Ce ministre s'appelait *Chao-kong* ; lui et l'autre ministre *Tcheou-kong* s'unirent pour gouverner, et ils le firent avec zèle et prudence. La fureur du peuple s'appaisa, mais l'empereur n'osa revenir, et, après quatorze années d'exil et de fuite, il mourut. La nouvelle de sa mort s'étant répandue, les ministres proclamèrent empereur le prince héritier : c'est *Suen-vang*. Les deux caractères chinois *Kong-ho* expriment l'union, et par ces deux caractères, les

Chinois désignent la régence de *Tcheou-kong* et de *Chao-kong*. Cette régence est fameuse, et est une sûre époque pour la chronologie. La première année de cette régence, est l'année 841 avant J.-C.

3° Le règne de *Suen-vang* fut glorieux. Il avait des défauts, mais il savait les corriger. Malgré le soin qu'il eût de se faire respecter et obéir par les princes tributaires, il ne put jamais venir à bout de les empêcher de se faire la guerre les uns aux autres. Il fut tantôt heureux, tantôt malheureux dans les guerres contre les Tartares, et il vint à bout de les contenir dans les bornes de leurs limites.

4° Après le déluge du temps de *Yao*, un de ses frères, nommé *Ki*, eut le soin de l'agriculture. Il rendit dans ce poste de grands services; il fut fait prince d'un petit état, et eut le titre de *Heou-tsi*. Ces deux caractères désignent l'intendance sur l'agriculture, le labourage de la terre et les grains. Les empereurs de *Tcheou* reconnaissaient *Heou-tsi* pour chef de leur famille, et ses successeurs labouraient quelquefois la terre pour animer les peuples, et pour conserver le souvenir de *Heou-tsi*, et de leur élévation. Selon la coutume des princes de *Tcheou*, au commencement du printemps, le prince devait labourer un champ destiné à cet usage. *Suen-vang* négligea cette cérémonie; un grand le reprit de cette négligence. Son discours s'est conservé dans le livre *Koue-yu*. En voici l'essentiel :

Discours d'un grand du temps de SUEN-VANG, sur la cérémonie du labourage de la terre.

Anciennement le président du tribunal de l'histoire et de l'astronomie, examinait le temps où le matin la constellation *fang* (1) passait par le méridien, et celui où le soleil et la lune devaient être dans la constellation *che*. On savait le jour où le soleil devait se trouver au point du ciel où commence le printemps, et la nouvelle lune qui désigne la première lune du printemps. Neuf jours avant, on avertissait le mandarin préposé au labourage. L'empereur, après le rapport des mandarins, pensait avec respect à se mettre en état de faire, avec sincérité et pureté de cœur, la cérémonie de labourer la terre. Dans un appartement destiné au jeûne, l'empereur et les grands jeûnaient trois jours avant la cérémonie.

(1) Voyez la table des constellations.

On pensait à l'importance du labourage du champ destiné pour cette cérémonie, parce que les pains, destinés au sacrifice au souverain maître, sont faits du grain semé dans le champ, et parce que la culture de la terre est la vraie ressource de l'état. Les mandarins ayant tout préparé, l'empereur se purifiait par le bain, il versait à terre du vin préparé, et buvait un coup de ce vin. Après cela, prenant avec respect la charrue, il labourait quelques sillons ; les grands labouraient le reste du champ, tout se faisait avec décence et majesté : l'empereur mangeait un peu de viande du bœuf qu'on avait immolé, le reste était donné aux grands. Dans la suite, on avait soin de mettre dans un grenier le blé qui venait du champ labouré. Le président du tribunal de l'histoire examinait tout avec soin. Négliger cette cérémonie, c'est s'exposer à la colère du souverain maître, et à voir l'empire dans la désolation.

5° L'empereur n'eut point d'égard à la remontrance, et quelque temps après, l'armée impériale fut battue par les Barbares, près du champ même destiné au labourage. On regarda la perte de la bataille comme une punition du ciel irrité.

6° Il paraît que le labourage de la terre est une cérémonie qui n'était pas particulière à la famille de *Tcheou*, et qu'elle était pratiquée par les empereurs antérieurs à cette dynastie *Tcheou*. Les empereurs chinois ont toujours fait cette cérémonie jusqu'aujourd'hui, et l'empereur régnant est encore plus exact à la faire que ses prédécesseurs. Cette cérémonie se fait aujourd'hui à la seconde lune du printemps, c'est-à-dire, celle où se trouve l'équinoxe du printemps. Tout ce qui s'observe encore dans cette cérémonie, et ce qui se voit dans l'endroit destiné au labourage, est curieux et remarquable.

7° On voit encore aujourd'hui à *Pe-king*, dans le collége impérial des lettrés, des monumens de pierre du temps de *Suen-vang*, où sont les caractères chinois de ce temps-là. On en a envoyé la figure en France et ailleurs.

DYNASTIE DE *TCHEOU*.

EMPEREURS.	DURÉE du règne.	Iʳᵉ ANNÉE du règne.	ANNÉES avant J.-C.
Yeou-vang, fils de Suen-vang.	11 ans.	Keng-chin.	781.
Ping-vang, fils de Yeou-vang.	51.	Sin-ouey.	770.

NOTES,

NOTES.

1° *Yeou-vang*, à la 3ᵉ année de son règne, devint éperdûment amoureux d'une fille nommée *Pao-sse*. Il en eut un fils, appelé *Pe-fou*. L'impératrice était de la famille du prince de *Chin* (*Nan-yang-fou* du *Ho-nan*); elle était mère d'*Y-kieou*, prince héritier. L'empereur, en faveur de *Pao-sse*, épuisait l'état. Elle introduisit les eunuques. Les grands étaient mécontens; leurs représentations sur les désordres de l'état furent inutiles. Les poètes firent des satires contre les eunuques, *Pao-sse*, et l'aveuglement de l'empereur. Le prince héritier et l'impératrice sa mère furent dégradés. La mère et le fils se retirèrent chez le prince de *Chin*, qui résolut de se venger. *Pao-sse* fut déclarée impératrice, et *Pe-fou* fut prince héritier. L'empereur ordonna au prince de *Chin* de renvoyer à la cour le prince *Y-kieou*. Le prince de *Chin* le refusa, et se retira chez les Tartares. L'empereur leva des troupes, et ordonna qu'en cas d'irruption des Tartares, on allumât des feux sur les hauteurs, et battît le tambour. A ce signal, les généraux devaient venir au secours. *Pao-sse* n'aimait pas à rire, et l'empereur voulait la faire rire. Un jour, sans raison, on fit les signaux, les princes et les officiers accoururent; *Pao-sse*, voyant tant de mouvemens inutiles, se mit à rire, et l'empereur en fut charmé. Les généraux furent indignés. Les Tartares, conduits par le prince de *Chin*, firent tant de diligence, qu'ils se trouvèrent près du camp de l'empereur, lorsqu'on y pensait le moins. L'empereur surpris fit faire les signaux. La plupart des officiers, craignant d'être encore le jouet de *Pao-sse*, se tinrent tranquilles. L'empereur fut obligé de combattre avec peu de troupes. Il fut pris et tué près du pays où est *Lin-tong-hien* (dans le district de *Si-gan-fou* du *Chen-sy*). *Pao-sse* fut enlevée, le pays fut ravagé, et les Tartares firent un butin immense. Cet événement arriva à la 11ᵉ. année de *Yeou-vang*. Les princes de *Tsin*, de *Tçin*, de *Ouey*, arrivèrent, peu de temps après la bataille, avec une armée. Les Tartares auraient bien voulu encore piller, mais les princes, venus au secours, les attaquèrent et les arrêtèrent. Le prince de *Chin*, et le prince *Y-kieou*, les exhortèrent à se retirer, et leur dirent qu'ils seraient obligés de se joindre à l'armée des trois princes ligués, s'ils ne se retiraient. Ils prirent alors le parti de retourner dans leur pays. Le prince *Pe-fou* fut dégradé. Les trois princes ligués, de concert avec le prince de *Chin*, proclamèrent *Y-hieou* empereur : c'est *Ping-vang*. On regretta beaucoup la mort du prince de *Tching*, oncle paternel de l'empereur. Il fut tué, en combattant vaillamment, près de l'empereur son neveu. C'était un prince accompli, qui aimait le bien public. Trois ans avant la mort de *Yeou-vang*, ce prince eut une conférence avec un savant, sur le mauvais état des affaires. Le livre *Koue-yu* rapporte cette conférence : il y a des monumens remarquables de l'antiquité chinoise. Le pays de *Tching* est dans le *Ho-nan ;* c'est *Yu-tcheou* du district de *Cai-fong-fou*. Le livre classique *Chi-king* fournit de bons mémoires sur le règne de *Yeou-vang*. Ces mémoires sont en vers, faits par des gens contemporains.

2° L'histoire marque une éclipse de soleil, l'année *y-tcheou*, 6e de *Yeou-vang*, au jour *sin-mao*, 1er de la 10e lune (6 septembre 776 avant J.-C.). La cour était près du lieu où est la ville de *Si gan-fou* du *Chen-sy*. Le livre *Chi-king* rapporte l'éclipse du soleil.

3° L'an 770 avant J.-C., *Ping-vang* fut installé empereur. Il voulut aller faire son séjour à la cour orientale (*Ho-nan-fou* du *Ho-nan*), bâtie par *Tcheou-kong*. Il fit *Régulo* le prince de *Tsin*, et lui laissa en souveraineté le territoire de la ville impériale dans le *Chen-sy*, sous prétexte qu'il pouvait mieux que les autres défendre le pays contre les entreprises des Tartares occidentaux.

4° *Siang-kong*, prince de *Tsin*, accompagna l'empereur jusqu'à la nouvelle cour, et s'en retourna glorieux. Par la cession que l'empereur lui fit, il devint puissant. Il se comporta ensuite comme prince indépendant, et s'arrogea le droit impérial de sacrifier solennellement au *Chang-ti* (souverain maître). *Siang-kong* fit graver sur un grand vase l'acte de cession que lui fit l'empereur. *Ping-vang* a, dans ce monument, le titre de *roi céleste*. Ce monument fut trouvé dans le *Chen-sy*, du temps de *Tay tsong*, empereur de la dynastie *Song* (1).

5° Les historiens Chinois se récrient contre l'audace d *Siang-kong*, étant constant, disent-ils, que le seul empereur a droit dé

(1) Première année de son règne, 976 après J.-C.

sacrifier solennellement au *Chang-ti*. Ces mêmes historiens attribuent à la timidité et au peu de talent de *Ping vang*, la décadence de la dynastie de *Tcheou*. La transmigration de *Yeou-vang* dans le *Ho-nan*, fut, selon ces historiens, suivie de tous les malheurs. Les princes tributaires devinrent indépendans; l'ancienne religion périt; les sciences, l'étude, le zèle pour le bien public, furent anéantis; les gens habiles se dissipèrent. Le prince *Ven-kong*, successeur de *Siang-kong*, rendit, pour la forme, l'ancienne cour. Le palais ou on faisait les cérémonies aux princes ancêtres, et leurs tombeaux, furent presque ruinés, et on ne se mit pas en peine de les réparer Ce sont autant de crimes que les Chinois reprochent à *Ping-vang*. A la 18ᵉ année du règne de *Ping-vang*, le prince de *Tsin* établit un tribunal pour écrire l'histoire de sa famille, qui continua depuis *Siang-kong* à sacrifier au *Chang-ti*. Les grandes familles, accoutumées au séjour de la cour dans le *Chen-sy*, ne voulurent pas, pour la plupart, aller faire leur séjour à la cour orientale; elles devinrent réellement sujettes du prince de *Tsin*. L'empereur n'eut depuis que le nom d'empereur, et la famille impériale perdit presque entièrement son autorité et sa puissance.

6° Les princes de *Tsin* et de *Ouey* reçurent de l'empereur de grands priviléges, et devinrent plus puissans qu'auparavant.

7° La 1ʳᵉ année du règne de *Yn-kong*, prince de *Lou*, fut la 49ᵉ année du règne de l'empereur *Ping-vang*. *Confucius* commence son histoire de *Tchun-tsieou*, par la 1ʳᵉ année du prince *Yn-kong*.

DYNASTIE DE *TCHEOU*.

EMPEREURS.	DURÉE du règne.	1ʳᵉ ANNÉE du règne.	ANNÉES avant J.-C.
Houan-vang, petit fils de Ping-vang.	23 ans.	Gin-su.	719.
Tchoang-vang, fils de Houan-vang.	15.	Y-yeou.	696.
Li-vang, fils de Tchoang-vang.	5,	Keng-tse.	681.
Hoey-vang, fils de Li-vang	25.	Y-sse.	676.

NOTES.

1° L'an 722 avant J.-C., le prince de *Lou* introduisit dans les traités, entre les princes, le serment. On égorgeait un bœuf, on lui

6 *

coupait une oreille ; chaque contractant, prenant l'Esprit à témoin, se frottait les lèvres avec le sang du bœuf, et, par cette cérémonie, on se disait coupable de mort si on violait le serment. Des mandarins mettaient dans un plat fort propre les oreilles des bœufs, d'autres écrivaient la convention, l'historien la mettait dans un registre. L'histoire réprouve cette coutume comme contraire aux anciennes lois. La politique et l'intérêt fournissaient des prétextes pour éluder les sermens, et on ne faisait nul scrupule d'offenser les Esprits. Après cela, dit l'histoire, ou est la bonne foi ?

2° L'année *gin-chin*, 11ᵉ de *Houan-vang*, jour *gin-tchin* 1ᵉʳ de la 7ᵉ lune, éclipse totale de soleil (17 juillet 709 avant J.-C.).

3° Le prince *Houan-vang* mourut avec le chagrin de n'avoir pu se faire obéir par les princes tributaires ; il échoua dans la guerre qu'il fit contre quelques-uns d'entr'eux.

4° L'an *ping-su*, 2ᵉ de l'empereur *Tchoang-vang*, au 1ᵉʳ jour de la 10ᵉ lune, éclipse de soleil (10 octobre 695 avant J.-C.).

5° Un prince de la famille impériale entreprit de mettre sur le trône un frère de l'empereur. Le complot fut découvert ; le prince fut mis à mort, et le frère de l'empereur se réfugia à la cour du prince de *Yen*.

6° A la 12ᵉ année de *Tchoang-vang*, *Houan-kong*, prince de *Tsi*, déclara *Koan-tse* son premier ministre. C'est le fameux *Koan-tchong*, grand général, grand homme d'état, fort savant, et d'une grande probité. Avec un tel ministre, le prince *Houan-kong* devint très-puissant, le conseil et l'arbitre des *Régulos* de l'empire.

A la 2ᵉ année de *Hoey-vang*, une faction se forma en faveur d'un frère de l'empereur. Celui-ci fut obligé de sortir de la ville impériale. Plusieurs princes tributaires vinrent au secours de l'empereur, on reprit la capitale, et les chefs des rebelles furent mis à mort. Le prince de *Tsi* ne vint pas secourir l'empereur, on dissimula, l'empereur même le nomma pour commander une armée contre un *Régulo* désobéissant. Le *Régulo* fut pris, conduit à la cour. Le prince de *Tsi* obtint sa grâce, et il fut rétabli dans son état.

7° L'année *gin-tse*, 8ᵉ de *Hoey-vang*, au jour *sin-ouey*, 1ᵉʳ de la 6ᵉ lune, éclipse de soleil (27 mai 669 avant J.-C.). L'année suivante, jour *kouey-hay*, 1ᵉʳ de la 12ᵉ lune, éclipse de soleil (10 novembre

668 avant J.-C.). L'année *ping-yn*, 22ᵉ de *Hoey-vang*, au jour *vou-chin*, de la 9ᵉ lune, éclipse de soleil (19 août 655 avant J.-C.).

8° Sur la fin du règne de *Hoey-vang*, *Hoan-kong*, prince de *Tsi*, fut déclaré chef des assemblées des *Régulos*. En cette qualité, il convoquait les *Régulos*, punissait ceux qui ne gardaient pas les réglemens. L'empereur, dont l'autorité était par-là fort lésée, était obligé de dissimuler. Malgré la puissance et la dignité de *Hoan-kong*, plusieurs princes, dans les occasions, s'opposaient à *Hoan-kong*; mais cet habile prince faisait ce qu'il voulait; il était venu à bout de persuader les grands et les peuples qu'il ne faisait rien que pour le bien commun. Tout était dans l'ordre dans son état; les arts, les sciences et le commerce fleurissaient; sa cour était magnifique, et les gens de mérite étaient sûrs d'être employés et récompensés. Les peuples étaient dans l'abondance, et partout on louait le prince et le ministre.

DYNASTIE DE *TCHEOU*.

EMPEREURS.	DURÉE du règne.	1ʳᵉ ANNÉE du règne.	ANNÉES avant J.-C.
Siang-vang, fils de Hoey-vang.	33 ans.	Keng-ou.	651.
King-vang, fils de Siang-vang.	6.	Kouey-mao.	618.
Kouang-vang, fils de King-vang.	6.	Ki-yeou.	612.
Ting-vang, frère cadet de Kouang-vang.	21.	Y-mao.	606.

NOTES.

1°. A la 7ᵉ année de *Siang-vang*, *Koan-tse*, ministre du prince de *Tsi*, mourut. Le prince eut sujet de se repentir de n'avoir pas suivi le conseil de *Koan-tse*, sur le choix d'un ministre. Ce prince mourut deux ans après, et on vit bien que *Koan-tse* n'était plus. Les enfans du prince se disputèrent la couronne; il y eut bien du sang répandu; enfin, celui que *Koan-tse* avait proposé pour succéder, resta le maître.

2° Après la mort du prince de *Tsi*, le prince de *Tçin* fut chef des *Régulos*; mais il n'eut ni le crédit, ni l'habilité de *Hoan-kong*.

3° L'an 26 de *Siang-vang*, au jour *kouey-sse*, de la 2ᵉ lune, éclipse de soleil (3 février 626 avant J.-C.).

4° Le sujet du dernier chapitre du livre classique *Chou-king*, est la bataille que *Mou-kong*, prince do *Tsin*, perdit en combattant contre le prince de *Tcin*. Cette bataille se donna au commencement de l'année 624 avant J.-C. *Mou-kong* mourut l'année 621. A son enterrement, cent soixante-dix-sept personnes se donnèrent la mort. Plusieurs eurent ordre de se tuer, sous prétexte d'accompagner le prince mort. Cette barbare coutume venait des Tartares occidentaux. L'histoire chinoise en parle pour la première fois à l'an 621 avant J.-C.

5° Les Tartares, au nord du *Chan-sy*, faisaient souvent des courses dans la Chine; ils venaient ordinairement par le pays de *Chun-te fou* du *Pe-tche-ly*. Ces Tartares se civilisèrent peu à peu, et les Chinois firent avec eux des traités, du temps des empereurs *Hoey-vang* et *Siang-vang*.

6° *Hoey-vang* pensait à déclarer le prince *Chou-tay* pour son héritier. Il était cadet de *Siang vang*. *Hoan-kong*, prince de *Tsi*, dans une assemblée des *Régulos*, fit déterminer que *Siang-vang*, comme l'aîné et fils de l'impératrice, serait héritier. Cela s'exécuta. *Chou-tay*, après la mort de son père *Hoey-vang*, cabala, fit ligue avec les Tartares, et obligea l'empereur à sortir de la capitale, où les Tartares commirent de grands désordres. Plusieurs *Régulos* vinrent au secours de l'empereur, la paix se fit. *Chou-tay* se retira à la cour du prince de *Tsi*. *Siang-vang*, à la 14ᵉ année de son règne, le fit revenir; l'empereur fit ligue avec les Tartares pour se défendre contre les attentats de plusieurs princes tributaires, et épousa une princesse tartare, qu'il déclara impératrice, malgré les représentations qu'on lui fit. Le prince *Chou-tay* eut trop de familiarité avec l'impératrice; l'empereur le dégrada. *Chou-tay* alla chez les Tartares pour les porter à se venger de l'affront qu'on faisait à la nation. Les Tartares se mirent en marche, déclarèrent *Chou-tay* empereur, et obligèrent l'empereur à prendre la fuite. *Chou-tay* vivait avec l'impératrice déposée. Le prince de *Tsin* vint à la tête d'une bonne armée, on chassa les Tartares, *Chou-tay* fut pris et mis à mort comme criminel. L'empereur mourut paisible et assez accrédité.

7° La 1ʳᵉ année de *Kouang vang*, au jour. *sin-tcheou*, 1ᵉʳ de la 6ᵉ lune, éclipse de soleil (28 avril 612 avant J.-C.).

8° Au jour *kia-tse* de la 7ᵉ lune , éclipse totale de soleil. L'année a les caractères *keng-chin :* (20 septembre 601 avant J -C.).

9° *King-vang , Kouang-vang , Ting-vang* étaient de bons princes qui aimaient la paix. Au commencement du règne de *Ting-vang ,* le prince de *Tchou* entreprit d'être le chef des assemblées des *Régulos.*

DYNASTIE DE *TCHEOU.*

EMPEREURS.	DURÉE du règne.	1ʳᵉ ANNÉE du règne.	ANNÉES avant J.-C.
Kien–vang , fils de Ting-vang.	14 ans.	Ping–tse.	585.
Ling-vang , fils de Kien-vang.	27.	Keng–yn.	571.
King-vang , fils de Ling-vang.	25.	Ting–se.	544.
Tao-vang ou Meng , fils de King-vang.	200 jours.		
King-vang , frère cadet de Tae-vang.	44.		519.

NOTES.

1° L'empereur *Kien-vang* reconnut le prince du pays de *Ou ,* comme prince de l'empire. Le prince de *Ou* vint en personne à la cour, et gouverna depuis ses sujets selon les lois de *Tcheou* Il s'appelait *Cheou-mong.* Il était de la famille de *Tay-pe ,* oncle paternel de *Ven-vang.* La ville de *Sou-tcheou* du *Kiang-nan ,* est le pays où était la cour des princes de *Ou.* Les princes de l'empire donnèrent au prince de *Ou* des officiers, pour apprendre aux peuples de *Ou* l'art militaire. Ils pensèrent à se servir du prince de *Ou ,* puissant dans les pays du *Kiang-nan* et du *Kiang-si ,* pour s'opposer au prince de *Tchou ,* qui devenait trop puissant.

2° A la 11ᵉ année de *Kien-vang ,* au jour *ping-yn ,* 1ᵉʳ de la 6ᵉ lune, éclipse de soleil (9 mai 575 avant J.-C.).

3° *Confucius* naquit dans le *Chan-tong ,* à la 11ᵉ lune de la 21ᵉ année de *Ling-vang.* Au jour *kia-tse ,* 1ᵉʳ de la 7ᵉ lune de la 23ᵉ année de *Ling-vang ,* éclipse totale de soleil (19 juin 549 avant J.-C.).

4° A la 20ᵉ année de *King-vang* (525 ans avant J.-C.), il y eut une comète dans les étoiles du scorpion. L'année d'après, l'empereur fit faire de gros deniers de cuivre. A la 24ᵉ année, le même empereur fit fondre de grosses cloches. L'ancien livre *Koue-yu* a conservé les placets offerts à l'empereur, à l'occasion de ces deniers et de ces cloches. On a envoyé d'ici (de la Chine) en France, divers deniers anciens de cuivre et autres monnaies, avec un écrit sur ces deniers et monnaies. La 24ᵉ année de *King-vang*, jour *gin-ou*, 1ᵉʳ de la 7ᵉ lune, éclipse de soleil (10 juin 531 avant J.-C.). *Ling-vang* fut un prince habile et sage.

L'année 519 avant J.-C. fut la première du règne de *King-vang*, fils de *Ling-vang*. L'année *kouey-ouey*, jour *y-ouey*, premier de la 5ᵉ lune, éclipse de soleil (9 avril 518 avant J.-C.). L'année *king-yn*, jour *sin-hay*, premier de la 12ᵉ lune, éclipse de soleil (14 novembre 511 avant J.-C.).

En 520 avant J.-C. l'empereur mourut; la cour se trouva dans un état bien triste Ce prince avait de l'inclination pour son dernier fils *Tchao*, et lui avait dit qu'il voulait le déclarer prince héritier. Après la mort de l'empereur, il se forma deux partis, l'un pour *Meng*, frère aîné de *Tchao*, l'autre pour *Tchao*. Dans la ville impériale et dans les environs, il y eut un grand carnage. *Tchao* se trouva maître de la cour. *Meng* eut des secours du prince de *Tçin*. Il mourut la même année, et *Tchao* fut soupçonné d'avoir avancé ses jours. Le parti de *Meng* déclara empereur *Kai*, frère de *Meng*, de père et de mère. *Tchao* peu aimé, se soutint dans la ville impériale. Le prince de *Tçin* instruit de ce qui se passait, se déclara pour le prince *Kai*, et lui envoya de bonnes troupes. Après plusieurs combats, *Tchao* fut obligé d'abandonner la cour. Il se retira dans le pays de *Tchou*, et emporta bien des trésors et les archives de l'empire. Après plusieurs années, le prince *Kai*, plus estimé que *Tchao*, fut généralement reconnu empereur : c'est celui qui a le titre de *King-vang*. Dans l'entrée qu'il fit à la cour, il fut accompagné des princes de *Tsin* et de *Tçin*. On répara la ville désolée par les guerres civiles, et pour la sûreté du prince, les princes de *Tsin* et de *Tçin* et autres fournirent grand nombre de troupes pour la défense du pays. Le prince de *Tçin*, comme chef des *Régulos*, ordonna aux autres princes de payer leurs contributions, et de faire hommage à l'empereur.

L'empereur profitant de la conjoncture de la guerre entre les princes de *Ou* et de *Tchou*, envoya des gens sûrs et résolus

dans

dans le pays de *Tchou*. Ils s'assurèrent de *Tchao*, et le firent mourir.

A la 23ᵉ année de *King-vang*, *Yun*, prince de *Yue*, mourut. Il eut pour successeur l'illustre *Keou-tsien*. Les princes de *Yue* descendaient de *Chao-kang*, empereur de la dynastie *Hia*. *Chao-kang* donna à *Vou-yu*, son fils, le titre de prince de *Yue*, avec ordre d'avoir soin du tombeau de l'empereur *Yu* (dans le district de *Chao-hing* du *Tche-kiang*). Les princes de *Yue* s'étant agrandis, firent figure dans l'empire, du temps de *King-vang*.

La 25ᵉ année de *King-vang*, jour *keng-tchin* premier de la 8ᵉ lune, éclipse de soleil (22 juillet 495 avant J.-C.). A la 39ᵉ année du règne, jour *keng-chin* premier de la 5ᵉ lune, éclipse de soleil (19 avril 481 avant J.-C.). L'an *gin-su*, 41ᵉ année de *King-vang*, *Confucius* mourut dans la 4ᵉ lune, dans le pays de *Lou*. *Confucius* était originaire du pays de *Song* dans le *Ho-nan*. Il était de la famille impériale de l'empereur *Tching-tang*. Il était d'une probité reconnue, savant dans l'histoire. Sa principale occupation fut de former des disciples pour inspirer partout l'amour de la vertu, et faire revivre l'ancienne doctrine. Il eut de grands emplois, et se fit une grande réputation. Il fit une histoire exacte de douze princes de *Lou*. Il la commença par la 1ʳᵉ année du prince *Yn-kong* (722 ans avant J.-C.), et la finit près de 242 ans après. Cet ouvrage est une critique du mauvais gouvernement et de la corruption des mœurs. Sa vue était de montrer que cela venait d'avoir abandonné l'ancienne doctrine et le gouvernement établi par les anciens sages. C'est pour cela qu'il rapporte grand nombre de princes tués par leurs sujets, et les malheurs de tant de guerres qui désolaient l'empire, et introduisaient toute sorte de désordres que ce philosophe indique sans fard avec beaucoup de précision. *Tso kieou ming*, historien public et contemporain de *Confucius*, appréhendant que l'histoire de *Confucius* ne fût altérée par ses disciples, fit un commentaire au livre, et c'est du texte de *Confucius* et du commentaire de *Tso-kieou-ming*, que l'histoire a pris ce qu'il y a de plus sûr par rapport à l'histoire des temps du *Tchun-tsieou*.

Confucius fit des commentaires sur les textes de *Ven-vang*, et sur ceux de son fils *Tcheou-kong*, pour expliquer les figures ou

Koua qu'on voit dans le livre classique *Y-king*. Les disciples de *Confucius* ramassèrent quantité de préceptes et de sentences de leur maître : on en a fait des recueils.

Confucius mit en ordre les livres classiques *Y-king*, *Chou-king*, *Chi-king*, *Li-ki*. Le feu P. Jean-Baptiste Régis, jésuite d'Aix en Provence, a fait sur les livres classiques, un ouvrage considérable, envoyé en France et à Rome. Dans cet ouvrage on voit l'histoire exacte de ces livres, et on sait quel fond on peut faire sur leur autorité; on voit les différentes éditions qui s'en sont faites, et des remarques judicieuses sur les commentaires et les changemens faits. Ceux qui, en Europe, souhaitent avoir des connaissances réelles sur les livres classiques des Chinois, risquent d'avoir sur ces livres des idées peu justes, s'ils ne lisent quelque ouvrage en ce genre dans le goût de celui du P. Régis, qu'on ne saurait lire sans être plein d'estime pour la critique, le bon goût et l'équité de ce missionnaire, d'ailleurs illustre par ses vertus religieuses.

DYNASTIE DE *TCHEOU*.

EMPEREURS.	DURÉE du règne.	1ʳᵉ ANNÉE du règne.	ANNÉES avant J.-C.
Yuen-vang, fils de King-vang.	7 ans.	Ping-yn.	475.
Tching-ting-vang, fils de Yuen-vang.	28.	Kouey-yeou.	468.
Kao-vang, fils de Tching-ting-vang.	15.	Sin-tcheou.	440.
Ouey-lie-vang, fils de Kao-vang.	24.	Ping-tchin.	425.

NOTES.

1º A la 3ᵉ année de *Yuen-vang*, *Keou-tsien*, prince de *Yue*, s'empara des vastes états du prince de *Ou*, descendant de *Tay-pe*, oncle paternel de *Ven-vang*, père de l'empereur *Vou-vang*. Plusieurs princes de la famille qui avait possédé l'état de *Ou*, se retirèrent au Japon, et y habitèrent. J'ai dit que, selon bien des Chinois, les *Dairis* du Japon se disaient des descendans de *Tay-pe*, prince ou roi de *Ou*.

2º *Keou-tsien*, après sa victoire sur *Fou-tcha*, prince de *Ou*, se rendit illustre. Il fut nommé, par l'empereur, chef des *Régulos*. En cette qualité, il donna le premier exemple de la soumission due à l'empereur. Il intima à tous les princes un ordre de l'empereur pour payer les redevances ordinaires. Le prince de *Tsin*, ne faisant nul cas de cet ordre, *Keou-tsien* se mit en marche, avec une grande armée, pour attaquer le pays de *Tsin*. Le prince de *Tsin* craignit pour sa famille, et demanda pardon à l'empereur. *Keou-tsien*, content de cette soumission, reprit la route de ses états.

3° Le prince *Keou-tsien* jugea qu'un grand de sa cour méritait la mort. Comme ce grand avait rendu service, *Keou-tsien* lui envoya un sabre avec ordre de se donner la mort. L'histoire dit que c'est le premier exemple de ce genre de mort, accordé comme une grâce et un bienfait.

4° C'est la 13ᵉ année de *Tching-ting-vang* que finit le livre de *Tso-tchouen*, qui est un commentaire du *Tchun-tsieou* de *Confucius*.

5° A la 11ᵉ année de *Tching-ting-vang*, le prince de *Tçin* se vit presque entièrement dépouillé de ses états par ses ministres. Quatre d'entr'eux se réunirent pour détruire les deux autres. *Tchi-pe*, à la tête, voulait avoir tout pour lui : les trois qui restaient, savoir, *Tchao, Han, Ouey*, agirent de concert contre *Tchi-pe*, lui prirent ses états, et le firent mourir à la 16ᵉ année du règne de *Tching-ting-vang*. L'empereur *Ouey-lie-vang*, par politique, déclara *Régulos* les princes *Tchao, Han, Ouey*.

6° L'empereur mourut l'an 441 avant J.-C. Un de ses fils lui succéda; mais peu de mois après, il fut tué par son frère cadet. Celui-ci, s'étant fait déclarer empereur, fut tué, à son tour, peu de temps après, par un troisième frère, qui fut empereur. On le nomme *Kao-vang*.

7° Les princes du pays de *Ki*, dans le *Ho-nan*, étaient de la famille impériale du grand *Yu*. A la 24ᵉ année de *Tching-ting-vang*, le prince de *Tchou* détruisit la principauté de *Ki*. *Confucius* parle de ces princes de *Ki*, comme descendans de *Hia* : ils avaient de grands priviléges.

8° Dans le pays de *Ki*, on suivait la forme d'année de la dynastie *Hia*.

9° A la 9ᵉ année de *Ouey-lie-vang*, on voit encore une coutume des Tartares, voisins de la rivière *Hoang-ho*; elle passa aux princes de *Tsin*. Le prince choisissait une fille qu'on disait parente

7 *

de la famille régnante ; elle passait pour l'épouse de l'Esprit de la rivière *Hoang-ho*. Les Chinois firent abolir cette coutume. C'est du temps de *Ouey-lie-vang* qu'on vit les Chinois, sujets du prince de *Tsin*, porter l'épée attachée à la ceinture. La famille de *Tsin* prit cette coutume des Tartares.

10° Après les temps du *Tchun-tsieou*, les historiens chinois furent peu exacts à marquer les éclipses.

DYNASTIE DE *TCHEOU*.

EMPEREURS.	DURÉE du règne.	Iʳᵉ ANNÉE du règne.	ANNÉES avant J.-C.
Gan-vang, fils de Ouey–lie–vang.	26 ans.	Keng–tchin.	401.
Lie–vang, fils de Gan–vang.	7.	Ping–ou.	375.
Hien–vang, frère cadet de Lie– vang.	48.	Kouey-tcheou.	368.

NOTES.

1o A la 26ᵉ année du règne de *Gan-vang*, la famille des princes de *Tçin* fut éteinte. Ces princes venaient d'un frère cadet de l'empereur *Tching-vang*.

2° Les princes tributaires devenaient de jour en jour plus indépendans, et l'empereur avait très-peu d'autorité.

3o Dès la 7ᵉ année du règne de *Hien-vang*, les princes de *Ouey* et de *Tchou*, comme plus exposés au danger d'être opprimés par les prince de *Tsin* qui devenaient très-puissans, firent de grandes murailles dans leurs états, pour leur servir de barrières contre les *Tsin*. Ceux-ci avaient partout des créatures pour mettre la division entre les autres souverains.

4° A la 26ᵉ année de *Hien-vang*, le prince de *Tsin* fut déclaré chef des *Régulos*. Il se mit à la tête d'une grande armée, et vint à la cour pour rendre hommage comme vassal. Les autres princes lui firent leurs complimens sur sa dignité.

5° A la 33ᵉ année de *Hien-vang*, l'histoire parle du voyage que le philosophe *Meng-tse* fit à la cour du prince de *Ouey*, (*Cai-fong-fou* d'aujourd'hui). Le prince traita bien *Meng-tse*, et l'entendit volontiers parler morale ; mais le succès ne répondit pas aux espérances du philosophe.

6o A la 35ᵉ année de *Hien-vang*, le prince de *Yue* fut battu par le prince de *Tchou*, et perdit les états qu'il avait pris sur le prince de *Ou*. Il y eut des guerres entre les princes de la famille. Les uns avaient le titre de roi, les autres celui de prince. Tous se dispersèrent et allèrent faire leur séjour dans les îles de la mer orientale. Tout le pays de *Tche-kiang* fut soumis au prince de *Tchou*, et la famille de *Yue* perdit tous ses états.

7. Le prince de *Tchou* avait déjà pris le titre de roi. Les princes de *Han*, *Ouey*, *Yen*, *Tsi*, *Tsin*, prirent le même titre du temps de *Hien-vang*.

Un philosophe, natif du *Ho-nan*, nommé *Sou-tsin*, cherchait à se faire une grande réputation, et tâchait de cacher, sous de beaux dehors, une grande ambition. Il était savant, politique et au fait sur les intérêts des princes. Il alla offrir ses services au prince de *Tsin*, et lui proposa un système pour le rendre maître de la Chine. La cour de *Tsin* connut le génie du philosophe, et ne fit aucun cas de ses systèmes. *Sou-tsin*, outré d'un tel mépris, entreprit de perdre la famille de *Tsin*, en animant les autres princes contre elle. Il fit pour cela bien des voyages, pour faire voir aux princes des autres états, que le prince de *Tsin* travaillait à les subjuguer. La plupart des princes se liguèrent contre le prince de *Tsin*; mais les ministres de *Tsin*, plus habiles que *Sou-tsin*, et mieux servis en créatures et espions, rompirent les mesures prises par la ligue. Les généraux et les troupes de *Tsin* agissaient de concert, et étaient vainqueurs partout. La philosophie de *Sou-tsin* l'abandonna à la cour du prince de *Yen*. Il sut se faire aimer d'une des principales femmes du prince, et abusa des égards qu'elle avait pour lui. Après un tel attentat, il craignit que tout ne fût découvert; il se retira à la cour du prince de *Tsi*. Il y fut, sans doute, connu pour ce qu'il était réellement; on ne dit pas par quel motif le prince de *Tsi* le fit mourir.

DYNASTIE DE *TCHEOU*.

EMPEREURS.	DURÉE du règne.	1re ANNÉE du règne.	ANNÉES avant J.-C.
Chin-tsin-vang, fils de Hien-vang.	6 ans.	Sin-tcheou.	320.
Nan-vang, fils de Chin-tsin-vang.	59.	Ting-ouey.	314.
Tcheou-kun, descendant de l'empereur Kao-vang.	7.	Ping-ou.	255.

NOTES.

1º A la 3e année de *Chin-tsin-vang*, le prince de *Song*, dans le *Ho-nan*, prit le titre de roi. Le prince de *Tsin* se rendit redoutable par les grandes victoires qu'il remporta sur les princes de *Han*, *Tchao*, *Yen*, *Ouey*, *Tchou*. Il fit mourir plus de quatre-vingt mille personnes.

2º Le *Sse-tchouen* et une partie du *Hou-koang* dépendaient de deux princes, qui se disaient rois de *Chou*. Ce royaume de *Chou* était riche et peuplé. Les deux rois étaient fort divisés. Le prince de *Tsin* profita de ces divisions, et se rendit maître, en 316, de ces vastes pays.

3º Vers ce temps-là, le roi de *Yen*, dupé par son ministre, voulut imiter les empereurs *Yao*, *Chun*. Sans avoir égard au prince héritier, il céda son royaume au ministre. Il y eut des guerres civiles. Le roi de *Tsi*, sans coup férir, s'empara de la ville royale de *Yen*. On fit mourir l'usurpateur, et le roi qui avait abdiqué. *Meng-tse* était alors à la cour de *Tsi*. Il parla fortement au roi sur l'injustice de cette guerre. Sa doctrine ne fut pas du goût du roi de *Tsi*. *Meng-tse*, voyant qu'on ne pensait qu'à la guerre, et que les fausses doctrines se répandaient partout, redoubla ses soins pour faire revivre la doctrine de *Yao*, *Chun*, *Confucius*. Il se retira de la cour de *Tsi*, et eut des disciples à qui il prêchait sans cesse l'amour de la vertu et l'horreur des fausses sectes. Ses disciples firent un recueil de ce que leur maître avait dit. Ils en firent un livre que les lettrés ont mis au rang des livres classiques.

4º Le roi de *Tchou* fut battu deux fois l'an 312, par le roi de *Tsin*.

5º A la 8e année du règne de *Nan-vang*, le prince de *Tchao* choisit de bons officiers et soldats, et prit le parti de s'habiller à la tartare. Il s'exerçait jour et nuit à tirer de l'arc avec ses troupes, et il enleva aux Tartares le pays qu'ils avaient encore près de *Tching-ting-fou* du *Pe-tche-ly*. *Vou-ting* était le nom du prince de *Tchao*. Ce prince était la terreur des Tartares ; il résolut d'abaisser la puissance de la famille de *Tsin*, mais l'amour qu'il eut pour une femme causa bien des désordres. Il la déclara princesse, et nomma prince héritier le fils qu'il en avait. *Vou-ting* chassa les Tartares du

Chan-sy; il devint très-puissant dans la partie boréale de cette province. Il fit bâtir la grande muraille qui est entre le fleuve *Hoang-ho* et le *Pe-tche-ly*, et mit de fortes garnisons dans des citadelles au-dehors de la grande muraille. A peu près dans le même temps, le prince de *Yen* chassa les Tartares qui étaient dans la partie boréale du *Pe-tche-ly*, et fit aussi une grande muraille depuis la frontière du *Chan-sy* jusque dans le *Leao-tong*. Le prince de *Tsin* chassa les Tartares qui étaient au nord de *Lin-tao-fou* du *Chen-sy*, *Kin-yang-fou*, *Yen-gan-fou*. On fit une grande muraille, qui allait depuis le nord de *Lin-tao-fou*, jusqu'à la rivière *Hoang-ho*, dans l'endroit où cette rivière rentre dans la Chine, et sépare le *Chen-sy* du *Chan-sy*. Pour ce qui regarde la muraille qui va depuis le nord de *Lin-tao-fou* jusqu'à l'extrémité occidentale du *Chen-sy*, elle ne fut bâtie que près de 200 ans après, par *Vou-ty*, empereur des *Han*. Ce prince fit cette muraille pour empêcher la communication des Tartares du nord avec ceux du pays de *Kokonor*. Quand *Tsin-chi-hoang* fut maître de l'empire, il fit de grandes réparations aux grandes murailles faites avant son règne. J'ai parlé ici de la grande muraille, parce qu'on n'est pas instruit au juste en Europe sur ce monument.

6o L'an 286 avant J.-C., le roi de *Tsi* détruisit l'état de *Song*. Les princes de cet état étaient des descendans de *Ouey-tse*, frère aîné du dernier empereur de la dynastie *Chang*. L'empereur *Tching-vang* avait déclaré *Ouey-tse* chef de la famille de *Tching-tang*. Le pays de *Song*, est ce qu'on appelle aujourd'hui le pays de *Kouey-te-fou* du *Ho-nan*. *Confucius* parle des princes de *Song*, comme descendans de l'empereur *Tching-tang*. Le roi de *Tsi* pensait à être le chef des autres *Régulos*. Il parla là-dessus fort indiscrètement, et fit mourir quelques mandarins qui lui faisaient des représentations sur les conséquences de cette indiscrétion. Le roi de *Yen*, qui voulait se venger du roi de *Tsi*, se ligua avec d'autres princes, et fit attaquer le royaume de *Tsi*. La capitale et soixante-dix autres villes furent prises, et le royaume de *Tsi* était perdu sans ressources, si le roi de *Yen* n'était pas mort. Sa mort fut suivie de troubles dont le roi de *Tsi* profita. *Tchao-siang-vang*, roi de *Tsin*, faisait toujours de nouvelles conquêtes. Son petit-fils était en ôtage à la cour de *Tchao*, lorsque le roi de *Tsin* faisait le siége d'une ville considérable du prince de *Tchao*. Celui-ci pensait à faire mourir *Y-gin*, petit-fils du roi de *Tsin*. *Y-gin* se sauva par les ruses et l'adresse d'un riche marchand du *Ho-nan*, appelé *Lu-pou-ouey*. Celui-ci avait une maîtresse dont le prince *Y-gin* devint amoureux. Tout était ménagé par *Lu-pou-ouey*, qui fit fort le fâché contre *Y-gin*, de ce qu'il voulait sa maîtresse. *Lu-pou-ouey* la lui donna enfin : elle accoucha d'un fils, que l'on nomma *Tching*. Il fut depuis empereur sous le titre de *Tsin-chi-hoang*. Les historiens chinois assurent que *Tching* était fils de *Lu-pou ouey*, et non du prince *Y-gin*, et prétendent que la maîtresse de *Lu-pou-ouey* était enceinte quand elle fut donnée à *Y-gin*, et que cela était su de *Lu-pou-ouey*. Après la naissance de *Tching*, sa mère fut déclarée femme légitime du prince *Y-gin*. Celui-ci s'étant sauvé du pays de *Tchao*, à la 58ᵉ année de *Nan-vang*, fut très-bien reçu de la princesse (1), épouse du prince héritier, dont elle était fort aimée. Prevenue et gagnée par les intrigues et les présens de *Lu-pou-ouey*, elle parlait souvent au prince héritier des belles qualités d'*Y-gin*, et obtint de faire déclarer le prince *Y-gin* pour son héritier. *Y-gin*, ayant des aînés, ne devait pas l'être. *Y gin*, par le conseil de *Lu-pou-ouey*, s'habilla à la manière des gens du pays de *Tchou*, d'où était la princesse, épouse du prince héritier. Cette dame l'aima comme si elle avait été sa mère, et lui donna le nom de *Tchou*.

7° *Lu-pou-ouey* fit de grandes dépenses pour avoir des mémoires des savans, et en fit un recueil dont on a un fragment considérable, sous le nom de *Tchun-tsieou* de *Lu*.

8° *Tchao-siang-vang* fit mourir plus de cent mille hommes des pays où il faisait la guerre. L'empereur, à la 59 année de son règne, ordonna aux *Régulos* d'attaquer le roi de *Tsin*. *Tchao-siang-vang* envoya des troupes, qui prirent trente-cinq villes ou bourgs, qui étaient encore à l'empereur. L'empereur demanda pardon à *Tchao-siang-vang* et se soumit à lui. Le roi de *Tsin* se saisit des archives, et assigna un lieu pour la demeure de l'empereur déposé; celui-ci y mourut peu de temps après.

L'an 255, le roi de *Tchou* dépouilla de ses états le prince de

_____

(1) Elle était sans enfans.

Lou. Tcheou-kong, frère de l'empereur *Vou-vang,* fut le premier prince de *Lou.* Quelques historiens font finir la dynastie *Tcheou,* l'an 256 avant J.-C., et selon eux, l'an 255 , 52ᵉ du règne particulier de *Tchao-siang-vang,* dans le pays de *Tsin,* fut le premier de son empire sur toute la Chine.

L'an 253, le roi de *Tsin* fit le sacrifice au *Chang-ti* (souverain maître); il mourut l'an 251. Le prince héritier fut proclamé. Il eut le titre de *Hiao-ven-vang,* et mourut peu de jours après son installation. Le prince *Y-gin* fut déclaré son successeur, et eut le titre de *Tchouang-siang-vang. Lu-pou-ouey* fut déclaré prince et ministre.

L'an 249 avant J.-C., le dernier prince de *Tcheou* qui, depuis l'an 255, se disait empereur, fut obligé par *Lu-pou-ouey* de se soumettre au roi de *Tsin,* avec sept villes qui lui restaient encore. *Tchouang-siang-vang* donna à ce prince, pour demeure, une bourgade, dans le district de *Nan-yang-fou* du *Ho-nan.* La 1ᵉʳᵉ année de *Vou-vang,* premier empereur de *Tcheou,* est *Ki-mao* dans le Cycle; la dernière année du dernier empereur de *Tcheou* est *Gin-tse;* l'intervalle est de 874 ans, pendant lesquels il y eut trente-huit empereurs. Depuis la 1ᵉʳᵉ année de *Vou-vang,* jusqu'à la 1ᵉʳᵉ année de *Hong-vou,* premier empereur de la dynastie *Ming* (1368 de J. C.), on compte 2490 ans.

DYNASTIE DE *TSIN.*

EMPEREURS.	DURÉE du règne.	1ʳᵉ ANNÉE du règne.	ANNÉES avant J.-C.
Tchouang-siang-vang.	2 ans.	Kouey-tcheou.	248.
Tsin-chi-hoang, réputé fils de Tchouang-siang-vang.	37.	Y-mao.	246.
Eul-chi, fils de Tsin-chi-hoang.	3.	Gin-tchin.	209.

NOTES.

10 A la 13ᵉ année de *Hiao-vang,* empereur de *Tcheou,* un grand, nommé *Fey-tse,* à cause de son habileté à élever les chevaux, eut de l'empereur une seigneurie considérable dans le *Chen-sy,* au pays de *Tsin.* Ce pays de *Tsin* est dans le district de *Kong-tchang-fou.*

2° *Fey-tse* passait pour descendant de *Pe-y*, ministre de l'empereur *Chun*. *Pe-y* est regardé comme descendant de l'empereur *Tchouen-hiu*. C'est de ce *Fey-tse* que descendent certainement les princes de la famille impériale *Tsin*.

3° A la mort de *Tchouang-siang-vang*, *Tsin-chi-hoang* avait treize ans. Son nom était *Tching*, et sous ce nom, il régna 25 ans. Le reste du temps de son règne fut sous le titre de *Tsin-chi-hoang*. C'est sous ce titre qu'il est connu en Europe.

4° L'an 244 avant J.-C., l'histoire parle des Tartares *Hiong-nou*. On ne sait rien de bien détaillé sur leur origine. Les princes de *Tchao* les tenaient en respect au nord du *Chan-sy*, malgré leur grande puissance. Ils avaient des armées formidables en cavalerie, et dans une bataille qu'ils perdirent du temps de *Li-mou*, général du roi *Tchao*, on leur tua plus de cent mille hommes. Ils n'avaient point de maisons, et ne cultivaient pas la terre; ils habitaient sous des tentes; ils avaient des statues d'or, qui représentaient le roi ou maître du ciel; c'est le maître du ciel qu'ils adoraient. Ils parlaient aussi d'un esprit du ciel, représenté par la figure d'un dragon, qu'ils adoraient. Ils rendaient des honneurs à leurs ancêtres; et, dans des temps fixés, ils tenaient des assemblées pour régler leurs affaires. Ils n'avaient point de caractères. Ils faisaient souvent des courses dans la Chine. Les *Hiong-nou* étaient répandus dans toute la Tartarie au nord de la Chine et du *Leao-tong*, et allaient jusqu'à la Bactriane du côté de l'Occident. Ces *Hiong-nou* sont, sans doute, ce que l'histoire d'Europe appelle *Huns* ou *Houngs*. Les *Jong*, qui étaient voisins du *Chen-sy*, vers le nord et l'occident, étaient des Tartares d'une autre espèce. Ces Tartares, 400 ans environ avant J.-C., se divisèrent en hordes, élurent des chefs, bâtirent des villes, et, selon les Chinois, d'autres Tartares occidentaux, à l'exemple des *Jong*, bâtirent alors des villes. Les historiens chinois disent encore que les *Hiong-nou* ayant subjugué les Tartares qui étoient à l'ouest du *Chen-sy*, ceux-ci émigrèrent en Occident, et allèrent fonder un royaume considérable au nord du fleuve *Si-hiun* jusqu'à la mer Caspienne. Ce royaume s'appelait *Yue*. Ces Tartares s'emparèrent de *Ta-hia* (*Chorassan* et pays voisins) *Ta-hia*, dit l'histoire de *Sse-ma-tsien*, confine avec *Chin-tou* (Inde), et il y a là bien des marchands, dit le même historien, qui y vendent des marchandises venues de *Chou* (*Sse-tchouen*). *Sse-ma-tsien* écrivait plus de 100 ans avant J.-C.

5° L'an 238 avant J.-C., l'empereur de *Tsin* eut un chagrin auquel il ne s'attendait pas. Quand il monta sur le trône, il était fort jeune ; *Lu-pou-ouey* était ministre. La mère de l'empereur et *Lu-pou-ouey* avaient un mauvais commerce : celui-ci appréhendant que l'affaire ne devînt publique, ordonna à un de ses jeunes domestiques de se dire eunuque, et en cette qualité le fit entrer dans le palais. Le nom de ce jeune homme était *Lao-gay*. Il plut à l'impératrice mère, et elle eut de ce jeune homme deux garçons. Des mandarins qui, depuis bien du temps, avaient des soupçons sur la princesse, s'étant bien assurés du fait, avertirent l'empereur. Ce prince fit examiner l'affaire, et tout fut découvert. *Lao-gay* prit la fuite. Il avait le sceau de l'empire et était devenu fort riche. Il prit les armes, mais il fut battu, pris et mis à mort avec les deux fils qu'il avait eus de l'impératrice. La princesse fut renvoyée de la cour et gardée dans un palais. L'empereur n'avait pas encore de soupçons sur *Lu-pou-ouey*. Ce prince fit des défenses, sous peine de la vie, de lui faire des représentations. Malgré cette défense, un mandarin du pays de *Tsi* se présenta pour faire des représentations. L'empereur irrité ordonna de préparer une marmite pour y faire bouillir le mandarin, et prenant un sabre, il voulait le tuer. Ce mandarin, par son sang-froid, étonna l'empereur qui, changeant tout à coup, lui permit de parler. Le mandarin reprocha à l'empereur la mort injuste de deux jeunes gens qu'on disait fils de l'impératrice mère, et des mandarins qu'on avait fait mourir parce qu'ils avaient fait des représentations. Ensuite il compara l'empereur aux princes *Tcheou* et *Kie*, fameux par leur tyrannie ; il s'étendit beaucoup sur ce qu'on ne pouvait voir sans horreur en prison la mère de l'empereur régnant. L'empereur surpris de la hardiesse du mandarin, au lieu de lui faire du mal, le nomma à une grande charge, et fit revenir à la cour la princesse sa mère.

6° L'an 235, l'empereur exila *Lu-pou-ouey*. Celui-ci, craignant d'être mis à mort ignominieusement, s'empoisonna après être sorti de la cour.

8*

7° La famille des princes ou rois de *Tchao* avait pour chef *Tsao-fou* dont on a parlé au règne de l'empereur *Mou-vang.* *Fey-tse* et *Tsao-fou* avaient la même origine. Les princes de *Tchao* étaient fort puissans dans le *Chan-sy* et dans la partie australe du *Pe-tche-ly.* Leur cour était *Han-tan*, ville très-forte dans le pays où est aujourd'hui *Koang-ping-fou*, du *Pe-tche-ly.* L'impératrice mère était née à *Han-tan.* L'an 228, l'empereur acheva la conquête des états de *Tchao*, et étant à *Han-tan*, il fit mourir tous ceux qui passaient pour ennemis de la famille de sa mère.

L'empereur s'était déjà rendu maître des états du roi de *Han*, et les années 224 et 223 avant J.-C., il se vit maître des états de *Ouey* et de *Tchou.* Les princes de *Ouey* venaient d'un frère de l'empereur *Vou-vang*, et ceux de *Han* étaient princes de la famille impériale de *Tcheou.* Les princes de *Tchou* avaient pour tige le philosophe *Yo-tse*, grand de la cour de *Ven-vang*, père de l'empereur *Vou-vang.* *Yo-tse* se disait descendant de l'empereur *Hoang-ti.*

L'an 222, l'empereur acheva la conquête des états de *Yen*, et l'année suivante, celle des états de *Tsi.* Les rois de *Yen* avaient pour tige *Chao-kong*, frère de l'empereur *Vou-vang.* *Tay-kong*, ministre de l'empereur *Vou-vang*, fut fait prince du pays de *Tsi.* Par ces conquêtes, l'empereur fut maître de tout l'empire.

On parlait alors beaucoup des anciens empereurs appelés les trois *Hoang* ou Augustes, et les cinq *Ti* ou Maîtres absolus. On n'avait rien de plus grand ni de plus parfait en fait de gouvernement que l'idée de ces trois *Hoang* et de ces cinq *Ti.* Les lettrés, les grands, les ministres, parfaitement au fait sur les idées ambitieuses de l'empereur, quand il se vit seul maître de la Chine, après avoir délibéré, convinrent de proposer à l'empereur de prendre un titre qui donnât l'idée du plus parfait gouvernement. L'empereur approuva ce projet flatteur, et on lui donna le titre de *Tsin-chi-hoang-ti.* Ce prince ordonna que ses successeurs ajouteraient au titre de *Hoang-ti* les caractères qui désignent 2ᵉ, 3ᵉ et 4ᵉ génération, à l'infini, comme si la dynastie ne devait jamais périr. Ce titre de *Tsin-chi-hoang-ti* fut donné l'an 221 avant J.-C. *Tsin* est le nom de la famille *Tsin-chi-hoang*: *chi* exprime le commencement.

8° L'empereur ordonna que le 1ᵉʳ jour de la 10ᵉ lune, on ferait les cérémonies du 1er jour de l'année civile. On compta toujours 10e, 11e, 12e lune, dans la forme du calendrier de la dynastie de *Hia*. Au 1er jour de la 10e lune, on marquait la date du commencement de l'année du règne. Cette coutume dura jusqu'à l'empereur *Vou-ti* des *Han*, comme on le voit par l'Histoire et l'Astronomie.

9° La même année 221, l'empereur rejeta les propositions qu'on lui fit d'ériger en principautés tributaires plusieurs pays de la Chine, en faveur des princes de sa famille et de quelques grandes familles. L'empire fut divisé en 36 départemens ; des mandarins furent nommés pour les gouverner ; on détermina quels devaient être leurs revenus, leur sceau et les marques extérieures de leur dignité. On donna aux princes du sang de quoi vivre honorablement. On fit venir à la cour les armes qui étaient dans les provinces, on les fondit et on en fit des instrumens, des cloches et douze statues gigantesques ; chacune pesait plus de cent vingt mille livres. Elles furent placées dans le palais. On voulut mettre les Chinois hors d'état de pouvoir se révolter. C'est aussi par ce motif qu'on fit venir des provinces cent vingt mille familles des principales de l'empire, pour faire leur séjour dans la ville capitale. On y rassembla tout ce qu'il y avait de curieux dans les cours des princes qui avaient régné dans les divers états de la Chine. On agrandit la ville impériale et les palais, et le contour des murailles devait être d'une bien grande étendue.

10° L'an 219 avant J.-C., 28e de son règne, l'empereur alla faire la visite de l'empire du côté de l'orient. Il était passionné pour la gloire et voulait être loué. Etant dans le district de *Yen-tcheou-fou* du *Chan-tong*, il eut le faible de faire graver l'éloge de ses qualités sur une table de pierre qu'il fit dresser sur la montagne *Tseou-y* Il croyait être au-dessus de tous les empereurs qui l'avaient précédé. Après la visite de la montagne *Tseou-y*, il alla au mont *Tay-chan* (dans le *Chan-tong*, district de *Tsi-nan-fou*). Il fit des cérémonies aux Esprits, et fit graver encore là son éloge sur une table de pierre. Il alla jusqu'au bord de la mer. Des troupes de gens de lettres du *Chan-tong* se rendirent auprès de lui, et on délibéra sur les cérémonies à faire. La plupart de ces lettrés étaient sectateurs de *Tao* pleins d'idées extraordinaires et qui tendent au fanatisme. L'empereur se laissa séduire et infatuer. On lui mit en tête que, dans le voisinage, il y avait des souterrains ou étaient des livres mystérieux qui contenaient divers ordres du souverain maître (*Chang-ti*), et des secrets merveilleux; qu'il y avait des livres sur les dynasties et des modèles de sceaux pour les empereurs; que, dans des îles, il y avait des Immortels qu'on honorait, et que, dans ces mêmes îles, on trouvait une herbe propre à donner l'immortalité. Ces fourbes ajoutaient que plusieurs anciens princes avaient envoyé à ces îles des gens pour prier les Immortels; que plusieurs n'avaient pu y arriver, mais que d'autres en étaient venus à bout. En suivant, disaient-ils, la doctrine de ces Immortels, on avait des secrets admirables, et on pouvait même devenir immortel. Un de ces sectateurs de *Tao* s'offrit à faire le voyage de ces îles, et il dit que, pour se préparer au voyage, il fallait jeûner, se purifier, se mortifier. Il demanda de jeunes garçons et de jeunes filles pour les offrir aux Esprits. *Su-chi* était le nom du fourbe ou fanatique qui parlait ainsi. L'empereur crut ces rêveries; on donna à *Su-chi* un grand nombre de garçons et de jeunes filles qu'on embarqua. On eut un vent contraire, on fut obligé de revenir, mais on jeta les yeux au loin pour tâcher de voir le lieu des îles. Quelques années après, l'empereur revint encore sur les bords de la mer orientale, et fit graver son éloge. Il fit embarquer un homme de confiance pour aller aux îles des Immortels. Cet homme revint et eut l'audace d'assurer qu'il avait été aux îles, et en rapporta un billet. L'empereur crut voir dans ce billet qu'il fallait se prémunir contre les entreprises des Tartares; il nomma un général et lui donna une nombreuse armée.

11º Dès le temps de l'empereur *Yao*, les visites que l'empereur faisait aux quatre parties de l'empire, étaient à des montagnes; c'est où s'assemblaient les *Régulos* de cette partie ou orientale, ou occidentale, ou australe, ou boréale. La montagne *Tay* était le lieu des assemblées des princes de la partie orientale. On commençait ces assemblées par des cérémonies au *Chang-ti* ou souverain maître, et ensuite aux Esprits. Dans la suite, il y eut de grands changemens à ces cérémonies, surtout à celles qui se faisaient au mont *Tay* ou *Tay-chan*. Ce mont devint comme le siége des superstitions de la secte de *Tao*. On ne saurait dire au juste en quoi a consisté et consiste cette secte de *Tao*. On peut encore moins parler juste sur l'origine de cette secte. Du temps de *Tsin-chi-hoang*, elle avait grand cours. *Meng-tse* se plaint beaucoup des fausses sectes de son temps. *Lao-kun* passe pour chef de la secte *Tao*, mais, dans son livre, il paraît éloigné des idées des sectaires qui parlèrent à *Tsin-chi hoang* sur les Immortels. *Lao-kun* vivait quelque temps avant *Confucius*. Ceux à qui on donne le nom de sectateurs de *Tao* mettent des esprits partout, surtout aux astres.

12° L'empereur ayant ramassé (1) de divers côtés des fuyards et vagabonds, des jeunes gens robustes et forts, des marchands, des gens condamnés à l'exil et autres, les fit aller dans les provinces du *Kouang-si* et de Canton, dans le pays appelé aujourd'hui *Tong-king* et Cochinchine, et autres connus sous le nom de *Ge-nan* (pays au sud du soleil, au sud du tropique). L'empereur fit de ces vastes pays trois grands départemens, et par diverses routes, il y fit aller ces gens ramassés au nombre de plus de 500,000 hommes. On fit dans ces trois départemens des corps de troupes. On mit un grand nombre de soldats en garnison dans les postes importans, et ces départemens furent unis à l'empire. Plusieurs pays de ce qu'on appelle aujourd'hui *Yun-nan*, dépendaient alors ou du *Sse-tchouen* ou du *Kouang-si*.

13° En conséquence des ordres de l'empereur, l'an 215 avant J.-C., le général *Mong-tien* alla faire la visite des frontières des Tartares *Hiong-nou*. Il ajouta de nouvelles fortifications aux remparts élevés entre les pays où sont aujourd'hui *Si-ning* et *Ping-leang-fou* dans le *Chen-sy*, pour arrêter les courses des Tartares de ce côté-là. Il alla au nord du pays de *Ping-leang-fou*. Il se saisit du pays aujourd'hui appelé *Ortous*, et fit faire, le long du fleuve *Hoang-ho*, des forteresses. Ensuite allant le long de la grande muraille jusqu'au *Leao-tong*, il fit bâtir des forteresses dans les lieux les plus exposés. Pour le bout oriental de la grande muraille, *Tsin-chi-hoang*, dans une de ses visites, y fit bâtir le boulevard qu'on y voit encore et qu'on appelle *Chang-hay-koan*. *Mong-tien* répara aussi la grande palissade qui séparait le *Leao-tong* de la Tartarie, et dont on voit encore des vestiges. *Mong-tien* se fit craindre et respecter des Tartares *Hiong-nou*.

(1) L'an 214 avant J.-C.

14° L'an 213 avant J.-C. (34ᵉ du règne de *Tsin-chi-hoang*), le ministre *Li-sse* s'aperçut qu'il y avait un parti pour faire casser les règlemens qu'il avait fait publier pour le gouvernement de l'empire, et qu'on voulait faire revivre le gouvernement des dynasties précédentes. Il crut que cela venait de la lecture de l'histoire et de celle des livres classiques, et des leçons que les lettrés donnaient à leurs disciples, où on louait sans cesse les anciens empereurs. Ce ministre, dans un placet offert à l'empereur, refuta tout ce qu'on lui avait dit pour gouverner selon la forme des dynasties précédentes. Il dit que les empereurs précédens ayant succédé à d'autres, avaient fait ce qu'ils avaient jugé nécessaire et utile, sans se croire obligés de s'assujétir aux règlemens de leurs prédécesseurs, et qu'il y avait là-dessus quantité de variations et de changemens.

Ce ministre ajoutait que l'intention des lettrés était de décrier le gouvernement de l'empereur, qu'on voulait le faire passer comme très-inférieur aux empereurs précédens, et que, sous prétexte d'apprendre l'antiquité, on négligeait d'instruire les peuples de leurs devoirs et des nouveaux règlemens. Cela peut avoir des suites, dit *Li-sse*. Ainsi il pria l'empereur de faire faire le procès à ceux qui parleraient mal du gouvernement présent, de faire brûler les livres classiques *Chou-king*, *Chi-king*, ceux d'histoire et autres faits par différens auteurs qui ne s'accordaient pas ensemble; ajoutant qu'il fallait que cela s'exécutât dans quarante jours, et qu'il fallait punir de mort ceux qui, dans cet espace de temps, n'apporteraient pas les livres aux mandarins préposés pour cela. On dit dans le placet qu'il faut conserver l'histoire de la famille régnante *Tsin* et les livres des sorts, d'agriculture, d'astrologie, de médecine, avec ceux qui étaient dans le tribunal du chef de la littérature. L'empereur approuva le projet de *Li-sse*, et tout fut exécuté. Les lettrés chinois attribuent à l'incendie des livres ordonné par *Tsin-chi-hoang*, la perte de leur ancienne histoire, de leur astronomie et d'autres anciens monumens. Dans le placet de *Li-sse*, on ne parle pas assez clairement sur les livres qui étaient dans le tribunal du chef de la littérature; mais ce qui est aujourd'hui obscur pour nous, ne l'était pas alors. Il est d'ailleurs certain qu'on ne brûla pas les livres où étaient les cartes

géographiques

géographiques, et les mémoires sur l'état de chaque département de l'empire. *Li-sse*, à l'exemple de l'empereur, souhaitait que les Chinois fussent ignorans et ne pensassent jamais au gouvernement des anciens rois, ni aux exemples de probité et de vertu, ni aux préceptes laissés par les anciens. On voulait que la dynastie *Tsin* fût éternelle. *Li-sse* et l'empereur étaient infatués des principes de la secte de *Tao*, ainsi il est probable qu'on ne fit pas de recherches bien sévères sur les livres de cette secte. Dans l'empire, il y avait plusieurs sortes de caractères chinois; *Li-sse* les fit réduire à un seul genre. On ordonna que la forme des caractères de *Li-sse* aurait cours dans l'empire.

14° Dans toutes les parties de l'empire, on avait fait de grands chemins pour les voyages de l'empereur et le passage des troupes. L'an 35 du règne de l'empereur, le général *Mong-tien* commença les ouvrages par le grand chemin, depuis *Si-gan-fou* jusqu'à l'ouest de *Tay-tong-fou* du *Chan-sy*, près de la grande muraille et du fleuve *Hoang-ho*. Cette même année, plus de 800,000 personnes furent employées pour achever les divers palais aux environs de *Hien-yang*, et si l'on en croit ce qu'on rapporte, c'était ce qu'on peut concevoir de plus riche et de plus somptueux en bâtimens. Il était défendu sous peine de la vie, de parler de ce qui se passait dans ces palais, qui étaient tous dans une enceinte d'une prodigieuse étendue.

15° Les ordres de l'empereur pour brûler les livres et empêcher les Chinois d'étudier l'histoire et les livres classiques causèrent bien du trouble. Deux des principaux favoris de l'empereur prirent la fuite et publièrent des satires contre ce prince. L'empereur ayant appris cette fuite et les déclamations des lettrés contre le gouvernement, fut irrité, et dans la seule ville impériale, il fit mourir plus de quatre cent cinquante de ces lettrés comme des révoltés. Le fils aîné de l'empereur, nommé *Fou-sou*, fit des représentations inutiles. L'empereur le chassa de la cour, et l'envoya à l'armée commandée par *Mong-tien* ou *Meng-tien*.

16° L'an 211 avant J.-C., on publia qu'une pierre était tombée du ciel, et que sur cette pierre il y avait des caractères qui disaient que l'empereur devait bientôt mourir, et que son empire serait divisé. On fit mourir tous ceux qui se trouvèrent près de cette pierre, et on fit des recherches inutiles sur les auteurs.

17° Sur la fin de l'an 211 avant J.-C., l'empereur partit pour aller visiter les parties orientales de l'empire. Il alla au grand lac *Yun-mong* (dans le district de *Te-gan-fou* du *Hou-kouang*). Il monta sur la montagne *Kieou-y* et fit des cérémonies sur le tombeau de l'empereur *Chun* (dans le district de *Yong-tcheou-fou* du *Hou-kouang*.) Ensuite il alla dans le *Tche-kiang*, et fit des cérémonies sur le tombeau de l'empereur *Yu*, à la montagne *Hoey-ki* (dans le district de *Chao-hing* du *Tche-kiang*). Il fit dresser une table de pierre (1) où l'on grava l'éloge de *Tsin-chi-hoang*. Ce prince jeta les yeux sur la mer. Au retour il se trouva incommodé, dans le *Chan-tong*. Il avait en horreur le nom et le souvenir de la mort, et personne n'osait lui parler du danger de son mal. Cependant le mal augmentant, l'empereur ordonna à l'eunuque *Tchao-kao* d'écrire un billet à son fils *Fou-sou*, qui était à l'armée sur les frontières de la Tartarie et du côté du *Chan-sy*. Ce billet portait : *Rendez vous à* Hien-yang *pour régler ce qui regarde le deuil, les obsèques et l'enterrement.* On était à la 7e lune de l'an 37 du règne, et avant le départ du courrier, l'empereur mourut au jour *ping-yn* (10 septembre 210), à *Cha-kieou* (près de *Chun-te-fou* du *Pe-tche-ly*).

Tchao-kao avait le sceau de l'empire et était grand-juge pour les affaires criminelles. Il avait été intendant de l'éducation du prince *Hou-hay*, cadet du prince *Fou-sou*. *Tchao-kao*, cinq ou six eunuques et *Hou-hay* savaient seuls la mort de l'empereur; ils le mirent en secret dans un cercueil. Les affaires se faisaient à l'ordinaire; on présentait des placets, on préparait à manger. On ne se pressa pas d'envoyer le courrier au prince *Fou-sou*. *Mong-tien*, général de l'armée où était le prince *Fou-sou*, avait 300,000 hommes de bonnes troupes; il en était aimé et estimé. C'était un grand capitaine, d'une des premières familles de l'empire. Son frère *Mong-y* avait plusieurs fois conseillé à *Tsin-chi-hoang* de faire mourir *Tchao-kao*, comme coupable de plusieurs crimes capitaux; *Tsin-chi-hoang* lui fit grâce. C'était un des plus méchans hommes de son temps, et il ne pensait qu'à perdre la famille de *Mong-y*. Il crut

(1) On voit encore des restes de ce monument.

que si *Fou-sou* était empereur, *Mong-tien* serait premier ministre, et craignit tout de cette élévation. Après avoir persuadé au princè *Hou-hay* de travailler à être empereur, il trouva le moyen de gagner le ministre *Li-sse*, en lui disant qu'il savait que *Mong-tien* devenu ministre le perdrait. *Li-sse* sachant alors l'empereur mort, se préparait à proclamer empereur le prince *Fou-sou*; mais sur ce que l'eunuque lui dit de *Mong-tien*, il entra dans le complot de l'eunuque. On résolut de proclamer empereur *Hou-hay*; on contrefit un ordre de *Tsin-chi-hoang*. Selon cet ordre, *Fou-sou* et *Mongtien* devaient se donner la mort : le premier, comme ayant causé des chagrins mortels à son père, le second, pour n'avoir point empêché *Fou-sou* de se comporter si mal. En vertu d'un ordre supposé de *Tsin-chi-hoang*, *Hou-hay* fut proclamé empereur sous le nom de *Eul-chi* (2ᵉ génération). Le faux ordre de *Tsin-chi-hoang* étant arrivé à l'armée, *Fou-sou* ne balança pas à se faire mourir, malgré les représentations de *Mong-tien*, qui voulait être instruit de ce qui se passait. Il voyait bien qu'il y avait quelque complot, ou du moins il s'en doutait. Après la mort du prince, il partit pour la cour. En chemin, il fut arrêté et mis aux fers; il s'empoisonna (1). Son frère *Mong-y* fut accusé et mis à mort par les intrigues de *Tchao-kao* qui devint tout-puissant. *Eul-chi* n'avait point de talens; il était cruel et débauché, et laissa entièrement à l'eunuque le soin de gouverner l'empire. A la 9ᵉ lune, tout fut disposé pour les obsèques de l'empereur mort. Les concubines et reines qui n'avaient pas eu d'enfans, eurent ordre de se donner la mort; grand nombre d'arbalêtriers habiles furent enterrés tout vifs près du tombeau de *Tsin-chi-hoang*; on mit dans ce tombeau quantité de bijoux et de meubles précieux. (La sépulture de *Tsin-chi-hoang* est auprès de *Ling-tong-hien*, du district de *Si-gan-fou*).

Quand *Eul-chi* voulut détruire la famille de *Mong-tien*, *Tse-yn*, fils de *Fou-sou*, fit des représentations sur les conséquences d'une si grande injustice : on n'eut aucun égard a ce que dit ce prince.

(1) *Mong-tien* était savant. On se servait pour écrire de tablettes de bambou, sur lesquelles on gravait comme on pouvait, avec un petit couteau, des caractères; ou bien, on les enduisait de vernis et on y traçait des caractères: *Mong-tien* substitua du papier, des pinceaux et de l'encre.

9 *

18° Malgré les précautions prises pour cacher les moyens odieux employés à l'effet de perdre le prince *Fou-sou*, généralement estimé et aimé, on répandit partout des bruits désavantageux contre l'empereur, et les princes donnèrent des marques de leur mécontentement. L'empereur, tout occupé de ses plaisirs, laissait faire *Tchao-kao*. Celui-ci, abusant de son pouvoir, fit mourir beaucoup de princes et de princesses, beaucoup de grands et autres personnes qu'on traita de révoltés. Alors les généraux et les grands qui étaient dans les provinces, pensèrent à secouer le joug. *Tchao-kao* donna une armée à un général de sa connaissance et natif du pays de *Tchou*, pour aller mettre à la raison les mutins. C'est ce général même qui se déclara le premier contre l'empereur. Etant en chemin, l'an 209 avant J.-C., il parla aux principaux officiers sur les malheurs du temps, les débauches de l'empereur et la tyrannie de *Tchao-kao*. L'armée déclara ce général roi de *Tchou*. A son exemple, d'autres seigneurs prirent les armes et les titres anciens des rois de *Tchao*, *Ouey*, *Yen*, *Tsi*. *Lieou-pang*, chef d'un bourg ou village nommé *Pey* (dans le district de *Su-tcheou* du *Kiang-nan*), fut reconnu prince de *Pey* et prit les armes. Le plus considérable des généraux des nouveaux rois fut *Hiang-leang* du pays de *Tchou*. *Lieou-pang* fut un de ses lieutenans. Le nouveau roi de *Tchou* ayant été tué, un autre roi de *Tchou* parut d'abord et s'arma contre *Eul-chi*. La seconde année de son empire, à la 7e lune, *Tchao-kao* calomnia le ministre *Li-sse*. Celui-ci et d'autres grands avaient entrepris de faire connaître a l'empereur le vrai état des affaires ; *Li-sse* en particulier voulut se justifier : tout fut inutile. *Li-sse* fut exécuté à mort de la manière la plus honteuse, avec beaucoup d'autres seigneurs. *Tchao-kao* fut déclaré premier ministre. L'illustre *Hiang-leang*, général du roi de *Tchou*, fut tué dans un combat. Son neveu *Hiang-tsi* fut fait général, et pensa dès-lors à être empereur. Le roi de *Tchou* nomma *Lieou-pang* pour aller attaquer les pays soumis à l'empereur *Eul-chi*. *Hiang-tsi* se rendit fameux, mais il était fier, de mauvaise foi et cruel ; mauvaises qualités qui le perdirent. *Lieou-pang*, quoique inférieur à *Hiang-tsi* du côté de la naissance et de la science militaire, lui était supérieur en prudence, en conduite, et surtout par son talent à savoir choisir de bons officiers et à se les attacher.

19° A la 8ᵉ lune de l'an 207 avant J.-C., *Lieou-pang*, après bien des conquêtes, s'approcha de la cour. L'empereur fit quelques reproches à *Tchao-kao*. Celui-ci craignant de perdre son poste, s'assura de plusieurs bons officiers et les fit entrer au palais. L'empereur vit trop tard que *Tchao-kao* en voulait à sa vie, et se voyant au milieu de quelques assassins, se donna la mort, après avoir demandé lâchement à *Tchao-kao* d'être fait seigneur d'un petit district, ce qui lui fut refusé. L'eunuque fit nommer roi de *Tsin* le prince *Tse-yng*, fils du feu prince *Fou-sou*. *Tse-yng* se voyant maître, trouva le moyen de faire mourir *Tchao-kao* et détruisit sa famille. Sur la fin de l'année 207, *Tse-yng* se voyant hors d'état de résister à l'armée de *Lieou-pang*, se rendit à lui et lui remit le sceau de l'empire. *Lieou-pang* rejeta la proposition de le faire mourir, traita bien le prince et lui permit de rester tranquille, mais sans autorité. *Lieou-pang* entra ensuite dans la ville et dans le palais, et il n'y eut aucun désordre. Tandis que, de tous côtés, on portait aux officiers des bijoux, des curiosités, de l'or et de l'argent qui se trouvaient dans des lieux abandonnés, le ministre s'assura des registres pour l'histoire, des cartes géographiques et des mémoires sur les revenus, les forteresses, le nombre des habitans, et généralement sur tout ce qui regardait l'état ancien et présent de chaque département de l'empire. Ce fut un vrai trésor pour *Lieou-pang*. Ce général charmé des délices de la cour, pensait à y faire un long séjour; mais sur les représentations des anciens officiers, il retourna à son camp. C'est là qu'ayant fait venir plusieurs vieillards et les principaux mandarins de *Tsin*, il leur dit qu'il voulait les gouverner selon les lois chinoises, et qu'on n'avait à craindre ni vexations ni injustice. L'armée fut abondamment pourvue, et on louait partout la douceur et la prudence de *Lieou-pang*.

20° Tandis que *Lieou-pang* traitait si bien les peuples, son antagoniste *Hiang-tsi* les traitait encore plus mal que l'eunuque *Tchao-kao*. Il fit massacrer plus de 200,000 personnes qui étaient venues se soumettre à lui, et ne pouvant se résoudre à laisser *Lieou-pang* maître du pays de la cour, il vint à grandes journées avec son armée aux environs de la capitale.

L'armée de *Hiang-tsi* était de 400,000 hommes, et celle de *Lieou-pang* de 100,000. *Hiang-tsi*, par voies de fait, s'empara de quelques forts dont *Lieou-pang* était maître, et n'eut aucun égard au traité fait, en vertu duquel celui qui, le premier, entrerait dans *Hien-yang*, serait roi de *Tsin*. *Lieou-pang* dissimula et alla trouver *Hiang-tsi* ou *Hiang-y* dans son camp; on y traita magnifiquement *Lieou-pang*, mais --celui-ci ayant vu que *Hiang-y* pensait à le faire assassiner, se retira sans bruit. *Hiang y* vit bien que *Lieou-pang* était instruit de tout, il se mit en marche, et lorsqu'on y pensait le moins, il entra avec son armée dans *Hien-yang;* après avoir pillé tous les trésors et avoir fait le choix des plus belles femmes et filles, il abandonna la ville et le palais au pillage. On fit main-basse sur *Tse-yng*, sa famille, et tous les habitans qui ne purent pas se sauver. On mit le feu à la ville et au palais; l'incendie dura trois mois. Le tombeau de *Tsin-chi-hoang* fut détruit, et on enleva ce qui s'y trouva de précieux. Après cette action barbare, *Hiang-tsi* prit la route des parties orientales de l'empire. *Lieou-pang*, indigné d'une telle tyrannie, pensa à profiter de quelque occasion pour se venger de *Hiang-tsi*.

Au commencement de l'année 206 avant J.-C., *Hiang-tsi* fit déclarer empereur le roi de *Tchou*. Il eut le titre de *Y-ti*, mais *Hiang-tsi* ne laissa à ce nouvel empereur qu'un petit district. Pour lui, il prit le titre de *Pa-ouang* (1) ou roi au-dessus des autres rois tributaires. Ensuite il fit faire une division de l'empire en plusieurs royaumes. L'ancien royaume de *Tsin* fut divisé en trois. *Lieou-pang* fut confirmé roi de *Han*. Il avait le *Sse-tchouen* et une partie du *Chen-sy* du côté de *Han-tchong-fou*. *Lieou-pang* dissimula, se retira avec ses généraux dans son état, et délibéra avec eux sur la manière d'attaquer *Hiang-tsi*. On songea d'abord à faire des provisions, à choisir de bons officiers, à se faire des créatures dans les autres états, et surtout à se faire aimer et estimer par une vraie probité et un attachement sincère au vrai bien public de l'empire et aux lois fondamentales.

21° Plusieurs princes et seigneurs mécontens de *Hiang-tsi*, pen-

(1) On voit encore aujourd'hui quantité de monnaies de cuivre de ce temps-là, fondues par l'ordre de ce prince dont elles portent le nom.

sèrent à se défendre et à se liguer contre lui. Les plus éclairés voyaient très-bien qu'il fallait se résoudre à voir l'empire ou dans la famille de *Hiang-tsi*, ou dans celle de *Lieou-pang*. *Hiang-tsi* était grand capitaine et plus puissant que *Lieou-pang*. Celui-ci était aimé et faisait un bon choix des généraux et mandarins. A la 7ᵉ lune de l'an 206 avant J.-C., il nomma le célèbre *Han-sin* pour son général. Celui-ci gagna d'abord les trois princes à qui on avait donné le royaume de *Tsin*. Les peuples furent comblés de joie, quand ils surent que ces trois princes avaient pris le parti de reconnaître *Lieou-pang* pour leur souverain. *Lieou-pang* ayant su que *Hiang-tsi* avait fait assassiner l'empereur *Y-ti*, ordonna à l'armée de porter le deuil pour ce prince, et marcha contre *Hiang-tsi*. Il y eut bien des combats avec divers succès. *Lieou-pang* fut plus d'une fois sur le point de tomber entre les mains de son ennemi; mais par la conduite et la bravoure de son général, par sa propre prudence et celle de ses ministres, il fit voir aux grands et aux peuples que le bien de l'empire demandait que *Lieou-pang* fût empereur. *Hiang-tsi* fut enfin entièrement défait et abandonné, et ne pouvant se résoudre à se voir vassal de *Lieou-pang*, il se donna la mort sur la fin de l'an 203 avant J.-C. *Lieou-pang* fut reconnu empereur : il a le titre de *Kao-ti* ou *Kao-tsou*, et est le fondateur de la dynastie *Han*. Parce que l'année *y-ouey* (206 avant J.-C.) fut celle où il marcha contre *Hiang-tsi*, les historiens ont marqué l'année *y-ouey* (206 ans avant J. C.) pour la première année de son empire.

FIN DE LA PREMIÈRE PARTIE.

TRAITÉ
DE LA CHRONOLOGIE CHINOISE.

SECONDE PARTIE.

CHRONOLOGIE CHINOISE
SELON LES AUTEURS CHINOIS.

AUTEURS CHINOIS AVANT *TSIN-CHI-HOANG.*

Dans la première partie, on a vu que *Tsin-chi-hoang* fit brûler les livres d'histoire ; il est naturel de vouloir savoir comment les Chinois ont pu faire l'histoire de leur empire avant les temps de ce prince. *Tsin-chi-hoang* voulut qu'on conservât l'histoire de sa famille : cette histoire existe encore, et voici ce qu'elle contient pour ce qui regarde la Chronologie. Il faut supposer ici que l'an 207 avant J.-C. fut le dernier de la dynastie *Tsin.* Cette époque est sûre, et on en verra la démonstration dans la troisième partie.

I
Histoire de la Famille de TSIN.

Ce qu'on a vu sous les règnes des empereurs *Eul-chi,* *Tsin-chi-hoang, Tchouang-siang-vang*, est pris de l'histoire des *Tsin.* Selon cette histoire, les princes de *Tsin* descendaient de l'empereur *Tchouen-hiu.* Ensuite un seigneur

seigneur de cette famille fut grand mandarin sous l'empereur *Chun* ; ce grand mandarin s'appelait *Pe-y* Sous les empereurs des dynasties *Hia* et *Chang*, et sous les premiers empereurs de la dynastie *Tcheou*, les descendans de *Pe-y* furent employés sous le nom de *Yng*, et quelques seigneurs de cette famille allèrent servir les princes tartares du Nord et de l'Ouest, et ils s'y établirent. L'empereur *Mou-vang*, de la dynastie *Tcheou*, combla de biens le fameux *Tsao-fou*, et lui donna une principauté sous le nom de *Tchao* ; *Tsao-fou* était descendant de *Pe-y*. Un autre descendant de *Pe-y* avait soin des haras de *Hiao-vang*, empereur de la dynastie *Tcheou*. Ce poste était considérable, et l'empereur satisfait des services importans rendus par ce mandarin, lui donna en principauté tributaire la seigneurie de *Tsin*, dans la province du *Chen-sy*(1) d'aujourd hui. On appela ce prince *Tsin-yng*, et c'est par lui que l'histoire des *Tsin* commence la liste des princes de *Tsin*. Celui-ci fut père de *Tsin-heou*, qui régna 10 ans.

A *Tsin-heou* succéda *Kong-pe* qui régna 3 ans.

Kong-pe eut pour successeur *Tsin-tchong*. Celui-ci, à la troisième année de son règne, fut chassé de ses états par les Tartares, du temps de l'empereur *Li-vang*, père de *Suen-vang*. L'empereur *Suen-vang* étant monté sur le trône, rétablit le prince *Tsin-tchong*, et *Tsin-tchong* régna 23 ans en tout. On a eu soin dans l'histoire de marquer la durée de chaque règne des princes de *Tsin*, depuis *Tsin-tchong* jusqu'à l'empereur *Eul-chi*, et on trouve que la première année du rétablissement de *Tsin-*

---

(1) Voyez le règne de *Hiao-vang*, première partie, ci-devant, p. 37.

tchong, qui concourt avec la première année de l'empire de *Suen-vang*, répond à l'an 827 avant J.-C.

L'histoire de *Tsin* n'a pas marqué l'espace de temps entre le prince *Tsin-tchong* et l'empereur *Tchouen-hiu*, ni entre *Tsin-tchong* et l'empereur *Chun*, et les autres empereurs des dynasties *Hia*, *Chang*, *Tcheou*. Les historiens de *Tsin* supposaient les temps connus par l'histoire des empereurs. Quand on n'aurait que l'histoire de *Tsin*, on saurait le temps de la plupart des empereurs et principaux princes tributaires, depuis l'empereur *Suen-vang* jusqu'à l'an 206 avant J.-C.; parce que les princes de *Tsin* eurent toujours des affaires à traiter avec les empereurs et les princes tributaires, et que les historiens de *Tsin*, contemporains, tenaient registre des événemens, et les marquaient à l'année courante du règne de leur prince.

Le placet que les grands présentèrent à l'empereur *Tsin-chi-hoang* (1) quand il prit le titre de *Hoang-ti*, parle en général du temps des trois *Hoang* ou trois empereurs Augustes, et des cinq *Ti* ou cinq Souverains. Les trois *Hoang* sont nommés *Tien-hoang* ou Ciel auguste, *Ti-hoang* ou Terre auguste, *Tai-hoang* ou Grand auguste. On ne dit pas quels sont les cinq *Ti* ou cinq Souverains. Comme dans d'autres placets offerts à l'empereur *Tsin-chi-hoang*, on parle des trois *Ouang* ou trois Rois (c'est le titre donné à *Yu*, premier empereur de *Hia* ; à *Tching-tang*, premier empereur de *Chang* ; à *Vou-vang*, premier empereur de *Tcheou*), il est clair que les cinq *Ti* et les trois *Hoang* sont placés dans l'histoire de *Tsin* avant le temps

_____

(1) Voyez la première partie, règne de *Tsin-chi-hoang*, ci-dev., p. 60.

de l'empereur *Yu*. Faute de mémoires suffisans, on ne saurait assurer que l'histoire des *Tsin* ait voulu désigner par les cinq *Ti*, les temps depuis *Fou-hi* jusqu'à *Yu*, et par les trois *Hoang* les temps avant *Fou-hi*. Du temps de *Tsin-chi-hoang*, on n'avait pas besoin d'être instruit là-dessus. On peut seulement conclure qu'au temps de *Tsin-chi-hoang*, on connaissait ou l'on croyait connaître des temps antérieurs à l'empereur *Yu*, où la Chine avait eu des empereurs, dont les uns eurent le titre de cinq *Ti*, et les autres celui de trois *Hoang*. Sans que je le fasse remarquer, on voit assez que l'histoire de *Tsin* a dû bien servir aux Chinois, pour faire leur histoire entre la première année de l'empire de *Suen-vang* et la première de l'empire de *Kao-ti* (1), fondateur de la dynastie *Han*.

Quand *Lieou-pang* (2) (c'est le fondateur de la dynastie *Han*), se rendit maître de la cour de *Tsin*, il eut grand soin de s'assurer de la description des pays de l'empire : cette notice faisait autrefois, comme aujourd'hui, une partie de l'histoire. Par cette notice, au temps de *Lieou-pang*, on fut parfaitement au fait sur les pays, les villes et les forteresses de tous les princes de l'empire, comme *Tsi*, *Tchou*, *Ouey*, *Lou*, et tous les autres. Depuis la dynastie de *Han*, les historiens ont eu grand soin de marquer ces anciens noms des pays, villes, etc., avec celui du prince duquel ces pays et villes dépendaient avant *Tsin-chi-hoang* et de son temps. Les historiens, en retenant ces anciens noms, ont eu encore soin de marquer ceúx qui leur ont été substitués, quand on a cru devoir changer les noms. L'histoire de tous ces change-

(1) Ann. 206 avant J.-C.   (2) Voyez la fin de la première partie

10 *

mens est venue jusqu'aux historiens d'aujourd'hui , et on
peut être au fait là-dessus, pourvu que l'on soit attentif.
On voit donc comment on peut encore aujourd'hui reconnaître les divers lieux des pays des princes qui ont régné
à la Chine avant *Tsin-chi-hoang*, soit qu'il s'agisse des empereurs, soit qu'il s'agisse des princes qui devaient faire
hommage aux empereurs. C'est sous le règne de *Ping-
vang*, empereur (1) de la dynastie *Tcheou*, que le prince
de *Tsin* établit un tribunal pour écrire l'histoire. Les
historiens de cette famille ont été peu attentifs à marquer
les éclipses, et le peu qu'ils en ont rapporté n'est pas
assez distinctement marqué.

DES LIVRES CLASSIQUES.

Les livres classiques ont le nom de *King*. Par *king*,
les Chinois expriment l'idée d'un livre qui contient une
doctrine émanée d'une source infaillible et sans défaut,
doctrine qui ne souffre aucun changement. Toutes les
sectes chinoises ont leurs livres classiques. Ici je ne parlerai que des *King* de la secte qu'on appelle secte littéraire.

Y-KING.

Le livre classique *Y-king* ne fut pas brûlé au temps
de *Tsin-chi-hoang*, sous prétexte qu'il passait pour un
livre où étaient des règles de divination. Les auteurs de
ce livre ne sont nullement coupables des abus qu'on en
faisait long-temps avant *Tsin-chi-hoang*.

Le livre *Y-king* contient les 64 figures appelées *Koua*,
composées de six lignes. *Fou-hi* fit d'abord 8 *Koua*
composés de trois lignes. Ce n'est pas ici le lieu d'examiner si c'est *Fou-hi* qui, par diverses combinaisons des

_____

(1) Voyez, dans la première partie , le règne de *Ping-vang*, ci-dev. p. 40.

8 *Koua* de trois lignes, fit 64 *Koua* composés de 6 lignes;
il suffit de dire qu'il n'y a aucun texte écrit par *Fou-hi*,
et il est par conséquent inutile de chercher une chronologie dans les *Koua* de *Fou-hi*. Les noms donnés aux 64
Koua sont du prince *Ven-vang*, père de *Vou-vang*, premier empereur de la dynastie *Tcheou*. *Ven-vang* écrivit
des textes fort courts, qui donnent une explication de
chaque *Koua;* ainsi il y a 64 textes écrits par *Ven-vang*.
Tcheou-kong, fils de *Ven-vang*, écrivit autant de petits
textes qu'il y a de lignes dans chaque *Koua*, c'est-à-dire
que chaque ligne a un texte fait par *Tcheou-kong*, pour
expliquer le sens de chaque ligne. Les lignes qui composent les *Koua*, ont le nom de *Yao*.

Confucius a fait des commentaires sur les textes de
Ven-vang et de *Tcheou-kong*. Les 64 *Koua*, les textes
de *Ven-vang* et de *Tcheou-kong*, et les commentaires (1)
de *Confucius* composent ce qu'on appelle *Y-king*. *Ven-*
vang et *Tcheou-kong* ont donné dans leur texte de belles
leçons de morale, mais en termes assez obscurs et méta-
phoriques. Ils ont voulu surtout faire voir les désordres
qui régnaient de leur temps, et pour bien entendre ces
textes, il faut etre au fait sur l'histoire de leur temps : car
les deux princes y font évidemment allusion. Pour *Confu-*
cius, il donne des leçons sur la fuite du vice, le culte au
ciel, l'obéissance, les devoirs des peuples, des mandarins et des princes, et il rapporte des lois, maximes et
coutumes des anciens sages. Outre les commentaires de
Confucius, ce philosophe et ses disciples ont ajouté des
appendices pour expliquer les *Koua* et quelques endroits

---

(1) On nomme les Commentaires de *Confucius*, *Touan*, *Siang*.

obscurs. Ces appendices n'ont pas la meme autorité que
le reste. Dans une de ces appendices, *Confucius* parle de
Pao-hi comme du premier roi de la Chine. Il dit que ce
prince, après avoir bien examiné le ciel, la terre, les
plumages des oiseaux, etc., inventa les 8 *Koua*. D'après
la manière dont parle *Confucius*, il est naturel de penser
que les *Koua* sont la primitive écriture des Chinois, et
que c'est de ces *Koua* qu'on a fait les premiers caractères chinois, c'est-à-dire, que la différente combinaison
des *Koua*, ou, pour mieux dire, des lignes, soit entières
comme —— , soit brisées comme —— , a donné lieu aux
différens traits des caractères, qui devaient être en bien
petit nombre au temps de *Fou-hi ;* mais ensuite les be-
soins de la vie s'étant multipliés, le nombre des hommes
s'étant accru, de grandes familles, des villages, des villes
s'étant formés, on dut faire des lois, il y eut du commerce, et on dut multiplier les caractères pour pouvoir
écrire sur tant de nouveaux sujets. *Confucius* dit ensuite
que *Pao-hi* (c'est *Fou-hi*) apprit aux Chinois la chasse et
la pêche, en leur apprenant l'art de faire des filets et
des lacets de toute espèce. Dans la même appendice,
Confucius dit qu'après la mort de *Pao-hi*, *Chin-nong*
régna, que celui-ci apprit aux Chinois l'art de se servir
des instrumens propres à la culture de la terre, de semer
les grains et de les recueillir. *Confucius* dit encore que
Chin-nong apprit aux Chinois à faire le commerce sur le
midi, dans les marchés. *Confucius* dit ensuite que *Chin-
nong* étant mort, *Hoang-ti*, *Yao* et *Chun* régnèrent ; que
ceux-ci inventèrent l'art de monter les chevaux et de se
servir de chevaux et de bœufs pour traîner les charrettes
et faciliter le transport des choses pesantes. Ces trois

princes, selon *Confucius*, apprirent aux Chinois l'art de
faire des habits, celui de faire des barques et des rames
pour se transporter au loin, et aller aux lieux où l'on ne
pouvait pas aller auparavant. Ces memes princes apprirent encore à faire des portes et à les bien fermer, pour
se mettre en sûreté contre les hommes mauvais; ils ensei-
gnèrent aussi l'usage des in trumens pour piler le riz et
autres grains. *Hoang-ti*, *Yao*, *Chun*, firent faire des arcs
et des flèches, pour pouvoir se faire craindre en cas de
besoin. *Confucius*, dans ces textes, prétend dire que
Chun et *Yao* perfectionnèrent ce que *Hoang-ti* avait
commencé.

NOTES.

1° *Confucius* ne dit rien qui puisse donner l'intervalle de temps
entre lui et *Yao*, ni entre *Yao* et *Fou-hi*.

2° Bien des lettrés chinois soutiennent que *Confucius* a prétendu
que *Fou hi*, *Chin-nong*, *Hoang ti*, *Yao*, *Chun*, sont les cinq *Ti*
ou Souverains dont les Chinois parlent tant.

3° Malgré les textes de *Confucius*, les lettrés chinois placent
entre *Yao* et *Hoang ti*, des empereurs, comme *T'y-ko*, *Tchouen-
hiu*, *Chao hao*; mais ces trois princes étant fort inférieurs à *Yao*
et *Chun*, *Confucius* s'est contenté de nommer *Yao* et *Chun*. Il
faut remarquer que *Confucius* ne dit pas, par exemple, que *Yao*
succéda à *Hoang ti*; comme il dit que *Hoang-ti* régna après la
mort de *Chin-nong*, et que *Chin-nong* régna après la mort de
Pao-hi.

Dans la même appendice dont j'ai parlé, *Confucius*
dit que, dans les temps avant *Fou-hi*, on habitait dans
des cavernes et des déserts, et qu'ensuite, pour se mettre
à couvert des pluies et des vents, des gens d'une grande
sagesse firent bâtir des maisons et des palais. Dans ces
même temps si anciens, on mettait les corps morts dans

des fagots épais d'herbes, pour les ensevelir dans des lieux déserts et écartés, sans faire des tombeaux, sans planter des arbres et sans déterminer le temps du deuil. *Confucius* dit qu'ensuite les gens sages firent bâtir des bières et cercueils; et, quoique *Confucius* ne le dise pas en termes exprès, on voit bien qu'après ce qu'il a dit, il veut dire que ces gens sages établirent des règles pour les enterremens et le temps du deuil. *Confucius* dit enfin que, dans ces temps si anciens, on n'avait point de caractères, et que, pour faire les affaires, on se servait de petits nœuds de cordelettes pour signifier ce qu'on voulait dire. Dans la suite, dit *Confucius*, on fit des caractères pour écrire et pour authentiquer ce qu'on écrivait; les peuples furent par-là bien mieux gouvernés et mieux instruits.

Dans une autre appendice, *Confucius* dit : Après qu'il y eut un ciel, une terre, il y eut deux sortes de choses. Ensuite il y eut homme et femme; après cela il y eut époux et épouse, père et fils : dans la suite vinrent les titres de maître et de sujet, de supérieur et d'inférieur, et il y eut alors des rits et des cérémonies.

NOTES.

1° *Confucius* parlant du temps de *Fou-hi* ou *Pao-hi*, se sert du caractère *kou*, *anciennement*. En parlant des temps dont il est question dans le dernier texte, au caractère *kou* il ajoute celui de *chang*, qui veut dire *au-dessus*, *supérieur*, etc., et il dit *chang-kou*. Il est clair qu'il veut parler des temps antérieurs à ceux de *Fou-hi*; c'est pour cela que j'ai mis : *dans les temps avant* Fou-hi.

2° *Confucius* ne dit rien sur le nombre des années avant *Fou-hi*,

3° On voit bien que, par les gens d'une grande sagesse, ou gens sages, *Confucius* a voulu parler de *Fou-hi*, *Chin-nong*, *Hoang-ti*, *Yao*, *Chun*,

4° Il est très-probable que ce dernier texte de *Confucius* a donné occasion à quelques auteurs chinois de mettre avant les temps de *Fou-hi*, des souverains, sous le titre de *Roi Ciel*, ou *Ciel Roi*, *Terre Roi*, *Homme Roi* ou *Roi Homme*.

5° Par ce qu'on voit de *Confucius* et de la secte littéraire chinoise, on voit clairement que *Confucius* a cru que le monde a eu un commencement.

6° Je me suis un peu étendu sur ce qui doit être appelé *Y-king*, pour faire voir que les parties diverses qui composent ce livre ne donnent aucune chronologie fixe. Ce n'est pas qu'il n'y ait eu des Chinois qui ont prétendu trouver une chronologie dans l'*Y king*, et même dans les seuls *Koua*; mais il n'y a nul fonds à faire sur ces systèmes chinois de chronologie, fondés sur le livre *Y-king*: ces gens-là ont fait un *Y-king* à leur façon.

7° Le livre *Y-king* a été traduit en latin par quelques jésuites français; le P. Régis dont j'ai déjà parlé, a fait sur ce livre des notes et des dissertations d'un fort bon goût. Ces notes et ces dissertations mettent très-bien au fait sur ce qu'on souhaite savoir de ce livre. La traduction du livre et les observations du P. Régis ont été envoyées en France et à Rome.

CHOU-KING.

Le livre classique *Chou-king* est un fragment considérable de l'ancienne histoire. *Tsin-chi-hoang* qui souhaitait que les Chinois perdissent la mémoire des vertus et des grandes actions des grands princes qui l'avaient précédé, eut grand soin de faire brûler les livres d'histoire, et surtout la partie de cette histoire, appelée *Chou-king*. Quelques diligences qu'on fît, après la destruction de la dynastie *Tsin*, pour recouvrer le *Chou-king*, on ne put en avoir qu'une partie, et c'est de cette partie que j'ai à parler ici. Un missionnaire a traduit en français le *Chou-king*, et sa traduction a été envoyée en France; d'autres missionnaires et même des savans d'Europe ont parlé de la manière dont on retrouva ce que nous avons du *Chou-king*, et il est inutile de le répéter.

Ce qui reste de ce livre appelé par les Chinois *Chang-chou* (livre ancien), commence par les empereurs *Yao* et *Chun*. Selon ce livre, *Yao* régna 100 ans ; les 28 dernières années de son règne, *Chun* fut associé à l'empire. *Chun*, après la mort de *Yao*, régna 50 ans ; les 17 dernières années du règne, *Yu* fut associé à l'empire. *Chun* vécut 110 ans ; il était né à la 40ᵉ année du règne de *Yao*.

Après la mort de *Chun*, *Yu* fut empereur ; il fonda la dynastie *Hia*. Le dernier empereur de cette dynastie fut *Kie*, mauvais prince ; le *Chou-king* ne dit ni le nombre des empereurs de la dynastie *Hia*, ni la durée des règnes, ni la somme totale de la durée de la dynastie. Les princes de ce te dynastie étaient les descendans de l'empereur *Yu*.

Tching-tang détruisit la dynastie *Hia* et fonda la dynastie *Chang* ; ce grand prince imita les grandes vertus des empereurs *Yao*, *Chun*; *Yu*. Le dernier empereur de la dynastie *Chang* fut *Cheou* ou *Tcheou*, prince fort vicieux. Les princes de cette dynastie *Chang* étaient descendans de *Tching-tang*. Le *Chou-king* ne rapporte ni le nombre de ces empereurs, ni la somme totale des années des règnes.

Le prince *Vou-vang* détruisit la dynastie *Chang*, et fonda la dynastie *Tcheou*. Dans un chapitre (1) du *Chou-king*, *Tcheou-kong*, frère de l'empereur *Vou-vang*, rapporte les années des règnes de quelques empereurs de la dynastie *Chang*, ainsi qu'il suit :

(1) Chap. *Vou-y*.

Tchong-tsong (c'est l'empereur *Tay-ou*) régna 75 ans;
Kao-tsong (c'est l'empereur *Vou-ting*) régna 59 ans;
Tsou-kia régna 33 ans.

Tcheou-kong, dans le même chapitre *Vou-y*, dit que,
dans la dynastie *Chang*, on trouve des règnes de 10,
7, 8, 5, 6 ans, et même de 3 et 4 ans.

Dans le même chapitre, *Tcheou-kong* parle aussi de
trois princes de la famille *Tcheou*, savoir, de *Tay-vang*,
de *Vang-ki*, et de *Ven-vang*, premier empereur de
Tcheou. Il dit que *Ven-vang* était au milieu de son âge
quand il commença à régner dans sa principauté de
Tcheou, et qu'il régna 50 ans. Ce qu'on a du *Chou-king*
écrit sous la dynastie de *Tcheou*, parle de *Cheou* ou
Tcheou, dernier empereur de *Chang*, du prince *Ven-
vang*, des empereurs *Vou-vang*, *Tching-vang*, *Kang-
vang*, *Mou-vang*, *Ping-vang*. Il y a des chapitres qui se
sont retrouvés après l'incendie des livres, et qui furent
écrits par les historiens des cinq empereurs. D'autres
chapitres, écrits sous les autres empereurs de cette dynastie *Tcheou* et autres dynasties, ont été perdus. Dans
un autre chapitre, écrit du temps de l'empereur *Tching-
vang*, on recommande aux mandarins l'étude de l'ancienne histoire; dans un autre, on dit que *Yao*, avant
de régler le nombre des mandarins, examina l'antiquité.
Chun, successeur de *Yao*, parle des portraits des anciens.
Mou-vang, empereur de *Tcheou*, dans le chapitre *Lu-
king*, parle des temps avant *Yao*, et il parle en particulier de *Tchi-yéou* comme ayant été le premier qui
excita des troubles dans l'empire. C'est ce *Tchi-yeou* que
l'empereur *Hoang-ti* (1) fit mourir. Le *Chou-king* qui

(1) Voyez la première partie, histoire de *Hoang-ti*, ci-devant, p. 8.

reste, suppose clairement, qu'au moins depuis *Yao*, il y avait des mandarins chargés d'écrire l'histoire. Le *Chou-king* est un très-beau livre, et un monument bien précieux de l'antiquité. On verra dans la troisième partie ce qu'on peut fixer pour la chronologie, en vertu de ce que dit le *Chou-king* de quelques étoiles au temps de *Yao*, d'une éclipse de soleil au temps de *Tchong-kang*, empereur de *Hia*, et de quelques jours du Cycle de 60, au temps des empereurs *Vou-vang*, *Tching-vang*, *Kang-vang* de *Tcheou*. Au reste, l'usage du Cycle de 60 jours est marqué dans le *Chou-king* au règne de *Tay-kia*, empereur de *Chang*.

Pour ce qui regarde les empereurs, le *Chou-king* commence par l'empereur *Yao*, et finit par l'empereur *Ping-vang*. Il y a un chapitre postérieur au temps de *Ping-vang* : ce chapitre regarde *Mou-kong*, prince de *Tsin*. Selon l'histoire de *Tsin* dont j'ai parlé au commencement de cette seconde partie, le prince *Mou-kong* régna 39 ans, et la première année de son règne est l'an 659 avant J.-C.

Ce que dit le *Chou-king* de la grande inondation au temps de *Yao*, et de ce que *Yu* fit dans l'empire pour remédier aux dégâts causés par l'inondation, et ce qui est rapporté des grands ouvrages de *Yu* pour faire couler les eaux, creuser des canaux, rendre les terres labourables, et autres travaux, fait regretter la perte d'une histoire où tout cela était sans doute détaillé. On ne regrette pas moins la perte de cette ancienne histoire, quand on lit quelques endroits du *Chou-king* qui indiquent des temps anciens où les peuples vivaient innocemment Cette ancienne histoire perdue marquait lès temps des événemens et la durée des règnes. Dans le *Chou-king*, on recommande souvent de craindre, respecter, honorer le souverain maître (*Chang-ti*). Le prince est représenté comme le lieutenant du ciel.

NOTES.

1° Par ce que dit *Tcheou-kong* des règnes des empereurs dont il parle, on voit que de son temps, il y avait un catalogue des règnes des empereurs, ou l'on voyait le nombre des années de leur règne. Ce catalogue s'est perdu.

2° *Ven-vang*, d'après ce qui est dit de lui dans le *Chou-king*, devait avoir environ 100 ans quand il mourut.

3° La partie du *Chou-king* écrite par les historiens de la dynastie *Tcheou* parle de l'empereur *Ty-y* de la dynastie *Chang*.

4° La partie écrite par les historiens de la dynastie *Hia*, parle de l'empereur *Yu*, de *Tchong-kang*, et de quelques événemens qu'on sait d'ailleurs regarder les temps des empereurs *Ki* et *Tay-kang*.

5° Les historiens de la dynastie *Chang* parlent de *Kie*, dernier empereur de *Hia*, des empereurs *Tching-tang*, *Tay-kia*, *Pan-keng*, *Tay-ou*, *Vou-ting*, *Tcheou*.

CHI-KING.

Le livre classique *Chi-king* suppose la connaissance de l'histoire de la dynastie *Tcheou*, depuis l'empereur *Ping-vang* jusqu'à *Vou-vang*, pour les empereurs et princes. On voit dans ce livre l'origine des princes des dynasties *Tcheou* et *Chang*; mais en vertu de ce qu'en dit le *Chi-king*, on ne saurait déterminer le temps de *Heou-tsi*, chef de la dynastie *Tcheou*, ni celui de *Sie*, chef de la dynastie *Chang*. Ce livre contient des maximes sur l'autorité du ciel, sur la justice, sur l'amour pour les peuples, sur ce qu'il y a à craindre et espérer du ciel.

Ce livre suppose aussi la connaissance des pays soumis aux divers princes de la Chine ; il parle de plusieurs rivières et montagnes, des étoiles du Pégase , Scorpion et autres , de la Voie Lactée, et indique les travaux de *Yu* après l'inondation. Le *Chi-king* parle d'une éclipse de soleil dont on peut se servir pour fixer le temps de l'empereur *Vou-vang*, de la dynastie de *Tcheou*. Dès le temps de *Chun* , le *Chou-king* parle des pièces qu'on composait en vers pour instruire les jeunes gens et autres sur la pratique de la vertu : ces vers étaient mis en musique. Les princes avaient soin de faire un recueil des vers qui se chantaient dans leurs états , et ils offraient à l'empereur ce qu'il y avait d'utile pour le gouvernement et le bien public. Quelques-unes de ces pièces se sont conservées et font une partie du *Chi-king*. Le grand maître de la musique, et l'historien avaient grand soin de ces pièces de vers On a encore conservé d'autres pièces de vers pour les éloges des princes et des grands. Souvent on faisait des satires, et ces pièces ont fait connaître *Ping-vang* , *Yeou-vang* et sa femme *Pao-sse* , *Li-vang* et autres. Il y a de grands éloges de *Ven-vang* , *Tching-tang* et autres. Mais, comme je l'ai dit , toutes les pièces de vers du *Chi-king* supposent la connaissance de l'histoire ; avec cette connaissance , on lit ce livre avec plaisir. Il y a des pièces dont l'esprit et l'éloquence naturelle ont je ne sais quoi de sublime qui serait du goût de ceux qui , en Europe , se piquent de belles-lettres. Les plus belles pièces se chantaient, tantôt pour honorer les princes ancêtres , tantôt dans les grandes cérémonies , dans les festins royaux , à certains jours des fêtes publiques. Ce beau livre a été traduit en latin par le P. De'acharme , jésuite français ; sa traduction a été

envoyée en France. Ce père fait très-bien connaître tout
ce qui regarde ce livre, dont je ne puis donner ici qu'une
idée imparfaite. *Tsin-chi-hoang* en voulait fort à ce livre,
et on fit de très-grandes recherches contre ceux qui le
gardaient. Les Chinois sont accoutumés de bonne heure à
l'apprendre par cœur. On apprend avec plus de plaisir
les compositions en vers, et on les retient plus aisément.
Ainsi, après le temps de *Tsin-chi-hoang*, on eut plus
de facilité à recouvrer les principales pièces du *Chi-
king*, que celles des autres livres brûlés.

LI-KI.

Li-ki sont deux caractères qui désignent des mémoires
sur les rits, cérémonies, usages, soit pour le civil, soit
pour le religieux, dans tous les états. Ce livre a été fort
défiguré et altéré, et il serait bien nécessaire de savoir au juste en quel état il était au temps de *Confucius* L'ancien *Li-ki* fut brûlé par l'ordre de *Tsin-chi-
hoang*; on n'est pas bien au fait sur les mesures qu'on
prit pour avoir l'ancien livre. Une bonne partie de ce
qui s'appelle *Li-ki*, a été fait après le temps de *Confucius:*
il faut user de critique pour le lire. On ne peut en porter
un jugement solide qu'après l'avoir bien lu, et l'avoir
comparé avec l'histoire et les autres livres classiques :
or cela n'est pas aisé. Ce livre suppose une connaissance
de l'histoire des dynasties *Tcheou*, *Chang*, *Hia*, et des
empereurs *Chun*, *Yao* et autres au-dessus. Le *Li-ki* parle
des temps avant *Fou-hi*, et confirme ce que dit *Confucius*
dans les appendices du livre *Y-king*, sur la grossièreté
et la barbarie des anciens Chinois avant *Fou-hi*. Le *Li-ki*
dit en particulier qu'il fallut apprendre aux Chinois

l'usage du feu, et qu'ils n'avaient pour habits que des peaux de bêtes ou des plumages d'oiseaux. A l'occasion de certaines cérémonies, le *Li-ki* parle d'anciens vases où l'on voyait gravées les belles actions des anciens. Ce qui est rapporté des cérémonies pour honorer le ciel, les Esprits, les morts; des usages pour les mariages, l'éducation des .jeunes gens, les études, les colléges, les sciences et arts à apprendre dans les colléges ou académies; des tributs, de l'agriculture, des batimens, villes, divination, astronomie ou astrologie, festins, fêtes, et généralement de ce qui regarde tous les états de la vie, fait regretter le vrai et ancien *Li-ki*, et l'ancienne histoire qui rapportait l'origine de tous les usages, lois et cérémonies, pour le civil et pour le religieux. Malgré cette perte, une bonne traduction, non de quelques endroits du *Li-ki*, mais du livre tout entier tel qu'on l'a, serait très-curieuse et aurait son utilité. Ce livre parle souvent des trois dynasties *Tcheou*, *Chang* et *Hia*. Il parle aussi de *Fou-hi*, *Chin-nong*, *Hoang-ti*, *Tchouen-hiu*, *Ty-ko*, *Yao*, *Chun*, *Chao-hao*, il parle de *Kong-kong* et de *Nu-oua*, mais en vertu de ce qui est dans ce livre, on ne saurait ni faire une histoire, ni ranger les faits selon leurs dates.

TCHUN-TSIEOU

Tchun exprime le printemps, *tsieou* exprime l'automne; ces deux caractères *Tchun-tsieou* sont le nom des annales de la principauté de *Lou* dans le *Chan-tong*. Les princes de cet état étaient descendans de *Pe-kin*, fils aîné de *Tcheou-kong*. L'ancien *Tchun-tsieou* qui contenait les annales de *Lou*, depuis *Pe-kin* et *Tcheou-kong* jusqu'à la destruction

destruction de la principauté de *Lou*, fut brûlé du temps de
l'empereur *Tsin-chi-hoang*. *Confucius* donna aussi le nom
de *Tchun-tsieou* à des annales particulières qu'il fit depuis
la première année de *Yn-kong*, prince de *Lou*, jusqu'à
la 14ᵉ année de *Gai-kong*, qui était aussi prince de *Lou*.
En comptant *Gai-kong* et *Yn-kong*, *Confucius* a fait les
annales de douze princes de *Lou*. Il a marqué exactement le nombre des années de chaque règne; il a même
indiqué les événemens par une année déterminée du règne,
comme la 3ᵉ, la 4ᵉ, la 10ᵉ, etc., par les lunes, et souvent par
les jours de la lune, marqués par les caractères du cycle de
60. Il a rapporté plusieurs éclipses de soleil avec les notes
cycliques du jour, et avec la lunaison et l'année du règne.
Par ces éclipses, on peut fixer les années marquées par
Confucius, au nombre de 242, ce qui est l'espace entre la
première année de *Yn-kong* et la 14ᵉ de *Gai-kong*. Indépendamment des éclipses, par la seule histoire des princes
de *Tsin* (1), on voit, en comptant les années des règnes
au-dessus de *Tsin-chi-hoang*, que la 12ᵉ année du prince
Tao-kong, prince de *Tsin*, répond à l'an 479 av. J.-C.
L'histoire de *Tsin* marque la mort de *Confucius* à cette
12ᵉ année. Ainsi *Confucius* mourut l'an 479 avant J.-C.
Dans le *Tchun-tsieou*, sa mort est marquée à la 16ᵉ année
de *Gai-kong* cette 16ᵉ année est donc l'an 479 avant
J.-C. Par la même histoire de *Tsin*, on voit que la 4ᵉ
année de *Ning-kong*, prince de *Tsin*, est l'an 712 avant
J.-C. La 4ᵉ année de *Ning-kong* est marquée dans l'histoire de *Tsin* comme répondant à la 11ᵉ année de *Yn-kong*:
cette 11ᵉ année est donc l'an 712 avant J.-C. La première
année de *Yn-kong*, première du *Tchun-tsieou*, est donc l'an

(1) Au commencement de cette deuxième partie, je parle de cette histoire.

12

722 avant J.-C. Ces époques sont d'ailleurs démontrées, comme on le verra dans la troisième partie.

Dans l'espace de 242 ans des annales du *Tchun-tsieou*, *Confucius* a ramassé fort laconiquement les principaux événemens de la principauté de *Lou* et des autres états qui composaient alors l'empire ; et par les règnes des princes de *Lou*, du temps de ces annales, on sait la durée des règnes des empereurs qui régnaient alors. Le *Tchun-tsieou* de *Confucius* est une leçon continuelle de morale donnée aux souverains de son temps, pour les intimider par le récit des tristes suites d'un gouvernement qui n'a pas pour base la vraie vertu, fondée, selon *Confucius*, principalement sur l'obéissance filiale et l'observation des lois des anciens sages.

Le *Tchun-tsieou* de *Confucius* fut brûlé par ordre de *Tsin-chi-hoang* ; on en retrouva des exemplaires après le temps de la dynastie *Tsin*, et le *Tchun-tsieou* d'aujourd'hui est, selon les Chinois, le même que celui de *Confucius*.

NOTES.

1° *Confucius* finit son *Tchun-tsieou* au commencement de la 14e année de *Gai-kong*, c'est l'an 481 avant J.-C. Ainsi cette 481e année ne doit pas être comptée dans le nombre des années du *Tchun-tsieou* de *Confucius*.

2° Les historiens de *Lou* continuèrent le livre de *Confucius* jusqu'à la 16e année du regne de *Gai-kong*, à la 4e lune. C'est dans cette 4e lune que *Confucius* mourut.

3° *Confucius*, dans le *Tchun-tsieou*, donne souvent à l'empereur le titre de *Tien-ouang*, roi céleste.

TA-HIO, LUN-YU, TCHONG-YONG.

Les PP. Couplet et Noël ont publié en Europe la version latine de trois livres chinois recueillis par des disciples de *Confucius* : ce sont le *Ta-hio* , le *Tchong-yong* , et le *Lun-yu*. Ces livres sont classiques et contiennent la morale et la doctrine de *Confucius*. Ils ne donnent aucune époque fixe de chronologie , mais ils supposent une histoire depuis le temps de *Confucius* jusqu'au règne de *Yao*. Ces livres furent brûlés au temps de *Tsin-chi-hoang ;* on en retrouva ensuite quelques exemplaires , mais non en entier. Ces livres parlent souvent des trois dynasties *Tcheou* , *Chang* , *Hia ;* de *Yao* , *Chun ;* de quelques grands hommes; de plusieurs livres comme le *Li-ki* , le *Chi-king* , le *Chou-king*. Pour les bien entendre , il faut savoir au moins en gros l'histoire chinoise et la suite des temps entre *Yao* et *Confucius*. Dans un de ces livres , on voit que les princes de la principauté de *Song* étaient des descendans de la famille de l'empereur *Tching-tang* , fondateur de la dynastie *Chang* ou *Yn ;* et que les princes de l'état de *Ki* descendaient de *Yu* , fondateur de la dynastie *Hia*.

MENG-TSE ou *MEMCIUS*.

Un autre livre classique est celui de *Meng-tse* , traduit en latin par le P. Noël. Quelques auteurs chinois ont dit que ce livre ne fut pas brûlé , mais cela n'est nullement probable. *Meng-tse* était en grande réputation , et il avait des disciples qui avaient eu grand soin de mettre en ordre ce livre ; il était fort lu. D'ailleurs ce qu'il dit du gouvernement des anciens princes , est précisément ce que *Tsin-chi-hoang* souhaitait voir enseveli dans un éternel oubli. Quoi qu'il en soit de ce fait , le livre de

Meng-tse, ou *Mong-tse*, ou *Memcius*, est encore en grande réputation, et il s'est bien conservé.

Le livre de *Meng-tse* suppose la connaissance de l'histoire, et des diverses parties qui composent l'empire de la Chine; tout ce qu'il dit démontre clairement qu'il y avait de son temps un catalogue des empereurs, et de la durée de leurs règnes, depuis son temps jusqu'à celui de *Yao*. Il nous apprend que les princes de divers états avaient leur histoire et leurs historiens, et c'est de ces historiens qu'il tire les traits d'histoire qu'il rapporte. Il se disait imitateur de *Confucius*, et se piquait de suivre ses maximes et sa doctrine sur le gouvernement, sur le culte du ciel, l'obéissance filiale et les vertus morales. Quoiqu'on ne puisse pas avoir des époques fixes en vertu de ce que dit *Meng-tse*, son livre seul donne des idées assez justes de la suite des temps entre lui et l'empereur *Yao*. On n'est pas bien au fait sur le temps précis de sa naissance, mais on ne saurait se tromper de beaucoup en la plaçant vers l'an 372, ou 373, ou 374 avant J.-C. On sait certainement que l'an 336 av. J.-C., 33ᵉ année du règne de *Hien-vang*, empereur de *Tcheou*, *Meng-tse* alla à la cour du prince de *Ouei*; on sait de même que l'an 314 (1) avant J.-C., il se retira de la cour du prince de *Tsi*. *Meng-tse* dit qu'entre lui et *Confucius*, il y a un intervalle de 100 ans et plus, qu'entre *Confucius* et *Ven-vang* il y a 500 ans et plus; qu'entre *Ven-vang* et l'empereur *Tching-tang* il y aussi 500 ans et plus; et qu'entre *Tching-tang* et le temps de *Yao*, *Chun*, c'est-à-dire, la fin de *Yao* et le commencement de *Chun*, il y a encore

_____

(1) Première année du règne de l'empereur *Nan-vang*.

un espace de 500 ans et plus ; ainsi voilà plus de 1600 ans entre *Meng-tse* et la fin de *Yao*, prince que *Meng-tse* dit avoir régné 100 ans. Ce n'est pas, il est vrai, une époque bien fixe, mais du moins on a par-là, en général, une idée assez claire des temps. *Meng-tse* dit ailleurs qu'entre le temps de l'empereur *Chun* et celui du prince *Ven-vang*, il y a un intervalle de 1000 ans et plus Selon *Meng-tse*, *Ven-vang* vécut 100 ans. On sait que *Ven-vang* fut père de *Vou-vang*, premier empereur de la dynastie *Tcheou*. Or *Meng-tse* dit que lorsqu'il sortit de la cour du prince de *Tsi*, *Tcheou* régnait depuis plus de 700 ans. *Meng-tse* dit que *Chun* succéda à *Yao*, que *Yu* fut successeur de *Chun*, que *Yu* régna 7 ans et eut pour successeur son fils *Ki*. *Meng-tse* parle du dernier empereur de *Hia*, et de *Tching-tang*, premier empereur de la dynastie *Chang* : il dit qu'après la mort de *Tching-tang*, *Ouay-ping* régna 2 ans et que *Tchong-gin* régna 4 ans, et il confirme ce que *Confucius* avait dit qu'au temps des dynasties *Hia*, *Chang* ou *Yn*, et *Tcheou*, l'empire était héréditaire.

Selon *Meng-tse*, entre l'empereur *Tching-tang* et l'empereur *Vou-ting*, il n'y a eu que six ou sept empereurs qu'on puisse regarder comme des empereurs sages, et *Vou-ting* n'est pas loin du temps de l'empire de *Tcheou*.

Meng-tse reconnaît que le monde avait eu un commencement. Il paraît qu'il n'y avait rien de bien connu avant les temps de *Yao*. Il dit dans un endroit de son ouvrage, qu'il y avait une secte qui estimait beaucoup l'agriculture, et qui reconnaissait pour chef *Chin-nong*, mais il ne dit pas si *Chin-nong* était un roi. *Meng-tse* recommande la lecture de l'ancienne histoire, l'étude des livres composés en vers par les anciens sages, et de leurs autres livres. Ce philosophe parle au long du déluge du temps de *Yao*, et de ce qui se fit à cette occasion par *Yu* et les autres grands. Je ne dis rien davantage sur le livre de *Meng-tse*, on en a la traduction faite par le P. Noël. Je crois que ces sortes de traductions devraient être plus littérales, et qu'on devrait mettre à part des notes et observations pour mettre au fait les lecteurs, et faire en sorte qu'on ne prenne pas pour le texte l'interprétation et les idées des interprètes. On voit assez que le livre de *Meng-tse* a bien servi aux historiens chinois pour réparer, autant qu'ils ont pu, la perte de leur ancienne histoire,

NOTES.

1° Les livres *Y-king*, *Chou-king*, *Chi-king*, *Li-ki*, *Tchun-tsieou*, sont ce qu'on appelle aujourd'hui *Ou-king* (5 livres classiques). Les livres *Ta-hio*, *Tchong-yong*, *Lun-yu*, *Meng-tse*, sont appelés *Sse-chou* (4 livres) : ces quatre livres sont réputés *king* ou classiques.

2° *Meng-tse* ne parle pas des princes avant le temps de *Yao*; les disciples de *Confucius* qui ont fait ou recueilli les livres *Ta-hio*, *Tchong-yong* et *Lun-yu* ne parlent pas non plus des princes avant le temps de *Yao*.

3° *Meng-tse* parle d'un homme appelé *Yu-hing*, qui assurait que le roi devait lui-même labourer la terre. Cet homme était celui qui disait que *Chin-nong* était le chef de la secte qui mettait un grand prix à l'agriculture. *Meng-tse* dit que, de son temps, on débitait beaucoup de fables sur l'histoire des empereurs, comme, par exemple, sur *Yao*. Il serait à souhaiter que *Meng-tse* eût fait un détail de ces fables.

Outre les livres classiques, il y a d'autres livres écrits avant l'incendie des livres ordonné par *Tsin-chi-hoang* voici ce que ces autres livres disent par rapport à la chronologie.

YO-TSE.

Le philosophe *Yo-tse* passe pour descendant de l'empereur *Tchouen-hiu*; les rois et princes de *Tcheou* descendaient de cet empereur par *Heou-Hi*, comme je l'ai dit dans la première partie (1). *Yo-tse* était du temps de *Ven-vang* et *Vou-vang*; ces deux princes le consultaient pour le gouvernement et prenaient plaisir à l'entendre parler sur l'antiquité et les sciences : il passait pour fort savant. On n'a qu'un fragment du livre que fit *Yo-tse* sur la morale et le gouvernement. Il parle des cinq *Ti* ou cinq empereurs, et des trois *Vang* ou trois rois. Ces trois rois sont *Yu*, *Tching-tang*, et *Vou-vang*. Les cinq *Ti* sont avant *Yu*, mais *Yo-tse* ne dit pas en détail quels sont ces cinq *Ti*. Ce qui reste de son livre dit que *Tchouen-hiu* à l'âge de 15 ans, aidait *Hoang-ti* dans le gouvernement, et qu'à l'âge de 20 ans il succéda à *Hoang-ti*. Il ajoute que *Ty-ko* âgé de 20 ans aidait *Tchouen-hiu* pour gouverner l'empire, et qu'à l'âge de 30 ans il fut empereur après la mort de *Tchouen-hiu*. Il parle de l'empereur *Yu* et de l'empereur *Tching-tang*. Il assure que depuis *Tching-tang* jusqu'à l'empereur *Cheou* ou *Tcheou*, dernier de la dynastie *Chang*, il y eut vingt-sept empereurs, et que, sans compter les années du règne de *Cheou*, la dynastie de *Chang* a duré 576 ans.

NOTES.

La secte de *Tao* reconnaît *Lao-kiun* pour son chef, ou, pour mieux dire, pour l'un de ses plus illustres partisans, car elle prétend que

(1) Voyez la première partie, ci-devant, pag. 17.

l'empereur *Hoang-ti* est son vrai chef. Elle a mis *Yo-tse* au nombre des sectateurs de *Tao*, quoique bien antérieur à *Lao-kiun*. Les partisans de cette secte ont publié le fragment qu'on dit rester du livre de *Yo-tse ;* cette source peut bien rendre suspect ce qu'on fait dire à *Yo-tse* sur la morale, mais je ne vois pas que, pour cela, on puisse regarder comme suspect le peu que *Yo-tse* dit sur ce qui regarde la chronologie ; cela n'a aucun rapport avec la secte de *Tao*.

TSO-TCHOUEN.

Dans la première partie (1), j'ai parlé de *Tso-kieou-ming* et de l'un des deux ouvrages qu'on lui attribue : ces ouvrages sont le Commentaire du *Tchun-tsieou* de *Confucius*, sous le nom de *Tso-tchouen*, et le supplément a ce Commentaire, sous le nom de *Koue-yu*. Ces deux ouvrages, quels qu'en soient les auteurs, sont très-estimés et ont été écrits, sinon du temps de *Confucius*, du moins bien près de son temps,

Dans le livre *Tso-tchouen*, ou traditions de *Tso*, on voit d'excellens matériaux, qui ont bien servi à faire l'histoire pour le temps du *Tchun-tsieou* et même quelques années après. On voit que dans ce temps-là on se servait des *Koua* du livre *Y-king* pour les sorts et la divination ; et ce qu'on rapporte des éclipses de soleil et autres phénomènes, fait voir qu'on donnait fort dans l'astrologie judiciaire. Ce qu'on y dit sur des cérémonies à divers Esprits et d'autres cérémonies, fait voir bien des fausses idées et superstitions. Tout cela faisait gémir *Confucius* et les vrais lettrés, et c'est surtout ce qui porta *Confucius* à faire le livre *Tchun-tsieou*, et ses commentaires sur le livre *Y-king*, et à communiquer sa doctrine à un grand nombre de disciples.

(1) Voyez la première partie, ci-devant, pag. 49.

Lo

Le *Tso-tchouen* parle de quelques anciens livres écrits en caractères que l'historien du royaume de *Tchou* pouvait déchiffrer. Ces livres etaient de quatre espèces : les premiers s'appelaieut *San-fen* ou 3 *fen*; les seconds s'appelaient *Ou-tien* ou 5 *tien*; les troisièmes avaient le nom de *Pa-so* ou 8 *So*; les quatrièmes s'appelaient *Kieou-kieou* ou 9 *kieou*.

NOTES.

1° C'est à la 12ᵉ année de *Tchao-kong* (1) que le *Tso-tchouen* parle des anciens livres *San-fen*, etc. : c'est l'an 530 avant J.-C.

2° Dans la première partie, j'ai parlé du pays ou principauté ou royaume de *Tchou*, que plusieurs prononcent *Tsou*.

3° L'illustre *Kong-gan-koue* dont je parlerai ensuite, dit que les trois *Fen* parlaient des empereurs *Fou-hi, Chin-nong, Hoang-ti*, qu'il croit être les trois *Hoang*; que les 5 *Tien* sont des livres qui parlaient des empereurs *Chao-hao, Tchouen-hiu, Ty-ko, Yao, Chun*, qu'il croit être les cinq *Ti*; que les 8 *So* parlaient des 8 *Koua* ou figures de *Fou-hi*; et que les 9 *Kieou* traitaient de ce qui regardait la description des 9 parties ou départemens de l'empire. Les interprètes conviennent qu'il s'agit d'anciens livres, mais les sentimens sont différens sur la matière de ces livres. Les deux premiers chapitres du *Chou-king* s'appellent *Tien*; ils parlent des empereurs *Yao* et *Chun*; *Kong-gan-koue* et d'autres disent que des cinq *Tien* on a conservé les deux qui sont dans le *Chou-king*.

Puisque l'historien du pays de Tchou pouvait déchiffrer les anciens livres dont on parle, il y a appareuce que cet historien les fit écrire en caractères connus, mais on ne trouve rien là-dessus. L'ancien livre *Tcheou-li* qui est le livre des rits, cérémonies et usages de la dynast e *Tcheou*, fait du temps de cette dynastie *Tcheou*, dit que l'historien était chargé du soin des livres des 3 *Hoang*

(1) Prince de *Lou*.

et des 5 *Ti*, c'est-à-dire, des anciens livres qui traitaient des règnes des 3 *Hoang* et ces 5 *Ti*. Ce livre ne dit rien qui fasse connaître ces 3 *Hoang* et des 5 *Ti*; quand ce livre fut fait, on supposait cela connu. Je n'ai pas parlé de ce livre, parce qu'il ne dit pas autre chose qui ait rapport à la chronologie. Revenons au *Tso-tchouen.*

Ce *Tso-tchouen* suppose une histoire de Chine, et des mandarins pour l'écrire. Il parle du tribunal des mathématiques, des calculs et observations qu'on examinait, et dont on voyait quelquefois les erreurs. Ce livre peut être très-utile à ceux qui souhaitent connaître l'astronomie de ce temps-là. Il dit que la 1re lune de la cour de *Tcheou* et du pays de *Lou* était la 11e lune de la dynastie *Hia*; que la 1re lune de la dynastie *Chang* était la 12e lune de la dynastie *Hia* (1). Ainsi selon le *Tso-tchouen* voilà trois formes d'année civile différentes. Il rapporte que tandis que dans le pays de *Lou* et à la cour de *Tcheou* on disait, par exemple, 11e lune ou 12e lune, on disait dans le pays de *Tcin* 11e, 10e lune : ce pays de *Tçin* suivait la forme d'année de la dynastie *Hia.* Le *Tso-tchouen* donne la préférence à la forme d'année de *Hia*; *Confucius* disait la même chose.

NOTES.

1° *Confucius*, dans son *Tchun-tsieou*, a eu surtout en vue de faire la critique du gouvernement : en mettant les lunes selon la forme d'année de *Tcheou* et de *Lou*, il a mis partout le caractère de printemps à la première lune, et même au solstice d'hiver qui était dans la première lune. Par cette forme d'année de *Tcheou*, les caractères de printemps, d'été, d'automne, d'hiver, ne signifiaient pas les lunes selon l'usage ordinaire, et c'est pour cela que *Confucius* disait que la forme d'année de *Hia* était préférable à celle de *Tcheou* :

(1) J'ai parlé de ces lunes dans la 1re partie, j'en parlerai encore dans la 3e.

et il a voulu faire voir le ridicule de donner le nom de printemps au solstice d'hiver. Ce caractère de printemps était pour les trois lunes dont la seconde a l'équinoxe du printemps. Ces trois lunes étaient censées les trois premières de l'année. Sous les *Tcheou*, il fallut changer ce langage, et *Confucius* le blâmait.

2° On sait que les pays de *Tcheou* et *Tçin* avaient toujours conservé la forme d'année de la dynastie *Hia*.

Dans le *Tso-tchouen* on voit les cérémonies en usage au temps des éclipses de soleil, et à cette occasion il rapporte l'éclipse de soleil au temps de *Tchong-kang*, et cite la partie du *Chou-king* où cette éclipse est rapportée. Le *Tso-tchouen* rapporte le récit du prince *Tan-tse* qui se disait descendant de l'empereur *Chao-hao*. *Tan-tse* disait que *Tay-hao (Fou-hi)* donna à ses mandarins la devise ou titre de *dragon*; que les mandarins de *Kong-kong* avaient la devise ou titre d'*eau*; que ceux de *Yen-ti* avaient la devise ou titre de *feu*; que la devise ou titre de *nuée* était pour les mandarins de *Hoang-ti*; que ceux de *Chao-hao* étaient désignés par le titre d'*oiseau* et que ceux de *Tchouen-hiu* furent désignés par le titre de leur emploi. Le *Tso-tchouen* parle de la grande bataille donnée au lieu appelé *Fan-tsuen* du temps de l'empereur *Hoang-ti*; il parle aussi des empereurs *Chao-hao*, *Tchouen-hiu*, *Ty-ko*, *Yao*, *Chun*; il parle des trois dynasties *Hia*, *Chang*, *Tcheou*; du tombeau de *Kao*, empereur de *Hia*; il parle de *Kong-kia*, empereur de la même dynastie *Hia*. Il rapporte la révolution arrivée à la fin de l'empereur *Siang*; la fuite de l'impératrice enceinte et le rétablissement de la dynastie *Hia* par l'empereur *Chao-kang*. Sans le *Tso-tchouen* on aurait ignoré cet événement remarquable (1). Dans la

_____

(1) Voyez première partie, dynastie *Hia*, p. 23.

première partie on a parlé de neuf vases ou tables de métal fondues par l'empereur *Yu*, premier empereur de *Hia*; le *Tso-tchouen* parle de ce monument, et dit que ce qu'il y avait de rare et de curieux dans l'empire se voyait gravé sur ces vases ou urnes, ou tables; que ces neuf vases après la défaite de *Kie*, dernier empereur de *Hia*, passèrent à la dynastie *Chang* qui les posséda 600 ans; qu'ensuite la dynastie *Tcheou* les eut, et que l'empereur *Tching-vang* les plaça dans *Lo* (*Ho-nan-fou* du *Ho-nan.*) Enfin le *Tso-tchouen* assure que *Tcheou-kong* fut le premier prince de *Lou* et que son fils *Pe-kin* lui succéda.

NOTES.

1° Le *Tso-tchouen* suppose connues les circonstances et l'occasion de la bataille, donnée au lieu *Fan-tsuen*, du temps de *Hoang-ti* : il ne dit rien des temps avant *Fou-hi*.

2° L'auteur de ce livre fait entendre par la bouche de *Tan-tse*, que *Kong-kong* fut empereur, et il ne dit pas si *Yen-ti* est le même que l'empereur *Chin-nong*.

3° Dans le *Tso-tchouen* on voit des traits curieux sur l'origine des familles de certains princes qui régnaient à la Chine, et sur le règne de ces princes.

4° Le *Tso-tchouen* ou commentaire sur le *Tchun-tsieou* finit vers la quinzième année après la mort de *Confucius*, arrivée dans la 4ᵉ lune de l'an 479 avant J.-C. Ce commentaire commence avec le *Tchun-tsieou*, c'est-à-dire, à l'an 722 avant J.-C.

KOUE - YU.

Koue veut dire *royaume*, *Yu* signifie *parole*. Ces deux caractères joints ensemble (*Koue-yu*) sont le nom d'un ancien livre que bien des auteurs disent etre comme un supplément du commentaire du *Tchun-tsieou*, c'est-à - dire du *Tso-tchouen*, et ces auteurs disent que *Tso-kieou-ming*, historien public, est l'auteur de ces deux livres. Quoiqu'il en soit , ce livre est très-estimé, et est du même temps que le *Tso-tchouen*. Il contient des recueils d'histoire des empereurs de *Tcheou* et des princes de *Lou* , *Tsi* , *Tçin* , *Tching* , *Tchou* , *Ou* et *Yue* ; dans la première partie on a parlé de ces pays. Le recueil sur les empereurs commence par *Mou-vang* (1), empereur de *Tcheou* , et finit à l'empereur *King-vang*, dont la première année est l'an 519 avant J.-C. Mais dans ce qu'il dit des Régulos, il va jusqu'à l'an 453 avant J.-C., 16e du règne de l'empereur *Tching-ting-vang*, année où le fameux *Tchi-pe* fut tué.

Le *Koue-yu* contient des mémoires fort intéressans pour l'histoire des temps entre *Mou-vang* et l'an 453 avant J.-C. De même que le *Tso-tchouen*, il est très-utile pour être au fait sur l'astronomie de ce temps-là , et fait voir aussi qu'alors l'astrologie judiciaire était fort en usage, et qu'il y avait bien des abus et de superstitions sur les cérémonies à divers Esprits. Outre ces temps dont j'ai parlé, le *Koue-yu* parle aussi des temps de l'empereur *Chao-hao* et de son successeur *Tchouen-hiu* (2). Ce livre parle de *Hoang-ti* et de *Yen-ti*, deux empereurs qu'il dit frères de père et de mère ; mais il ne dit pas si *Yen-ti* est le même que *Chin-nong*. Il parle aussi de l'empereur *Lie-chan*, mais il parait que c'est le même que *Yen-ti*. Il parle aussi en peu de mots de *Kong-kong* comme ayant gouverné ou usurpé l'empire, et c'est dans un temps avant *Hoang-ti*. Il ne dit rien des temps avant *Fou-hi*. Il fait mention des trois dynasties *Tcheou* , *Chang*,

(1) Voyez le temps de cet empereur dans la première partie , p. 37.
(2) Il s'agit des brouilleries et désordres causés par les *Kieou-li* ou neuf *Li*. Voyez la première partie, ci-dev. p. 10.

Hia, des empereurs *Chun*, *Yao*, *Ty-ko*, *Tchouen-hiu*, *Chao-hao*, *Hoang-ti*; il dit nettement que les cérémonies faites aux anciens empereurs comme *Vou-vang*, *Tching-tang*, *Yu*, *Chun*, *Yao*, *Ty-ko*, *Tchou-en-hiu*, *Hoang-ti*, et à de grands et illustres princes et mandarins, sont pour reconnaître les services importans qu'ils ont rendus à l'empire. La liste des princes et mandarins anciens commence par un fils de *Kong-kong* avant les temps de *Hoang-ti* et de *Yen-ti*.

Le *Koue-yu* représente *Kong-kong* comme un méchant homme qui causa une grande inondation qui faillit perdre l'empire. A cause de ses crimes les peuples l'abandonnèrent, et le ciel l'extermina. Du temps de *Yao*, *Kouen* père de *Yu* (c'est le *Yu* qui fut ensuite empereur) ayant imité les vices de *Kong-kong*, l'empereur *Yao* le fit mourir. Le *Koue-yu* rapporte un beau discours d'un mandarin qui exhortait inutilement l'empereur *Suen-vang* a faire la cérémonie de labourer lui-même la terre, selon l'ancien usage qu'il détaille d'une manière bien curieuse. L'empereur *Kang-hi* a fait des notes sur ce trait d'histoire. C'est dans ce discours qu'on voit l'attention des Chinois des anciens temps, pour observer le lieu du soleil rapporté aux étoiles, quand on approchait du temps où est le *Li-tchun*, c'est-à-dire, du temps qui précède l'équinoxe du printemps de 45 jours et quelques heures, ou, pour mieux dire, de la 24e partie de l'équateur ou zodiaque qui précède l équinoxe du printemps.

NOTES.

1° On a vu dans la première partie que *Nu-oua* fit mourir *Kong-kong*; selon beaucoup d'auteurs Chinois, c'est le *Kong-kong* dont il est ici parlé ; d'autres traitent de fables ce qui est dit de *Nu-oua* et de *Kong-kong*.

2° *Koen* père de *Yu* fut mis à mort parce qu'il n'avait pas exécuté les ordres de *Yao* pour les travaux à faire pour réparer le dommage de l'inondation ; il paraît que selon le *Koue-yu*, *Kong-kong*, ne pensant qu'à ses plaisirs, ne remédia pas aux dégâts de quelque inondation de son temps. La note du feu empereur *Kang-hi* sur ce trait d'histoire rapporté ici par le *Koue-yu*, dit que ce *Kong-kong* était un descendant de l empereur *Yen-ti*, au lieu que ce même empereur *Kang-hi* dans la note sur ce que dit le *Koue-yu* du fils de *Kong-kong* à l'honneur duquel on faisait des cérémonies, remarque que ce *Kong kong* était un prince entre *Fou-hi* et *Chin-nong*.

3° Le *Koue-yu* parle de l'origine des familles impériales de *Tcheou*, de *Chang* et de *Hia*. Il confirme que *Heou-tsi* chef de la dynastie *Tcheou* eut la surintendance de l'agriculture; qu'un de ses descendans appelé *Pou tchou*, perdit cet emploi dans la décadence de la dynastie *Hia*, qu'il se retira à *Pin* (dans le *Chen-sy*) au voisinage des barbares, et qu'il continua à avoir soin de l'agriculture.

4° Par ce que dit le *Koue-yu* des cérémonies aux rois et princes ancêtres, on voit que les familles des empereurs *Yu* et *Chun*, tiraient leur origine de l'empereur *Hoang-ti*; la famille impériale de *Tcheou* venait de l'empereur *Ty-ko*, et la famille impériale *Chang* venait de l'empereur *Chun*.

5° Le *Koue yu* dit que *Yeou-vang* régna 11 ans; il rapporte les désordres arrivés sous *Hi-vang*, père de *Suen-vang*, la fuite de *Li-vang*, sa mort et l'installation de *Suen-vang* par le zèle et l'adresse du ministre *Chao-kong* qui avait sauvé la vie a *Suen-vang*.

Le *Koue-yu* parle des temps de *Tay-kang*, de *Chou*, de *Kong-kia*, empereurs de *Hia*, de même que du premier et dernier empereur de cette dynastie; il dit en particulier que de *Kong-kia* à la fin de la dynastie *Hia*, il y eut quatre empereurs. Il dit aussi que de *Tay-kia* ou *Tchou-kia*, empereur de la dynastie *Chang* à la fin de cette dynastie, il y eut sept empereurs, et selon lui cette dynastie eut trente - un empereurs : le *Koue-yu* mettait donc deux empereurs entre *Tching-tang* et *Tay-kia*. On a vu que *Meng-tse* mettait aussi deux empereurs entre *Tching-tang* et *Tay-kia*.

Le *Koue-yu* et le *Tso-tchouen* eurent le sort des autres livres d'histoire, au temps de l'incendie des livres; on retrouva dans la suite des exemplaires de ces deux livres. Il y a eu sans doute quelques changemens, mais il paraît qu'ils ne sont pas de conséquence.

KOU-LEANG et KONG-YANG.

Outre le commentaire *Tso-tchouen*, il y a deux autres célèbres commentaires du *Tchun-tsieou* de *Confucius*, faits quelque temps après le *Tso-tchouen* par des lettrés qui suivaient la doctrine de *Confucius*. Un de ces commentaires se nomme *Kou-leang*, l'autre se nomme *Kong-yang*. Ils expliquent bien le texte de *Confucius*, et peuvent servir pour l'histoire des temps du *Tchun-tsieou*, mais il n'y a rien qui puisse aider à fixer même en général quelques époques anciennes. Le *Kou-leang* dit qu'anciennement le pas avait 6 pieds et que 1800 pieds, font la mesure chinoise appelée *li*. Comme le pied a été différent selon le temps et les lieux, le *li* a aussi été différent; il en est de même aujourd'hui; ainsi quand on parle de la mesure chinoise appelée *li*, il faut savoir le rapport du pied employé à quelque pied connu.

KOAN-TSE.

Dans la première partie, j'ai parlé de *Koan-tse* ou *Koan-tchong*, ministre de *Houan-kong*, prince de *Tsi*. *Koan-tse* mourut l'an 645 avant J.-C. Le livre de *Fong-tchan*

tchan publié par *Sse-ma-tsien* (1) dit que *Koan-tse* parlait de 72 souverains qui avaient fait les cérémonies à la montagne *Tay-chan* (2). Dans le nombre de ces 72 souverains, on nomme *Vou-hoay* avant *Fou-hi*, *Fou-hi*, *Chin-nong*, *Hoang-ti*, *Tchouen-hiu*, *Ty-ko*, *Yao*, *Chun*, *Yü*, *Tching-tang*, *Tching-vang*. Ce livre *Fou-tchan* a été sans doute fait sur les mémoires et d'après les principes de la secte de *Tao*, et on ne peut faire aucun fonds sur ce que ce livre fait dire à *Koan-tse*, soit qu'il s'agisse de 72 souverains en comptant le temps avant *Fou-hi*, soit qu'il s'agisse de ces princes en comptant aussi depuis *Fou-hi*. Selon l'histoire *Tong-kien kang-mou*, *Koan-tse* a parlé de 7 années de sècheresse et de famine du temps de *Tching-tang*, 1er empereur de *Chang*. Selon cette même histoire, *Koan-tse* disait que l'empereur *Vou-vang* avait régné 7 ans. *Koan-tse* mourut à la 7e année de *Siang-vang*, empereur de *Tcheou*, et *Koan-tse* n'a voulu peut-être dire autre chose, sinon que de son temps à celui de *Vou-hoay* avant *Fou-hi*, il y avait 72 empereurs. Ce qui reste du livre de *Koan-tse* traite surtout du bon gouvernement, et on n'y voit ni les principes ni le langage de la secte de *Tao* dont il n'était pas ; la secte de *Tao* en a fait un de ses sectateurs,

NOTES.

1° Le *Koue-yu* dit que l'empereur *King-vang* régna 25 ans, et que ce prince fit fondre des cloches et de grands deniers de cuivre. C'est ce *King-vang* dont la première année est l'an 544 avant J.-

2° Le *Li* a encore aujourd'hui 1800 pieds, mais comme les pieds sont différens dans les divers pays de la Chine, les *Li* sont aussi différens.

(1) Fameux historien de l'empire, plus de cent ans avant J.-C.

(2) J'ai parlé de ces cérémonies au règne de *Tsin-chi-hoang*, ci-dev., p. 62.

LIE-TSE et *TCHOANG-TSE.*

Lie-tse, un des principaux sectateurs de *Tao*, vivait et écrivait plus de 300 ans avant J -C. ; ce qu'on a conservé de ses écrits fait voir que de son temps, on avait une histoire, et il cite des traits d'histoire des temps des dynasties *Tcheou*, *Chang*, *Hia*, des temps de *Chun*, *Yao*, *Tchouen-hiu*, *Hoang-ti*, *Fou-hi*, *Chin-nong.* Il dit que de son temps à *Fou-hi* il y a au moins 300,000 ans ; il parle des temps de *Nu-oua*, et d'une pierre de cinq couleurs employée pour réparer le ciel ; il parle de *Kong-kong*, d'un déluge plus ancien que celui de *Yao*, d'un pays dont les hommes avaient 100 pieds de haut et vivaient plus de 10,000 ans ; il prétend qu'il y en avait du temps de *Fou-hi* et de *Chin-nong.*

Lie-tse admettait un commencement du monde, et il dit que tout ce qui a une figure vient d'un être qui n'a point de figure. C'est sans doute de *Lie-tse* que les sectateurs de *Tao* ont pris les fables qu'ils ont débitées, l'idée d'un moyen de devenir immortel, et mille sortes de superstitions qui ont dégénéré en magie et sortilèges. *Tchoang-tse* et autres sectateurs de *Tao*, ont comme *Lie-tse* reconnu que le monde avait eu un commencement, de même que *Lao-kun* que l'on fait chef de la secte de *Tao*, quelque temps avant *Confucius*. Le livre de *Lao-kun* n'a rien qui puisse servir à la chronologie.

NOTES.

1° *Tchoang-tse* vivait quelque temps après *Lie-tse* : ce qu'on a de son livre est plein de fables et d'idées ridicules. Il parle de quelques princes avant *Fou-hi*.

2° *Lie-tse* et *Tchouang-tse* parlent des 3 *Hoang* et des 5 *Ti*, sans dire quels sont ces princes.

OUEY-FEY-TSE.

Sur la fin de la dynastie *Tcheou*, vivait *Ouey-fey-tse*. Il dit qu'avant le temps de *Fou-hi*, les peuples élurent pour leurs chefs *Soui-gin* et *Yeou-tchao*; le premier, en reconnaissance de l'invention et de l'usage du feu, et le second, pour avoir appris à faire des cabanes pour se mettre en sûreté contre les attaques des bêtes féroces.

On a fait un recueil des auteurs que la secte de *Tao* met au nombre de ses partisans, et qui ont écrit avant l'incendie des livres.

Tous ces auteurs supposent une histoire connue depuis *Yao* jusqu'à leur temps, et plusieurs outre *Lie-tse* et *Tchouang-tse* parlent des temps antérieurs à *Yao*, *Hoang-ti*, *Fou-hi*.

LU-POU-OUEY.

Un de ceux-ci est *Lu-pou-ouey*; avec de grandes dépenses, il fit chercher des livres anciens, et fit faire un recueil sous le nom de *Lu-chi-tchun-tsieou*. Ce qui en reste n'est qu'un fragment : ce recueil est une compilation. *Lupou-ouey* voulait passer pour savant (1).

Une partie considérable de la collection roule sur les cérémonies à observer dans les 12 lunes de l'année, qu'il suppose dans la forme de la dynastie *Hia*. A chaque lune il marque le lieu du soleil dans une des 28 constellations, et il nomme la constellation qui passe par le méridien au temps du crépuscule Il ne marque ni le degré de la constellation pour le lieu du soleil, ni le degré de la constellation qui passe par le méridien, et ne donne aucune époque pour l'an, le jour, etc.

Lu-pou-ouey donne un commencement au ciel, à la terre;

(1) J'en ai parlé dans l'histoire de *Tsin*, première partie, p. 56.

14*

aux hommes ; il confirme ce que *Confucius* et le *Li-ki* disent de la barbarie des Chinois avant *Fou-hi*. Il parle des dynasties *Tcheou* , *Chang* , *Hia* ; des empereurs *Chun* , *Yao* , *Ty-ko* , *Tchouen-hiu* , *Chao-hao* , *Hoang-ti* , *Chin-nong* ; *Fou-hi* ; il paraît mettre quelques princes au-dessus de *Fou-hi* , et entre *Chin-nong* et *Fou-hi*. Il parle de *Tchi-yeou* contemporain de *Hoang-ti* ; il dit qu'au temps de ce prince on fit les caractères , on établit des historiens, on fit le cycle de 60. Il parle de l'ancienne histoire et rapporte le nom de plusieurs historiens, non seulement de l'empire , mais aussi des princes tribu-taires.

Lu-pou-ouey rapporte le nom des 28 constellations. Il dit qu'avant *Tchi-yeou* on se battait avec des pièces de bois , et que le vainqueur était le chef des autres. Cela ne suffisant pas , on élut, dit-il , des princes, mais ces princes n'ayant pas assez d'autorité , on élut des *fils du ciel* (*Tien-tse*) c'est-à-dire , des rois souverains , maîtres absolus de toutes les parties de l'empire. *Tchi-yeou* était un des chefs des peuples du temps de *Hoang-ti* , et il paraît que *Lu-pou-ouey* veut dire que *Hoang-ti* est le premier *Tien-tse* ou empereur chinois.

Cet auteur parle souvent des trois *Hoang* et des cinq *Ti* , sans dire nettement quels sont ces princes; cela était connu de son temps.

Lu-pou-ouey décrit la cérémonie du labourage de la terre par l'empereur qui doit faire des prières au *Chang-ti* (maître souverain) ; il parle de plusieurs grands du temps des empereurs *Chun* , *Yu* , *Tching-tang* , *Vou-vang* ; il parle des mauvais empereurs *Kie* , *Cheou* , *Li-vang* père de *Suen-vang* , *Yeou-vang*. Il paraît dire que la

terre est ronde , et veut expliquer en quel sens on dit
qu'elle est quarrée. Il dit que par unité on peut entendre
Tao , que ce *Tao* a fait tout , qu'on ne sait ni son commencement ni sa fin , qu'il est invisible ,.sage et intelligent. Il parle aussi des Esprits des montagnes, rivières ,
fontaines , et des cérémonies pour les honorer. Il fait mention des cloches fondues du temps de *Hoang-ti*. Il parle
au long du déluge du temps de *Yao* , et des travaux de
Yu. La rivière , dit-il , allait autrefois du nord de la
montagne *Long-men* à l'orient; *Yu* perça cette montagne ,
et fit passer ainsi la rivière (*Hoang-ho*) à travers cette
montagne.

Lu-pou-ouey fait mention d'une grande secheresse et
d'une famine au temps de *Tching-tang*, fondateur de la
dynastie *Chang*. Il dit qu'elle fut de cinq ans, après lesquels
il tomba une pluie abondante, en conséquence de la pé-
nitence que fit *Tching-tang*, et des prières qu'il adressa
au souverain maître (*Chang-ti*). Il parle du tombeau de
Yao , *Chun* , *Yu*. Il dit que le prince *Ouey-tse* était frère
aîné de *Cheou*, dernier empereur de la dynastie *Chang*,
et fils de l'empereur *Ty-y* ; que l'empereur *Vou-vang*
donna la principauté de *Lou* à son frère *Tcheou-kong*
dont les successeurs dans cette principauté ont été au
nombre de trente-quatre.

NOTES.

Long-men est le nom de la montagne que *Lu-pou-ouey* dit avoir
été percée par *Yu*. Une partie se trouve dans le *Chen-sy*, et l'autre
dans le *Chan-sy*, dans les districts de *Si-gan-fou* et de *Ping-yang-
fou*. Le *Hoang-ho* passe entre ces deux montagnes , qui anciennement n'en faisaient qu'une.

Lu-pou-ouey prend du cycle de 12 la note qui répond

au caractère *chin* pour désigner la 8ᵉ année de l'empire de
Tsin. (La 6ᵉ année de *Tsin-chi-hoang* a les notes *Keng-
chin*) (241 avant J.-C.) Ainsi selon cette date, l'année
248 serait la première année de la dynastie *Tsin.* Il dit
que *Vou-vang*, après la mort de son père, régna 12 ans
dans sa principauté, avant d'être empereur. Il parle
de ceux qui les premiers firent le calendrier, les barques, les fourneaux pour faire cuire des briques, le
vin, les murailles pour les villes, les flèches et les arcs,
les livres de médecine, les instrumens de mathématiques, les cartes célestes, les habits. Ces hommes sont rapportés au temps de *Hoang-ti, Tchouen-hiu, Yao, Ty-ko,
Chun, Yu.* Il dit encore qu'anciennement 71 sages gouvernaient l'empire, mais il ne rapporte ni le nom, ni le
temps de ces 71 sages. Il dit aussi que l'empereur se
faisait un devoir essentiel de l'agriculture, et que
l'impératrice avait soin de l'entretien des vers à soie.
Lu-pou-ouey rapporte quantité de traits de l'histoire
ancienne, dont les historiens anciens et nouveaux se
sont servis utilement pour écrire l'histoire.

SUN ET *OU.*

Le temps depuis la fin du *Tchun-tsieou* jusqu'au
temps où *Tsin-chi-hoang* fut maître de l'empire, s'appelle
Tchen-koue ou *royaumes en guerres*, parce qu'alors il
y eut dans tout l'empire des guerres sanglantes. Sur
la fin de ces guerres, il y avait deux généraux
d'armée; l'un s'appelait *Sun*, du pays de *Tsi*, l'autre s'appelait *Ou*, du pays de *Ouey*. On a de ces deux généraux
deux petits livres sur l'art militaire; l'empereur *Kang-hi*
les fit traduire en *Tartare Mantchou*. Ces deux livres

supposent une histoire connue. *Sun* dit que *Hoang-ti* remporta des victoires sur les princes des quatre parties de l'empire. Il parle des dynasties *Hia*, *Chang*, *Tcheou*, et dit quelque chose des victoires des empereurs *Tching-tang* et *Vou-vang*.

Durant le temps *Tchen-koue*, les divers États de la Chine avaient plusieurs personnes de mérite qui étudiaient l'antiquité, examinaient les intérêts des princes et savaient ce qui se passait dans les cours dont ils tachaient de connaître à fonds le fort et le faible. Cette étude forma quelques philosophes, généraux d'armée et politiques. Selon leurs vues et intérêts, ils offraient leurs services aux princes. On a conservé quelques mémoires de ces personnes, et ce qu'on a, fait regretter ce qui s'est perdu. De ce qui s'est conservé, on a fait un livre nommé *Koue-tse* ou livres des royaumes. Il ne faut pas le confondre avec le livre *Koue-yu* dont j'ai parlé. Ces deux livres sont fort différens. Le *Koue-yu* a une bien plus grande autorité qne le *Koue-tse*.

Le *Koue-tse* suppose une histoire connue, et la connaissance des pays de la Chine. Il y a aussi quelques détails sur l'histoire de la famille de *Tsin*. *Lu-pou-ouey*, dont j'ai parlé, dit que *Vou-vang* avait un ministre appelé *Tay-kong*, et que pour récompense de ses services, *Vou-vang* le déclara prince de *Tsi*. La cour de *Tay-kong* fut dans le district de ce qu'on appelle aujourd'hui *Tsing-tcheou-fou* du *Chan-tong*. Quelque temps après sa mort, on bâtit une nouvelle ville près de la ville appelée *Tsing-tcheou-fou*; c'était la capitale du pays et principauté de *Tsi* : il y en a encore des restes.

Yo-y, généralissime des troupes de plusieurs états ligues contre le prince de *Tsi*, prit la ville capitale de cette principauté, l'an 280 avant J.-C. (31ᵉ année de l'empereur *Vou-vang*). Dans le mémoire envoyé au prince de *Yen* par *Yo*-y, ce général dit qu'on a pris les richesses et trésors amassés et accumulés depuis 800 ans. Ainsi la ville capitale de *Tsi* fut bâtie 1080 ans avant J.-C. et comme *Tay-kong* avait été fait prince de *Tsi* quelque temps auparavant, on voit par le mémoire de *Yo-y* à peu près le temps où régnait *Vou-vang* (1).

Dans la première partie on a parlé de *Sou-tsin* qui se piquait de philosophie et de politique. Cet homme intriguant se trouvant à la cour de *Tsin* où il pensait à faire fortune, présenta divers mémoires au prince de *Tsin*. Dans un de ces mémoires, ce politique disait qu'anciennement l'empereur *Chin-nong* eut une guerre contre *Pou-soui* (2); que *Hoang-ti* eut guerre avec *Tchi-yeou*, et que celui-ci fut pris. Il parle des guerres que *Yao*, *Chun* et *Yu* eurent à soutenir; des guerres de *Tching-tang*, de *Ven-vang*, de *Vou-vang* et de *Houan-kong* prince de *Tsi*. *Sou-tsin* fait mention des cinq *Ti* et des trois *Vang*. Il ne dit pas quels sont ces cinq *Ti*. Les trois *Vang* ou rois, sont *Yu*, *Tching-tang*, *Vou-vang*. Dans un autre mémoire présenté à un des derniers princes de *Tsin*, on parle encore des empereurs *Tching-tang*, *Yu*, *Vou-vang* et des cinq *Ti*. Dans des mémoires présentés au prince de *Tsi*, on

---

(1) L'empereur *Kang-hi* fit traduire en Tartare le mémoire de *Yo-y*.

(2) Je ne sais ce que c'est; *Sou-tsin* supposait ce trait d'histoire connu.

fait

fait encore mention des empereurs *Chun*, *Yu*, *Tching-tang* et de leurs vertus, des cinq *Ti* et des trois *Vang*, ou rois. Dans un mémoire offert à un prince de *Ouey*, on voit que le pays de *San-miao* où il y eut guerre du temps de *Chun*, n'est pas bien éloigné du grand lac de *Hou-koang*, nommé *Tong-ting-hou*. On parle encore là des trois dynasties, de la victoire de *Hoang-ti*, et de la guerre du temps de *Yu*. *Sou-tsin*, se trouvant à la cour du prince de *Tchao*, parla fort des empereurs *Yao*, *Yu*, *Tching-tang*, *Vou-vang*.

Dans la première partie on a vu que *Vou-ting*, prince de *Tchao* entreprit de faire la guerre aux Tartares, et voulut s'habiller à leur façon, croyant cette forme d'habit plus propre pour la guerre. Là dessus il y eut de grandes représentations; dans ces représentations on citait l'antiquité d'une manière vague, à la manière des lettrés chinois. Le prince qui avait pris son parti refuta toutes les raisons : dans sa réponse il touche avec beaucoup plus de précision les traits d'histoire des empereurs *Fou-hi*, *Chin-nong*, *Hoang-ti*, *Yao*, *Chun*, et en général des empereurs *Yu*, *Tching-tang*, *Vou-vang*. Le livre *Koue-tse* est très-instructif pour l'histoire entre les temps de *Tsin-chi-hoang*, et de la fin du *Tchun-tsieou*. Il y a des réflexions et des discours de quelques politiques et ministres sur le bon gouvernement; l'empereur *Kang-hi* en a fait traduire plusieurs en Tartare *Mantcheou*.

TCHOU-CHOU-KI-NIEN.

Tchou veut dire *bambou*, *Chou* veut dire *livre*. *Ki* signifie *mémoires*, *Nien* signifie *années*. Ces quatre caractères veulent dire : *Mémoires des années du livre* appelé *Tchou*. On l'appelle *Tchou* parce qu'il était écrit· sur des tablettes de bambou.

Ces livres d'annales furent trouvés l'an 284 après J.-C. dans un tombeau des princes de *Ouey*, dans le district de *Ouey-hoey-fou* du *Ho-nan*. Il y avait quelques autres vieux livres. Il y avait bien des endroits effacés et rongés des vers ; tout était écrit en anciens caractères. On tâcha de déchiffrer ces annales à la faveur des catalogues d'anciens caractères déjà déchiffrés, et auxquels répondaient des caractères en usage. Ce livre, après bien des examens, parut un monument écrit avant l'incendie des livres, et l'histoire le donne comme un ouvrage des historiens de *Ouey*. Le prince de *Ouey* à la cour duquel *Meng-tse* débita sa doctrine, était de cette famille de *Ouey*. Le livre *Tchou-chou* a quelques endroits qui demandent quelque critique et éclaircissement : c'est ce qui sera fait dans la troisième partie. Je mets ici la chronologie du livre tel qu'on l'a aujourd'hui.

EMPEREURS.	DURÉE du règne.	1ʳᵉ ANNÉE du règne.	ANNÉES avant J.-C.
Hoang-ti......................	100		
Chao-hao			
Tchouen-hiu	78		
Ty-ko........................	63		
Tchi, fils de Ty-ko............	10		
(Tchi fut déposé.)			
Yao	100......	Ping-tse.....	2145
Chun	50.......	Ki-ouen.....	2042

NOTES.

1°. Le *Tchou-chou* ne dit rien des années de *Chao-hao*; il dit de *Hoang-ti*, qu'il fit faire une couronne et des habits royaux. Il dit de *Tchouen-hiu*, qu'il fit un calendrier, des instrumens de mathématiques et des cartes célestes.

2° Le *Tchou-chou* dit que *Yao* fit faire par *Hi*, *Ho*, un calendrier, des instrumens et des cartes célestes. Il dit qu'à la 58e année il se servit de *Heou-tsi*; qu'à la 78e année *Chun* fut son ministre; qu'à la 72e année *Chun* fut associé à l'empire; qu'à la 75e année *Yu* eut ordre de présider aux ouvrages pour la rivière *Hoang-ho*.

3° Le même livre dit que *Chun*, à la 33e année de son règne, associa *Yu* à l'empire.

4° En comparant les caractères du Cycle de 60 pour la première année de *Yao* avec ces caractères pour la première année de *Chun*, on trouve qu'il y a 103 ans, dans la supposition de 100 ans marqués pour le règne de *Yao*.

5° Il n'y a pas de nombre d'années de règne marqué pour *Chao-hao*, soit que le *Tchou-chou* ait voulu dire que *Chao-hao* régnait dans une partie de la Chine, tandis que *Hoang ti* régnait dans l'autre, soit qu'on n'ait pu lire ce qui était marqué dans le règne de *Chao hao*. , , , ... "

Meng-tse dit qu'après la mort de *Yao* et de *Chun*, il y eut 3 années de deuil, et qu'après ces 3 années *Chun* et *Yu* prirent possession de l'empire; le *Tchou-chou* suppose ce que dit *Meng tse*. On n'avait ni marqué ni supposé les trois années de deuil après la mort de *Hoang-ti*, *Chao-hao*, *Tchouen-hiu*, *Ty-ko*. Leurs règnes sont sans notes du Cycle.

DYNASTIE DE *HIA*.

EMPEREURS.	DURÉE du règne.	Ire ANNÉE du règne.	ANNÉES avant J.-C.
Yu (1)	8 ans...	Gin-tse........	1989
Ki	16.....	Kouei-hay	1978
Tay-kang (2)................	7......	Kouey-ouey.....	1958
Tchong-kang (3)	7.....	Ki-tcheou.......	1952

(1) Sa cour fut à *Yang-tching* dans le *Chan-sy*. Latit. 55 d. 7 m. Ouest de *Pe-king*, 5 d.

(2) Il fut chassé de sa cour à la première année, et se retira à *Tchen-sun*. C'est près de *Tay-kang-hien* du *Ho-nan* dans le district de *Cai-fong-fou*. Tai-

kang-hien. Lat. 34 d. 4 m. Ouest de Pekin, 1 d 55 m.

(3) Sa cour fut à *Tchen-sun*. 5e année en automne, 9e lune, 1er jour *Keng-su*, éclipse du soleil (avant J.-C. 1978, 28 octobre.) Il ordonne de faire le procès aux astronomes *Hi*, *Ho*.

SUITE DE LA DYNASTIE *HIA*.

EMPEREURS.	DURÉE du règne.	1re ANNÉE. du règne.	ANNÉES avant J.-C
Siang (4) prince héritier	28	Vou-su	1943
Chao-kang	21	Ping-ou	1875
Chou	17	Ki-se	1852
Fen	44	Vou-tse	1833
Mang	58	Gin-chin	1789
Sie	25	Sin-ouey	1730
Pou-kiang (5)	59	Ki-hay	1702
Kiong	18	Vou-su	1643
Kin	8	Ki-ouey	1622
Kong-kia	9	Ki-se	1612
Hao	3	Keng-tchin	1601
Fa	7	Y-yeou	1596
Kouey (6) ou Kie	31	Gin-tchin	1589

I. Si on concluait le nombre des années de la dynastie *Hia* par l'addition des années marquées pour chaque règne, on trouverait la durée de la dynastie *Hia* plus courte qu'elle n'est; il faut la conclure par l'intervalle des caractères du cycle de 60. Par exemple : la première année de *Yu* est l'an 1989 avant J.-C. Il régna 8 ans. La 1re année de son successeur *Ki* n'est pas l'an 1981 , les notes cycliques font voir que la 1e année de *Ki* est l'an 1978 avant J.-C.: il en est ainsi des autres.

II. Par la comparaison des notes cycliques, on voit un espace de 40 ans depuis la mort de l'empereur *Siang* , jusqu'à la première année de *Chao-kang*. Les rebelles usurpèrent l'autorité.

(4) A la 28e année , *Siang* est tué par les rebelles. L'impératrice était enceinte; elle se sauva et accoucha d'un prince ensuite appelé *Chao kang*. Il y eut interrègne, *Chao-kang* fut rétabli, et sa cour fut celle de l'empereur *Yu*.

(5) A la 59e année *Pou-kiang* cède l'empire à son frère cadet *Kiong*.

(6) A la 10e année de *Kie*, le mou-vement des cinq planètes se trouva fort dérangé; à la 28e année, *Tchong-ken* historien de l'empire, se retira à la cour du prince du pays de *Chang* (dans le *Hon-an*). A la 31e année le prince de *Chang* défit l'armée de *Kie*, et devint maître de l'empire. C'est l'empereur *Tching-tang*, c'était la 17e année de sa principauté.

DYNASTIE DE *CHANG.*

EMPEREURS.	DURÉE du règne.	1re ANNÉE du règne.	ANNÉES avant J.-C.
Tching-tang..................	12 ans....	Kouey-hay.....	1558
Ouay-ping..................	2......	Y-hay........	1546
Tchong-gin..................	4......	Ting-tcheou....	1544
Tai-kia..................	12......	Sin-sse........	1540
Ou.ting..................	19......	Kouey-sse....	1528
Siao-keng..................	5......	Gin-tse........	1509
Siao-kia..................	17......	Ting-sse.......	1504
Yong-ki..................	12......	Kia-su........	1487
Tay-vou..................	75......	Ping-su.......	1475
Tchong-ting..................	9......	Sin-tcheou.....	1400
Ouai-gin..................	10......	Keng-su.......	1391
Ho-tan-kia..................	9......	Keng-chin......	1381
Tsou-y..................	19......	Ki-se.........	1372
Tsou-sin..................	14......	Vou-tse.......	1353
Kai-kia..................	5......	Gin-yn.......	1339
Tsou-ting..................	9......	Ting-ouey......	1334
Nan-keng..................	6......	Ping-tchin.....	1325
Yang-kia..................	4......	Gin-su........	1319
Pan-keng..................	28......	Ping-yn.......	1315
Siao-sin..................	3......	Kia-ou......	1287
Siao-y..................	10......	Ting-yeou.....	1284
Vou-ting..................	59......	Ting-ouey.....	1274
Tsou-keng..................	11......	Ping-ou.......	1215
Tsou-kia..................	33......	Ting-sse......	1204
Fong-sin..................	4......	Keng-yn.......	1171
Keng-ting..................	8......	Kia-ou........	1167
Vou-y..................	35......	Gin-yn.......	1159
Ven-ting..................	13......	Ting-tcheou....	1124
Ty-y..................	9......	Keng-yu.......	1111
Ti-sin *ou* Cheou..................	52......	Ki-hay........	1102

NOTES.

1° Le *Tchou-chou* dit que les 7 premières années de *Tching-tang*, il y eut une grande famine et secheresse, et qu'à la dernière année de la famine, il y eut une grande pluie en conséquence des prières de *Tching-tang.*

2° Le même livre dit que l'empereur *Vou-y* donna le pays de *Ki* (dans le *Chen-sy*) à *Tan-fou* (c'est le bisaïeul de l'empereur *Vou-vang*). *Tan-fou* est le même que *Tay-vang*, il était comte de *Tcheou*. Cet empereur *Vou-y* fut tué par la foudre, selon le *Tchou-chou*.

3° Sous les empereurs *Vou-y* et *Ven-ting*, *Li-li*, fils de *Tan-fou* remporte de grands avantages sur les Tartares. Le *Tchou-chou* marque que la 12ᵉ année de l'empereur *Ven-ting* est la 1ʳᵉ année du règne de *Ven-vang* dans sa principauté de *Tcheou*. Le *Tchou-chou* parle de la grande estime que les princes avaient pour le prince *Ven-vang*, de sa prison, de la liberté qu'on lui donna, des titres qu'il eut de l'empereur *Cheou* après sa prison, du collége et de l'observatoire que *Ven-vang* fit bâtir. Le *Tchou-chou* ajoute à la 41ᵉ année de l'empereur *Cheou*, que *Ven-vang* meurt, et qu'il a pour héritier *Vou-vang*.

4° A la 47ᵉ année de l'empereur *Cheou*, l'historien de l'empire se retire de la cour, et va à la cour de *Vou-vang* pour se soumettre à lui.

5° Je ne mets pas quelques autres textes des annales du *Tchou-chou* sur la dynastie *Chang*. Il y a eu de l'altération dans ces textes.

DYNASTIE DE *TCHEOU*.

EMPEREURS.	DURÉE du règne.	1ʳᵉ ANNÉE du règne.	ANNÉES avant J.-C.
Vou-vang	6 ans	Sin-mao	1050
Tching-vang	37	Ting-yeou	1044
Kang-vang	26	Kia-su	1007
Tchao-vang	19	Keng-tse	981
Mo-vang	55	Ki-ouey	962
Kong-vang	12	Kia-yn	907
Y-vang	25	Ping-yn	895
Hiao-vang	9	Sin-mao	870
Y-vang	8	Keng-tse	861
Li-vang	26	Vou chin	853
13ᵉ année. Régence dite. Kong-ho			841
22, 23, 24, 25, 26ᵉ année grande secheresse			

A la 26ᵉ année l'empereur mourut, on proclama empereur le prince héritier, une pluie abondante survint.

Suen-vang	46	Kia-su	827
Yeou-vang	11	Keng-chin	781
Ping-vang	51	Sin-ouey	770

Suite de la Dynastie de *TCHEOU*.

EMPEREURS.	DURÉE du règne.	1re ANNÉE du règne.	ANNÉES avant J.-C.
Hoan-vang	23	Gin-su	719
Tchoang-vang	15	Y-yeou	696
Li-vang	5	Keng-tse	681
Hoey-vang	25		676
Siang-vang	33	Keng-ou	651
King-vang	6	Kouey-mao	618
Koang-vang	6	Ki-yeou	612
Ting-vang	21	Y-mao	606
Kien-vang	14	Ping-tse	585
Ling-vang	27	Keng-yu	571
King-vang	25	Ting-sse	544
King-vang	44	Gin-ou	519
Yuen-vang	7	Ping-yu	475
Tchin-ting-vang	28	Kouey-yeou	468
Kao-vang	15		440
Ouey-lievang	24	Ping-tchin	425
Gan-vang	26	Keng-tchin	401
Lie-vang	7	Ping-ou	375
Hien-vang	48	Kouey-tcheou	368
Chin-tsin-vang	6	Sin-tcheou	320
Yn-vang		Ting-ouey	314

Les annales marquent la 16ᵉ année de *Yn-vang* et c'est à cette année qu'elles finissent, c'est-à-dire, à l'an 299 avant J.-C. L'empereur *Yn-vang* est le même que l'empereur *Nan-vang*.

Un autre livre numéroté *Tcheou-chou* ou livre de *Tcheou*, fut trouvé avec le *Tchou-chou-ki-nien*: il était aussi écrit en anciens caractères, et on en déchiffra une bonne partie. Il n'y a rien pour la chronologie, mais il peut donner quelques connaissances sur l'astronomie chinoise.

NOTES.

1° Dans la troisième partie on examinera les années des empereurs de la dynastie de *Tcheou* avant *Suen-vang*.

2° Les sept premières années de l'empire de *Tching-vang*, *Tcheou-kong* fut régent de l'empire. *Tcheou-kong* mourut à la 21ᵉ année de l'empire de *Tching-vang*.

3° Le *Tchou-chou* dit que l'empereur *Li-vang*, père de *Suen-vang*, à la 12ᵉ année de son règne prit la fuite. Il rapporte à la 6ᵉ année de *Yeou-vang*, au jour *sin mao*, 1ᵉʳ de la 10ᵉ lune, une éclipse de soleil (avant J.-C. 776, 6 septem.) ; il rapporte une éclipse de soleil au jour *Y-sse* de la seconde lune à la 51ᵉ année de l'empire de *Ping-vang*. (avant J.-C. 720, 22 février) le texte dit *Y-sse* il faut lire *Ki-sse*.

4° Les époques depuis l'année de la régence dite *Kong-ho*, sont regardées comme sûres ; ainsi on a fait répondre aux années avant J.-C. les années soit avant la régence *Kong-ho*, soit après cette régence. Dans la troisième partie on parlera de ces époques.

5° Le *Tchou-chou* marque la mort de *Tay-kong*, prince de *Tsi*, à la 3ᵉ année de l'empereur *Kang-vang*, et celle de *Pe-kin*, prince de *Lou*, à la 19ᵉ année du même empereur.

CHI-PEN.

La liste qu'on voit des empereurs dans le *Tchou-chou* depuis *Nan-vang* jusqu'à *Hoang-ti* est conforme à celle d'un livre appelé *Chi-pen*, et qui fut fait sur la fin de la dynastie *Tcheou* Je n'ai pu avoir ce livre, je ne le connais que par les citations. Ce livre contenait les généalogies des empereurs, princes et autres personnes recommandables. On a trouvé de quoi critiquer sur les généalogies, et bien des Chinois ont traité ce livre de fabuleux sur cet article ; mais on n'a pas révoqué en doute le catalogue des empereurs. Malgré l'incendie des livres on put aisément savoir par cœur ce catalogue, et quand le 1ᵉʳ empereur de *Han* monta sur le trône, il y avait encore quantité de lettrés qui étaient avant l'incendie, et qui savaient sans doute

doute la liste des empereurs. Le *Chi-pen* donne 84 ans de règne à l'empereur *Chao-hao* ; il dit que le cycle de 60 est du temps de *Hoang-ti* ; qu'auparavant, *Chin-nong* et *Fou-hi* ont régné ; il parle même d'un prince avant *Fou-hi*.

PRÉFACE DU *CHOU-KING.*

Ce fut du temps de la dynastie *Tcheou* que des lettrés mirent à la tête du *Chou-king*, tel que *Confucius* l'avait rangé, une petite préface qui marque sous quel empereur fut écrit chaque chapitre du *Chou-king*. Ceux qui nous restent ont été écrits, suivant cette préface, sous les empereurs *Yao*, *Chun*, *Yu*, *Ki*, *Tai-kang*, *Tchong-kang* ; ensuite, au temps de la dynastie *Chang*, sous les empereurs *Tching-tang*, *Tay-kia*, *Kao-tsong*, *Pan-keng* et *Cheou* ; au temps de la dynastie *Tcheou*, sous les empereurs *Vou-vang*, *Tching-vang*, *Kang-vang*, *Mou-vang* et *Ping-vang*. Le dernier chapitre est du temps de *Mou-kong*, prince de *Tsin* dans le *Chen-sy*. On voit par cette préface qu'une bonne partie du *Chou-king* de *Confucius* s'est perdue. La préface dit que *Tay-kia* fut successeur immédiat de l'empereur *Tching-tang* ; ainsi, selon cette préface, *Ouai-ping* et *Tchong-gin* ne sont pas dans le nombre des empereurs de la dynastie *Chang*.

TCHEOU-PEY.

Un ancien livre, fait au commencement de la dynastie *Tcheou* et nommé *Tcheou-pey*, parle fort clairement de la propriété fondamentale des triangles rectangles. Ce livre dit que *Fou-hi* fit une méthode pour savoir le mouvement des astres, et que l'empereur *Yu* se servit de la connaissance des propriétés du triangle rectangle, pour ses ouvrages à l'occasion de l'inondation.

Je ne parle pas de plusieurs livres ou fragmens de livres antérieurs à l'incendie des livres, par exemple, de quelques catalogues des étoiles, et de quelque chose d'un vieux calendrier de la dynastie *Hia*. Dans la 3ᵉ partie, on examinera si l'on peut en faire usage pour fixer quelque époque. Je ne dis rien d'un herbier chinois attribué à *Chin-nong*, ni d'un livre de médecine attribué à l'empereur *Hoang-ti*. Le premier ouvrage n'a été vu jusqu'ici de personne, et l'on n'en rapporte que des choses vagues et peu distinctes ; tout se réduit à quelques traditions dont l'antiquité et l'authenticité ne sont pas bien constatées. *Lie-tse*, sectateur de *Tao*, cite quelquefois un livre de *Hoang-ti* ; *Lu-pou-ouey* dit que du temps du même de *Hoang-ti* un mandarin travailla sur la médecine ; mais il n'est nullement prouvé que le livre qu'on dit avoir été fait par *Hoang-ti*, soit un livre de ce temps-là. On fait dire à *Hoang-ti* et aux mandarins de son temps, *dans l'antiquité la plus reculée* ; ainsi, si ce livre était du temps de *Hoang-ti*, ce serait un grand argument pour l'antiquité chinoise ; mais il paraît être fort au-dessous du temps de *Hoang-ti*.

Le livre appelé *Kia-yu* ou Discours familier de *Confucius*, parle, non des temps avant *Fou-hi*, mais des empereurs avant *Yao*. Ce livre est du temps de la dynastie de *Han*, c'est-à-dire, après l'incendie des livres. On peut bien s'en servir pour faire voir le sentiment des Chinois qui ont écrit *après* l'incendie des livres sur leur chronologie, mais nullement pour faire connaître le sentiment des auteurs chinois qui ont écrit *avant* l'incendie des livres.

EUL-YA.

Le livre *Eul-ya*, fait, selon les apparences, au temps de la dynastie de *Tcheou* appelé *Tchen-koue*, contient des choses curieuses, en particulier sur l'ancienne astronomie, mais il n'y a rien pour la chronologie chinoise; ce livre est une espèce de dictionnaire chinois.

CHAN-HAY-KING.

Pour le livre *Chan-hay-king*, quelques Chinois ont dit que c'est un livre fait du temps de l'empereur *Yu*. C'est un ramas de mauvais goût et fabuleux, fait par quelque partisan de la secte de *Tao*, ou du temps de la dynastie *Tsin*, ou au commencement de la dynastie *Han*. Ce livre défigure l'histoire chinoise, surtout avant les temps de *Yao*; ce n'est qu'un tissu de fables dans ce qu'il dit des montagnes des quatre parties de la Chine et de quelques pays étrangers, et dans les descriptions qu'il fait de ce qu'on voit de curieux et extraordinaire. Il se plaît à représenter des monstres qu'il traite d'esprits; c'est une mythologie où on voit quelques anciennes traditions.

SENTIMENS DES AUTEURS CHINOIS
QUI ONT ÉCRIT APRÈS L'INCENDIE DES LIVRES, SUR LA CHRONOLOGIE.

CHRONOLOGIE DE *SSE-MA-TSIEN*.

Hoang-ti.	Yao règne encore avec Chun 28 ans
Tchouen-hiu, petit-fils de Hoang-ti.	Yao meurt. Après trois ans de deuil,
Ty-ko, arrière petit-fils de Hoang-ti.	Chun monte sur le trône et règne
Tchi, fils de Ty-ko.	seul 22 ans, et avec Yu 17.
Yao, frère de Tchi, règne seul 70 ans.	

DYNASTIE DE *HIA*.

Après trois ans de deuil, Yu(1)monte sur le trône, règne dix ans et fonde la dynastie Hia.

Ki, fils de Yu.

Tay-kang, fils de Ki.

Tchong-kang, frère de Tay-kang.

Siang, fils de Tchong-kang.

Chao-kang, fils de Siang.

Chou, fils de Chao-kang.

Hoay, fils de Chou.

Mang, fils de Hoay.

Sie, fils de Mang.

Pou-kiang, fils de Sie.

Kiong, frère de Pou-kiang.

King, fils de Kiong.

Kong-kia, fils de Pou-kiang.

Kao, fils de Kong-kia.

Fa, fils de Kao.

Kie, fils de Fa.

Tang défait en bataille l'empereur *Kie* et fonde la dynastie *Chang*. *Tang* descendait de *Ty-ko* à la 14e génération.

Sse-ma-tsien donne le nom de cinq *Ti* aux empereurs *Hoang-ti*, *Tchouen-hiu*, *Ty-ko*, *Yao*, *Chun*. Selon cet historien, les descendans de *Chin-nong* gouvernant très-mal, beaucoup de princes se révoltèrent et eurent recours au prince *Hien-yuen*, pour réprimer les princes qui vexaient les peuples. *Hien-yuen* prit les armes et remporta de grandes victoires sur les descendans de *Chin-nong*; il défit surtout et tua un mauvais prince appelé *Tchi-yeou*, dans le pays qu'on dit être aujourd'hui *Yen-kin-tcheou* du *Pe-tche-ly*. Après ces victoires, *Hien-yuen* fut reconnu empereur: c'est celui qu'on nomme *Hoang-ti*. *Sse-ma-tsien*, dans plusieurs endroits de son histoire, suppose *Chao-hao* empereur, mais il ne le met pas dans sa liste; peut-être a-t-il supposé que *Chao-hao* régnait dans une partie de l'empire, tandis que *Hoang-ti* régnait dans l'autre. Il y a eu quelque erreur dans les nombres pour le règne de *Chun* et celui de *Yao*. Il faut s'en tenir à ce que dit le *Chou-king*.

(1) Petit-fils de *Tchouen-hiu*.

DYNASTIE DE *CHANG.*

EMPEREURS.	EMPEREURS.
Tang (c'est Tching–tang).	Tsou-ting , fils de Tsou-sin.
Ouay-ping , règne 3 ans.	Nan-keng , fils de Ou-kia.
Tchong-gin , règne 4 ans.	Yang-kia , fils de Tsou-ting.
Tay-kia , petit-fils de Tching-tang.	Pan-keng , frère de Yang-kia.
Ou-ting , fils de Tay-kia.	Siao-sin , frère de Pan-keng.
Tay-keng , fils de Ou-ting.	Siao-y , frère de Siao-sin.
Siao-kia , fils de Tay-keng.	Vou-ting , fils de Siao-y.
Yong-ki , frère de Siao-kia.	Tsou-keng , fils de Vou-ting.
Tay-ou , frère de Yong-ki.	Tsou-kia , frère de Tsou-keng.
Tchong-ting , fils de Tay-ou.	Lin-sin , fils de Tsou-kia.
Ouay-gin , frère de Tchong-ting.	Keng-ting , frère de Lin-sin.
Ho-tan-kia , frère de Ouay-ting.	Vou-y , fils de Keng-ting.
Tsou-y , fils de Ho-tan-kia.	Tay-ting , fils de Vou-y.
Tsou-sin , fils de Tsou-y.	Y , fils de Tay-ting.
Ou-kia , frère de Tsou-sin.	Sin ou Tcheou , fils de Y.

Vou-vang défait en bataille rangée l'empereur *Sin* et fonde la dynastie *Tcheou.* Depuis *Hoang-ti* jusqu'à l'empereur *Sin* ou *Tcheou* , 46 générations. (1) Depuis *Hoang-ti* jusqu'à *Vou-vang* , 19 générations. *Vou-vang* descendait du prince *Heou-tsi*, fils de l'empereur *Ty-ko.* De *Heou-tsi* à *Vou-vang* , 16 générations.

Tay-ting fils aîné et héritier de *Tching-tang* mourut du vivant de son frère; *Ouay-ping* et *Tchong-gin* étaient frères de *Tay-ting.*

Sse-ma-tsien dit que *Chun* est le 8e descendant de *Hoang-ti.* Les auteurs postérieurs ont remarqué que cela ne s'accorde pas avec la généalogie de *Yu* , contemporain de *Chun.* De même , les auteurs postérieurs remarquent que les générations comptées pour *Vou-*

(1) Le manuscrit, qui a servi à l'impression, porte 46 *générations*. Le P. Gaubil avait vraisemblablement écrit 36 *générations*. (Note de l'Editeur.)

vang, contemporain de l'empereur *Sin*, ne s'accordent pas avec les générations marquées pour *Sin*.

Par le caractère *chi* (génération) on entend tantôt l'espace de trente ans, tantôt une succession, ou le règne d'un prince. Les uns disent que *Sse-ma-tsien*, en parlant des générations de *Hoang-ti* à *Vou-vang*, n'a voulu parler que des princes qui se sont rendus illustres, et non des autres; d'autres disent que *Sse-ma-tsien* a parlé sur ce point sans connaissance exacte, et sur des mémoires fautifs. Dans la 3ᵉ partie, on dira quelque chose de ces générations.

DYNASTIE DE *TCHEOU.*

EMPEREURS.

Vou-vang règne 2 ans.

Tching-vang, fils de Vou-vang.

Kang-vang, fils de Tching-vang.

Tchao-vang, fils de Kang-vang.

Mou-vang, fils Tchao-vang règne 55 ans.

Kong-vang, fils de Mou-vang.

Y-vang, fils de Mou-vang.

Hiao-vang, frère de Kong-vang.

Y-vang, fils de Y-vang.

Li-vang, fils de Y-vang, 37 ans.

Ensuite il y a une régence de 14 ans, après lesquels Y-vang meurt.

Suen-vang, fils de Li-vang, 46 ans.

Yeou-vang, fils de Suen-vang, 11 ans.

Ping-vang, fils de Yeou-vang, 51 ans.

Houan-vang, petit-fils de Ping-vang, 23 ans.

Tchoang-vang, fils de Houan-vang, 15 ans.

Li-vang, fils de Tchoang-vang, 5 ans.

Hoey-vang, fils de Li-vang règne 25 ans.

EMPEREURS.

Siang-vang, fils de Hoey-vang, 33 ans.

King-vang, fils de Siang-vang, 6 ans.

Kouang-vang, fils de King-vang, 6 ans.

Ting-vang, frère de Kouang-vang, 21 ans.

Kien-vang, fils de Ting-vang, 14 ans.

Ling-vang, fils de Kien-vang, 27 ans.

King-vang, fils de Ling-vang, 25 ans.

King-vang, fils de King-vang, 43 ans.

Yuen-vang, fils de King-vang, 8 ans.

Ting-vang, fils de Yuen-vang, 28 ans.

Son premier fils règne 3 mois, le second règne 5 mois, et le troisième, Kao-vang, règne 15 ans.

Ouey-lie-vang, fils de Kao-vang, 24 a.

Gan-vang, fils de Ouey-lie-vang, 26 a.

Lie-vang, fils de Gan-vang, 7 ans.

Hien-vang, frère de Lie-vang, 48 ans.

Chin-tsin-vang, fils de Hien-vang, 6 a.

Nan-vang, fils de Chin-tsing-vang, 59 ans.

Sept ans après, la dynastie Tcheou est détruite.

DYNASTIE DE *TSIN*.

Tchouang-siang-vang règne en tout trois ans. Il détruisit les restes de la dynastie *Tcheou*.

Tsin-chi-hoang qui passait pour fils de *Tchouang-siang-vang* règne 37 ans ; *Eul-chi* fils de *Tsin-chi-hoang* règne 3 ans, c'est-à-dire, qu'on compte pour son règne trois ans. On a parlé de l'histoire de *Tsin*, on la voit dans l'ouvrage de *Sse-ma-tsien*.

L'ouvrage de *Sse-ma-tsien* est appelé *Sse-ki*, c'est-à-dire, *Livre et mémoires pour l'histoire*, ou *Livre des Historiographes*. Il commence par *Hoang-ti* et finit à la 4ᵉ année appelée *tien-han* de l'empire de *Vou-ti*, empereur de *Han* : cette 4ᵉ année *tien-han* est l'an 97 avant J.-C.

La 1ʳᵉ année de l'empire de *Lieou-pang*, surnommé *Kao-tsou*, ou *Kao-ti*, fondateur de la dynastie *Han*, est l'an 206 avant J.-C.

En remontant jusqu'à la 1ʳᵉ année de la régence appelée *Kong-ho*, du temps de l'empereur *Li-vang* père de *Suen-vang*, cette première année est l'année 841 avant J.-C. ; et dans le catalogue des empereurs de l'ouvrage de *Sse-ma-tsien*, cette 1ʳᵉ année a le caractère *keng-chin* dans le cycle de 60. De cette 1ʳᵉ année de la régence *Kong-ho*, jusqu'au règne de *Hoang-ti*, *Sse-ma-tsien* n'a pas marqué les années ; je ne sais d'où il a pris le nombre de 55 ans pour le règne de *Mou-vang*, celui de 37 pour le règne de *Li-vang* avant la régence *Kong-ho*, et celui de 2 ans pour le règne de *Vou-vang*. Le nombre des années pour *Chun* et *Yao*, n'est pas conforme au nombre rapporté

dans le *Chou-king* ; le nombre de 10 ans pour *Yu*, n'est pas
conforme au nombre qu'on a vu rapporté par *Meng-tse* :
or le *Chou-king* et *Meng-tse* sont d'une autorité au dessus
de celle de *Sse-ma-tsien.* On ne saurait déterminer à
quelle année avant J.-C. répond, selon *Sse-ma-tsien*, ou
la 1ʳᵉ année de *Vou-vang*, ou la 1ʳᵉ année de *Tching-tang*,
ou la 1ʳᵉ année de *Yu*, *Chun*, *Yao* et autres jusqu'à
Hoang-ti.

Dans ce qu'on a rapporté du *Chou-king*, on a vu ce que
le chapitre *Vou-y* dit du nombre des années des règnes de
quelques empereurs de la dynastie de *Chang*, et du
règne particulier de *Ven-vang* dans sa principauté de
Tcheou. Tcheou-kong frère de *Vou-vang* fit ce chapitre
Vou-y. Sse-ma-tsien, dans l'extrait de la vie de *Tcheou-
kong*, dit que ce prince fut régent de l'empire les 7 premières années du règne de *Tching-vang*, et fut le premier prince de *Lou.* Dans ce même extrait , *Sse-ma-
tsien* rapporte les années des règnes dont parle le chapitre *Vou-y*, et il dit, d'après ce chapitre, que *Ven-vang*
régna 50 ans dans la principauté de *Tcheou.* Le nombre
de 3 et 4 ans que *Sse-ma-tsien* assigne pour *Ouay-ping*
et *Tchong-gin* fils de *Tching-tang*, est pris du chapitre
Vou-y ; *Sse-ma-tsien* a cru que le nombre de 3 et 4 années dont parle le chapitre *Vou-y* , regardait les deux
fils de *Tching-tang*,

Sse-ma-tsien dit que depuis la mort de *Tcheou-kong*
jusqu'à la naissance de *Confucius*, il y a un intervalle de
500 ans. Selon *Sse-ma-tsien*, l'année de la naissance de
Confucius répond à l'année 551 avant J.-C. Ainsi la
mort de *Tcheou-kong* serait l'an 1051 avant J.-C. Cet
auteur

auteur ne dit pas à quelle année du règne de *Tching-vang* mourut *Tcheou-kong*; le livre *Tchou-chou* marque sa mort à la 21e année de *Tching-vang* ; si c'était là l'année que *Sse-ma-tsien* croyait être celle de la mort de *Tcheou-kong*, la 1re année de *Vou-vang* et de la dynastie *Tcheou* serait, selon lui, vers l'an 1074 avant J.-C.

Sse-ma-tsien dit que la dynastie *Chang* a duré 600 ans, et qu'il y a un espace de 1000 ans entre *Ven-vang* et *Heou-tsi*, chef de la dynastie *Tcheou* ; il dit que *Heou-tsi* fut fait prince d'un état, dans le temps que *Chun* gouvernait sous l'empereur *Yao*. *Sse-ma-tsien* ne dit pas où il faut prendre le commmencement de l'intervalle de 1000 ans. Supposé qu'il faille le prendre au commencement du règne de *Ven-vang*, le commencement de ce règne ayant été, selon *Sse-ma-tsien*, 62 ans (1) avant la première année de *Vou-vang*, le temps où *Heou-tsi* fut fait prince sera vers l'an 2136 avant J.-C., et par là on peut voir à quelle année avant J.-C. l'on peut faire répondre la première année de *Yao* et la première année de *Yu*, selon *Sse-ma-tsien*. Pour la première année de *Tching-tang*, fondateur de la dynastie *Chang*, elle est selon *Sse-ma-tsien*, vers l'an 1674 avant J.-C.

Entre le temps de l'élévation de *Heou-tsi* et la première année de *Yao*, il y a au moins 70 ans ; ainsi la première année de *Yao* sera 2206 ans avant J.-C., et si de cette somme on ôte 150 ans pour l'espace qu'il y a entre la première année de *Yao* et la première année de *Yu*, la première année de *Yu* sera l'an 2056 avant J.-C. De 2056 ôtez 1674, nombre des années avant J.-C. auquel répond, suivant *Sse-ma-tsien*, la première année de *Tching-tang*, il s'ensuit

(1) *Vou-vang* fut douze ans prince de *Tcheou* avant d'être empereur.

que la chronologie de *Sse-ma-tsien* donnerait 382 ans pour la durée de la dynastie *Hia*. Mais on voit que ces déterminations sont peu exactes : *Sse-ma-tsien* ne dit pas au juste l'année de *Heou-tsi*, et de *Ven-vang*, termes de l'espace de 1000 ans, et en rapportant les nombres de 1000, de 600, de 500 ans, il n'a prétendu parler qu'à peu près. D'ailleurs, il assure qu'il ne compte nullement sur le nombre d'années depuis *Hoang-ti*, marqué dans des livres qu'il dit avoir lus : c'étaient les généalogies depuis *Hoang-ti*, et la généalogie particulière de la famille de *Tcheou*. Ces livres, dit *Sse-ma-tsien*, ne s'accordent nullement pour le nombre d'années; voilà pourquoi, ajoute-t-il, depuis *Hoang-ti* jusqu'à la première année de la régence *Kong-ho*, on ne marque que les noms des empereurs, et ce n'est qu'à partir de la première année de cette régence, qu'on peut marquer les années des règnes.

Cet auteur dit de même que depuis l'empereur *Vou-vang*, en remontant jusqu'à *Hoang-ti*, on ne peut pas faire grand fonds sur ce qui se disait de l'histoire des princes tributaires, et qu'il n'y avait pas de mémoires suffisans, mais qu'on avait de bons mémoires depuis *Vou-vang*. *Sse-ma-tsien* ajoute qu'il ne sait rien de certain avant *Chin-nong*. Il parle pourtant de *Fou-hi*, et même de quelque autre prince avant *Fou-hi*; mais quand il en parle, c'est en rapportant les paroles des autres, sans dire son sentiment : d'ailleurs il en dit assez en disant qu'il ne sait rien avant *Chin-nong*. Au reste, ce que dit *Sse-ma-tsien* ne doit pas être regardé, en fait de chronologie, comme un système d'un auteur particulier; il rapporte le résultat d'un examen fait par le tribunal de l'histoire dont il était president.

Quand *Lieou-pang* se vit maître de l'empire, l'an 206 avant J.-C., il fit faire la recherche des livres et des savans, et surtout le tribunal pour l'histoire eut ordre de ramasser tous les mémoires d'histoire et de chronologie : ces mémoires furent examinés avec soin, et *Sse-ma-tan*, père de *Sse-ma-tsien* président du tribunal de l'histoire, rangea ces mémoires. Deux princes de la famille impériale trouvèrent quelques livres. Les uns furent trouvés par le *Régulo* de *Ho-kien*, prince fort savant, et qui faisait de grandes dépenses pour se faire une bibliothèque. On eut de lui des exemplaires du *Chou-king*, plus corrects que ceux qu'on avait déjà trouvés, le *Chi-king*, le *Tchun-tsieou*, le livre sur l'obéissance filiale et les commentaires de *Tso-kieou-ming*, etc. Tous ces livres furent examinés, et le prince fut fort loué pour son bon choix. L'autre prince de la famille impériale s'appelait *Hoay-nan-tse*; il était dans la province de *Kiang-nan* d'aujourd'hui. C'était un homme très-savant, mais entêté des principes de la secte de *Tao*, et plein d'idées extraordinaires sur l'antiquité avant le temps de *Yao*. Il avait dans son palais une espèce d'académie de savans de toute espèce. Ce prince envoya quantité de livres qui furent rejetés, surtout en ce qui regardait la chronologie. Il fit lui-même un livre qui subsiste et qui n'est qu'un ramas informe sur la religion, la physique, la métaphysique, l'antiquité, l'astronomie ou astrologie; partout il revient à son système ou aux idées de la secte de *Tao*.

Ces sectateurs de *Tao*, à l'exemple de *Lie-tse*, défiguraient l'histoire chinoise avant *Yao*, et plaçaient, par exemple, le temps de *Fou-hi*, 100,000 ans et plus avant le temps des *Han*; d'autres plaçaient *Hoang-ti*,

3000, ou 4000 ans avant l'empereur *Vou-ti* des *Han* (1).
D'autres savans, même du tribunal de l'histoire, disaient
que de *Hoang-ti* à la troisième année appelée *yuen-fong* (2) de *Vou-ti*, il y avait plus de 6000 ans, quelques-uns disaient 3629 ans. On disait qu'entre *Chin-nong* et
Hoang-ti, il y avait eu des empereurs au nombre de huit :
dix entre *Hoang ti* et *Chao-hao* ; huit entre *Chao-hao* et
Tchouen-hiu; deux entre *Tchouen-hiu* et *Ty-ko*, et quel-
ques-uns entre *Ty-ko* et *Yao* : tous ces règnes entre
Chin-nong et *Yao* faisaient la somme de 4290 ans. On
débitait encore qu'entre la dynastie de *Chang* et celle de
Tcheou, il y avait eu une impératrice appelée *Li-chan-nu.*

NOTES.

1° Des sectateurs de *Tao*, c'est-à-dire, des gens de la secte
de ce nom, publièrent que *Lao-kun* (3), chef de cette secte, avait
fait un voyage au pays de *Ta-tsin*, c'est-à-dire dans ces vastes pays
situés entre la mer Caspienne et la Méditerranée, comme une bonne
partie de la Perse, la Mésopotamie, l'Arménie, la Syrie, la Judée, etc.

2° La secte de *Tao* a pris beaucoup de l'ancienne religion des
Perses, et elle a abusé de plusieurs traditions et traits d'histoire
des juifs, par exemple sur *Enoch*, le Paradis terrestre, l'arbre de vie
et autres choses, qu'elle a voulu appliquer à l'histoire chinoise, et
au pays de la Chine.

3° *Hoay-nan-tse* dit que du temps du *Tchun-tsieou*, un prince
de *Lou* combattit avec un général du pays de *Han*. Le fort du combat fut au coucher du soleil, alors le prince leva son sabre et regarda
le soleil, comme pour lui donner un signal. Le soleil retrograda de
trois *che*. *Che* exprime en chinois la quantité du mouvement de
la lune pour un jour. Il paraît que c'est une tradition des miracles de
Josué et d'*Ezéchias*. Du temps de *Hoay-nan-tse*, il y avait des juifs
à la Chine, il y en avait même du temps de la dynastie de *Tcheou.*

(1) La 1re année de son règne est l'an (3) Le père Couplet dit que *Lao-kun*
140, et la dernière, l'an 87 avant J.-C.   naquit dans la province de *Hou-kouang*
(2) 108 ans avant J.-C.   l'an 604 avant J.-C.

On employa plusieurs années à examiner les divers mémoires de chronologie. L'illustre *Kong-gan-koue* avait déjà mis en caractères usuels le *Chou-king*, et fait un petit commentaire fort clair; il rejeta tout ce qui se disait avant *Fou-hi*, ensuite il mit *Chin-nong*, *Hoang-ti*, *Chao-hao*, *Tchouen-hiu*, *Ty-ko*, *Yao*, *Chun*; les trois dynasties *Hia*, *Chang*, *Tcheou*. *Tong-tchong-chou*, savant du premier ordre et zélé disciple de *Confucius*, rejeta le système des partisans de *Tao*, et fut du sentiment de *Kong-gan-koue*. Malgré le penchant de *Vou-ti* pour la secte de *Tao*, et ce qu'elle disait des temps avant *Yao*, *Sse-ma-tsien* eut ordre de publier ce qu'on avait ramassé sur la chronologie, comme contenant ce qu'on savait de certain, ou du moins ce qu'on avait de mieux sur l'antiquité.

NOTE.

Sse-ma-tsien fit des voyages, dont il rend compte, dans les quatre parties de l'empire pour examiner les anciens monumens, et conférer avec les savans de tous ces divers pays. Outre l'histoire de la famille de *Tsin*, dont j'ai rendu compte, et ce que *Lieou-pang* fit garder avec soin sur les descriptions de l'empire, *Sse-ma-tsien* ramassa dans ses voyages des mémoires sur ce qui se disait des lieux des anciens empereurs et princes, sur la vie de *Confucius*, *Meng-tse* et autres savans, sur les habiles généraux et ministres, sur les généalogies des princes tributaires, sur la religion, l'astronomie, les livres perdus, la musique, les pays étrangers; il compara ces divers mémoires avec ceux qu'on avait déjà. Tout fut examiné et rangé. On fit un livre considérable appelé *Sse-ki*, comme j'ai dit, et qui est un livre essentiel et bien nécessaire pour l'histoire chinoise.

Sse-ma-tsien paraît faire beaucoup de cas du livre appelé *Kia-yu*, et du livre de *Tay-te*. Le premier, quoique

fait peu de temps avant *Sse-ma-tsien*, contient des monumens de l'antiquité, selon cet auteur. Dans ce livre, on voit
deux sentimens sur les cinq *Ti*. Selon les uns, les cinq *Ti*
sont ceux de *Sse-ma-tsien*. Selon les autres, ce sont *Fou-hi*,
Chin-nong, *Ho-ang ti*, *Chao-hao* et *Tchouen-hiu*. C'est
là qu'on voit *Fou-hi* désigné par le bois et représentant
le printemps, *Chin-nong* désigné par le feu et représentant l'été, *Chao-hao* désigné par les métaux et représentant l'automne, *Tchouen-hiu* désigné par l'eau et représentant l'hiver; *Hoang-ti* est désigné par la terre et est représenté au milieu. Dès ce temps-là, le printemps désignait l'orient, l'été désignait le midi, l'automne désignait l'occident. (1) Chacun de ces cinq *Ti* avait un grand
homme de l'antiquité qui lui répondait. Dans les honneurs
rendus aux cinq *Ti*, et aux grands hommes qui leur cor-
respondaient, le livre *Kia-yu* ne parle d'aucun prince
avant *Fou-hi*. Le livre de *Tay-te* fut aussi fait peu de
temps avant *Sse-ma-tsien*, qui assure que, dans ce livre,
il y a des monumens de l'antiquité, sur lesquels on peut
compter. Pour les empereurs avant la dynastie *Hia*, *Tay-*
te ne parle que de ceux dont parle *Sse-ma-tsien*; il traite
beaucoup des cérémonies. *Tay-te* est celui qui eut le plus
de part à l'examen et à l'arrangement du livre *Li-ki*.
Il dit que *Hoang-ti* régna cent ans, et il dit cela
d'après des anciens qui citaient *Confucius*. *Tay-te* a mis
dans son recueil un fragment d'un calendrier de la
dynastie *Hia*, et ce monument n'est pas révoqué en
doute : il peut être d'usage pour l'astronomie. On y voit

---

(1) Il paraît qu'il y a ici une omission   ajouter, *et l'hiver désignait le nord*,
dans le manuscrit, et que l'auteur a dû   (Note de l'Editeur.)

le solstice d'hiver marqué à la 11ᵉ lune, et la coutume de remarquer plusieurs étoiles considérables, dans leur passage par le méridien.

CHRONOLOGIE DE *PAN-KOU*.

EMPEREURS.

EMPEREURS.

Tay-hao, ou Pao-hi, (c'est Fou-hi.)

Kong-kong.

Chin-nong ou Yen-ti.

Hoang-ti.

Chao-hao, fils de Hoang-ti.

Tchouen-hiu.

Ty-ko.

Tchi.

Yao, fils de Ty-ko, règne 70 ans.

Chun règne 50 ans.

Yu fonde la dynastie Hia, elle dura 432 ans; elle eut 17 empereurs.

Tching-tang, après avoir vaincu Kie, dernier empereur de la dynastie Hia, fonda la dynastie Chang ou Yn: cette dynastie dura 629 ans, elle eut 31 empereurs.

Tching-tang régna 13 ans.

Vou-vang, fils du prince Ven-vang, après avoir vaincu Tcheou, dernier empereur de Chang, fonde la dy-

nastie Tcheou.

Vou-vang régna 7 ans.

Tcheou-kong fut régent de l'empire, pendant 7 ans.

Ensuite l'empereur Tching-vang règne 30 ans.

Tching-vang, à la première année de son règne, fait Pe-kin, fils de Tcheou-kong, prince de Lou. Le règne de Pe-kin fut de 46 ans.

L'an de sa mort est la 16ᵉ année de Kang-vang, successeur de Tching-vang. Après Kang-vang, Tchao-vang fut empereur.

La dynastie de Tcheou eut 36 empereurs et dura 867 ans; 7 ans après, Tchouang-siang-vang, prince de Tsin, fut empereur et régna 3 ans.

Chi-hoang régna 37 ans.

Eul-chi régna 3 ans.

Ensuite *Kao-tsou* fonda la dynastie de *Han.* — *Pan-kou* met les années de chaque règne des peuples de *Lou*, depuis le dernier *King-kong* jusqu'à *Pe-kin.* Il dit que *King-kong* fut vaincu par le roi de *Tchou*, quatre ans avant la première année de *Chi-hoang*, roi de *Tsin*, qui fut ensuite empereur. — Dans l'exemplaire de la chronologie de *Pan-kou*, on a omis les 28 ans que *Chun* régna avec *Yao*, marqués dans le *Chou-king.*

NOTES.

1° L'an 58 après J.-C. fut la première année de l'empereur *Ming-ti* des *Han*, et l'an 70 fut la dernière de son règne. C'est surtout sous ce prince que *Pan-kou* se fit une grande réputation, étant à la tête du tribunal de l'histoire. Son père *Pan-piao* avait eu la même dignité ; une de ses sœurs fut une dame très-savante. *Pan-kou* fit l'histoire des *Han* occidentaux dont le premier empereur fut *Kao-tsou*. La première année de son règne fut l'an 206 avant J. C. Cette histoire de *Pan-kou* est fort estimée ; c'est là qu'on voit la chronologie de *Pan-kou* : on y apprend qu'il eut des papiers laissés par *Lieou-hin*. Celui-ci fut historien et astronome quelques années avant J.-C; il était fils de *Lieou-hiang*, qui travailla beaucoup au rétablissement de la littérature chinoise.

2° Sur d'anciens mémoires, *Pan-kou* et *Lieou-hin* ont cru pouvoir mettre *Kong-kong* au nombre des rois, et reprendre *Sse-ma-tsien* de n'avoir pas mis *Chao-hao* au nombre des empereurs.

3° Quoique *Pan-kou* parle d'un livre qu'on disait contenir les années des règnes depuis le commencement de l'empire chinois, il n'a pas mis les années des règnes avant *Yao*.

4° *Pan-kou* avait vu et examiné tous les mémoires de ses prédécesseurs et de *Sse-ma-tsien* ; il serait à souhaiter qu'il eût marqué en détail les mémoires sur lesquels il a assigné la durée des dynasties *Tcheou*, *Chang*, *Hia*, ce que *Sse-ma-tsien* n'aurait pu faire. Pour ce qui regarde la durée de la dynastie *Tcheou*, il dit l'avoir tirée des annales des princes de *Lou*. Il dit aussi que de la première année du *Tchun-tsieou*, ou du règne de *Yu-kong* prince de *Lou*, il y a 400 ans jusqu'à la première année du règne de *Vou-vang*. Par ce qu'on a vu de *Sse-ma-tsien* (cela est démontré d'ailleurs) la première année du *Tchun-tsieou* est l'an 722 avant J.-C. La première année de *Vou-vang* est donc, selon *Pan-koù*, l'an 1122 avant J.-C.; car il met depuis la première année du règne de *Kao-tsou*, premier empereur des *Han*, jusqu'à la première année de *Tchun-tsieou*, le même nombre d'années que *Sse-ma-tsien*. Celui-ci ne rapporte pas en entier les règnes des princes de *Lou* avant le *Tchun-tsieou*. Il est probable qu'entre les temps de *Sse-ma-tsien* et de *Lieou-hin* et *Pan-kou*, on trouva des mémoires plus détaillés et plus sûrs.

5° Le *Koue-yu*, de même que *Pan-kou*, met 31 empereurs pour la dynastie *Chang*; *Sse-ma-tsien* en met 30 : ces trois auteurs mettent deux empereurs entre *Tching-tang* et *Tay-kia*.

6° *Pan-kou* prétend démontrer l'époque de *Tay-kia* par la comparaison des solstices d'hiver. Dans la troisième partie, on examinera la comparaison de ces solstices, et on verra le faux des conclusions de *Lieou-hin* et *Pan-kou*. *Pan-kou* supposant certaine et même démontrée sa durée de la dynastie *Chang*, dit que ceux qui ont fait cette durée seulement de 446 ans, se sont trompés.

7° On voit que, selon *Pan-kou*, la première année de *Tching-tang* fut l'an 1751 avant J.-C ; la première année de *Yu* sera donc l'an 2183 avant J.-C. Ajoutez à cette somme 150 ans marqués par le *Chou-king* pour *Chun* et *Yao*, la première année de *Yao* sera l'an 2333 avant J.-C., selon *Pan-kou*.

CHRONOLOGIE DE QUELQUES SECTATEURS DE *TAO*.

Les vrais lettrés chinois n'ont osé décider sur les temps avant *Fou-hi*, et quoique persuadés du commencement du monde, ils n'ont su déterminer l'époque de ce commencement, ayant perdu les traditions anciennes. Les sectateurs de *Tao* ont été plus hardis : ils ont mis des espaces de temps très-considérables entre *Fou-hi* et *Yao*, et même au-dessus de *Fou-hi*; mais ils ont dit constamment et clairement que le monde a eu un commencement. Ces fauteurs de la secte de *Tao*, après avoir supposé des règnes anciens sous le titre de *ciel*, *terre*, ont parlé du règne de l'*empereur homme*, et le temps entre cet empereur homme et la fin du *Tchun-tsieou* (481 ans avant J.-C.) est, selon les uns, de 2,760,000 ans, selon les autres, de 227,600 ans. Cet espace de temps est divisé en dix périodes. On ne dit pas clairement combien d'années sont contenues dans chaque période. *Fou-hi* se trouve dans la neuvième période, et *Chin-*

nong la finit. Dans cette neuvième période on voit des vestiges d'un déluge causé par un mauvais prince, nommé *Kong-kong* ; il fut tué par *Nu-oua* qui arrêta le déluge, en redressant le ciel, et se servant d'une pierre de cinq couleurs. *Nu-oua* pouvait souvent changer de figure ; *Kong-kong*, selon quelques-uns, était un esprit qui paraissait sous la forme d'un dragon aîlé. La dixième période commence à *Hoang-ti* et finit à la fin du *Tchun-tsieou*, c'est-à-dire, au *Tchun-tsieou* fait par *Confucius*, et qui comprend depuis la première année de *Yn-kong* prince de *Lou* (722 ans avant J.-C.), jusqu'à la quatorzième année de *Gai-kong*, prince de *Lou* (481 avant J.-C.)

NOTES.

1° Cette chronologie fabuleuse fut débitée du temps des *Han*, soit avant *Pan-kou*, soit après *Pan-kou*. Cet historien n'en a rien dit ; mais les historiens de cette dynastie, après *Pan-kou*, en ont parlé. C'est de-là que des auteurs postérieurs ont pris leurs règnes fabuleux, soit des trois *Hoang* avant *Fou-hi*, soit des autres règnes après *Fou-hi*, mais en augmentant ou diminuant, selon leur caprice, le nombre des règnes et des années ; je dis *caprice*, car ce ne sont que des fables fondées, il est vrai, sur quelque vérité, mais toute défigurée par les diverses traditions.

2° Cette véri é défigurée est la création du ciel, de la terre, des anges, de l'homme, l'histoire des dix premiers patriarches, du déluge et de la dispersion d s fils et petits-fils de Noé. Il y a eu à la Chine des traditions ou mémoires sur ces points ; l'antiquité des Chinois le prou e.

3° Supposé que chaque période ait un nombre égal d'années, on voit que cette chronologie défigure bien l'histoire chinoise avant *Yao* : car de la fin du *Tchun-tsieou* au temps de *Yao*, les sectateurs de *Tao* paraissent avoir suivi la chronologie ordinaire.

4° Il ne faut pas confondre ces espaces de temps de la chronologie fabuleuse des sectateurs de *Tao*, avec les grandes périodes de temps en vogue, soit sur la fin de la dynastie *Tcheou*, soit sous les premiers empereurs de la dynastie *Han ;* ces périodes ont été long-temps en usage à la Chine, et il paraît que les sectateurs de *Tao* en sont les principaux auteurs. Il s'agissait de trouver des méthodes pour les calculs des planètes, des conjonctions de la lune avec le soleil, des éclipses, etc. Ces astronomes ou astrologues imaginèrent des époques feintes, d'une grande distance de temps, de 100,000, ans, 200,000 ans, 400,000 ans, plus ou moins selon leurs vues. Ces méthodes fondées sur des principes ruineux, portaient les noms de *Fou-hi*, *Hoang-ti*, *Tchouen-hiu* et autres ; on y voyait des conjonctions des planètes bien détaillées, à un temps determiné de l'année, et à un lieu des étoiles assigné. On y voyait quelquefois des solstices, avec le jour du cycle de 60 et le lieu dans les étoiles. — Plusieurs ont pris ces soltices et conjonctions systématiques pour des observations faites au temps de *Hoang-ti* et de *Tchouen-hiu*, par exemple : d'autres ont pris ces époques feintes pour le sentiment des Chinois sur le temps de la création, et quelques-uns ont perdu bien du temps à examiner ces prétendues observations et ces systèmes.

5° Les mêmes sectateurs de *Tao* ont fait de *Fou-hi*, *Chin-nong* et autres, des monstres tenant du bœuf, du serpent, du dragon, de l'homme ; on peut dire que ces auteurs ont voulu faire des allégories. De même, quand ils ont dit que ces premiers princes chinois sont nés miraculeusement sans commerce de la femme avec l'homme, ils ont voulu leur donner une origine céleste et les élever au-dessus des hommes ordinaires, mais par là ils n'ont prétendu dire autre chose, sinon que ces princes eurent des qualités et des vertus qui les rendaient dignes d'être les maîtres de l'empire.

6° C'est à l'imitation de la chronologie et de l'histoire fabuleuse chinoise des sectateurs de *Tao*, que les Japonnais ont fabriqué leur ancienne histoire.

DE PLUSIEURS AUTRES CHRONOLOGIES APRÈS LE TEMPS DE *PAN-KOU*.

Quoique plusieurs auteurs Chinois, après le temps de l'historien *Pan-kou*, aient, comme les sectateurs de *Tao*, parlé des rois avant *Fou-hi*, sous les titres de *Tien-hoang*, *Ti-hoang*, *Gin-hoang*, ils n'ont pas pour cela admis les systèmes ridicules de la secte de *Tao* ; mais n'ayant aucun principe fixe pour les temps avant *Fou-hi*, ils ont cru pouvoir assigner les règnes et les années de ces règnes, pour amuser les lecteurs, bien persuadés que la plupart des Chinois s'embarrassent fort peu de voir les preuves de la vérité ou de la fausseté des systèmes sur les temps avant *Fou-hi.* Quantité de savans Chinois ayant examiné les circonstances de l'ancienne histoire pour l'origine des cérémonies, les premiers auteurs des sciences et des arts, et surtout pour l'ancienne manière de vivre, ont conclu que les temps de *Chun*, *Yao*, *Hoang-ti*, *Fou-hi*, ne sont pas bien loin du commencement du monde.

T CHAO-H O A.

Tchao-hoa, auteur illustre du temps de la dynastie des *Han* orientaux (1), a fait un livre curieux sur les royaumes appelés *Ou-yue* (j'en ai parlé dans la 1re partie). Ce livre est appelé *Ou-yue-tchun-tsieou.* Selon cet auteur, la fin du royaume de *Yue* est à une année qui répond à l'an 246 avant J.-C. : car il dit que la dernière année de ce royaume est éloignée de 224 ans de la vingt-septième année du roi de *Yue*, appelé *Keou-tsien.* Or, dans l'histoire, la quatorzième année de *Gai-kong* prince de *Lou* (481 avant J.-C.) concourt avec la seizième année de *Keou-tsien;* la vingt-septième année de *Keou-tsien* est donc l'an 470 avant J.-C. Si on en ôte 224 ans, il reste l'an 246 avant J.-C. pour la dernière année, ou l'année de la destruction du royaume de *Yue. Tchao-hoa* dit que l'empereur *Chao-kang* donna en souveraineté le pays de *Yue* à son fils *Vou-yu*, et que les successeurs de *Vou-yu* ont regné 1922 ans. D'un autre côté, *Tchao-hoa* dit qu'entre la première année de l'em-

(1) Première année de cette dynastie, 25 de J.-C. ; dernière année, 220.

pereur *Tchouen-hiu* et la première année de *Chao-kang*, il y a un intervalle de 424 ans. Ainsi, selon cet auteur, l'annee de la fin du royaume de *Yue* est éloignée de la première année de *Tchouen-hiu*, de 2346 ans ; ajoutez 246 ans, la première année de *Tchouen-hiu* sera l'an 2592 avant J.-C.

TCHAO-KI.

Tchao-ki qui a fait un beau commentaire sur *Meng-tsé*, et est contemporain de *Tchao-hoa*, n'a pas eu occasion de parler, dans son commentaire, des temps avant *Yao*. Dans le commentaire sur ce que *Meng-tse* dit des dynasties *Hia*, *Chang*, et *Tcheou* , *Tchao-ki* suit la chronologie de *Pan-kou* pour ces trois dynasties, et s'en tient à ce que *Meng-tse* et le *Chou-king* rapportent des années des règnes de *Chun* et de *Yao*.

Dans l'histoire de la dynastie des *Han* orientaux , on cite des auteurs qui reprochent à *Pan-kou* et *Lieou-hin*, d'avoir fait la durée des trois dynasties *Hia*, *Chang*, et *Tcheou* trop longue. Mais on ne rapporte pas les fondemens de ce reproche , et on ne dit rien de la quantité à retrancher de la somme des années. Il paraît que la critique tombe surtout sur la durée que *Pan-kou* assigne à la dynastie *Chang*. Le tribunal de l'histoire s'en tint à la chronologie de *Pan-kou* pour la durée de ces trois dynasties.

Après la dynastie des *Han* orientaux , l'histoire parle de trois royaumes dont la chronologie est connue par le P. Couplet. Après ces trois petites dynasties, la dynastie de *Tçin* régna. La première année de cette dynastie fut l'an 266 de J.-C., et la dernière fut l'an 421 ou 422. C'est au temps de cette dynastie *Tçin* , que l'on trouva , l'an 284 de J.-C., la chronologie *Tchou-chou* dont j'ai parlé. Elle fut examinée par le tribunal de l'histoire , et elle fut regardée comme un ancien monument ; mais comme ce qu'on en put déchiffrer n'était pas assez clair , et que la difficulté de reconnaître plusieurs caractères anciens à demi-effacés et rongés des vers , rendait incertaine l'explication de plusieurs de ces caractères , le tribunal s'en tint à la chronologie de *Pan-kou* pour les trois dynasties.

H O A N G-F O U-M I.

Peu d'années avant la découverte de la chronologie du livre *Tchou-chou-ki-nien* , mourut *Hoang-fou-mi*. Cet auteur fit plusieurs ouvrages : l'un nommé *Kao-sse-tchouen* contient l'abrégé de la vie de plusieurs Chinois illùstres , depuis *Yao* jusqu'à son temps ; un autre contient les annales de l'empire. Cet auteur, quoique imbu des principes de la secte de *Tao*, n'a pas admis la chronologie de ceux de cette secte , qui ont placé le temps de *Fou-hi* si longtemps avant *Yao* ; du reste , il admet les fables de cette secte sur la naissance des principaux empereurs chinois, sur la figure monstrueuse de plusieurs , sur *Kong-kong*, *Nu-oua* , l'immortalité de *Hoang-ti* , et autres événemens de l'histoire. *Hoang-fou-mi* donne cent dix ans de règne à *Fou-hi* ; après *Fou-hi* , *Nu-oua* règne ; ensuite il marque quatorze ou quinze règnes jusqu'à *Chin-nong* sans en indiquer les années. *Chin-nong* règne 120 ans. Après *Chin-nong* règnent huit princes de sa famille pendant 530 ans. *Hoang-ti* règne 100 ans, de même que *Chao-hao* ; *Tchouen-hiu* règne 78 ans, *Ty-ko* règne 70 ans , *Tchi* règne neuf ans. La 41ᵉ année du cycle de 60, nommée *kia-tchin*, est la première année de *Yao*, et c'est nécessairement l'an 2357 avant J.-C. : car *Hoang-fou-mi* assigne aux deux règnes de *Yao* et de *Chun* le nombre d'années marqué dans le *Chou-king*, et, selon lui, la durée des trois dynasties *Hia*, *Chang* et *Tcheou*, doit être un peu plus longue que dans *Pan-kou*.

NOTES.

1° *Hoang-fou-mi* a dit en détail le nombre d'années de la plupart des règnes, non seulement depuis la fin de la dynastie *Tcheou* jusqu'à *Suen-vang*, mais même depuis *Suen-vang* jusqu'à *Chin-nong*, sans qu'on sache sur quels mémoires cet auteur a écrit ce détail. La note cyclique *kia-tchin* pour la première année du règne de *Yao*, est un point fondamental dans *Hoang-fou-mi*, et on n'en dit aucune raison, soit que les mémoires soient perdus, soit que cet auteur ait parlé ainsi sans fondement. Ce qu'on rapporte d'ailleurs de sa chronologie sur quelques notes cycliques des années des règnes, ne s'accorde pas avec les sommes totales de ces règnes. On n'a pas aujourd'hui les annales de *Hoang-fou-mi*, on n'en a que des fragmens rapportés par les historiens.

2° *Hoang-fou-mi* est le premier qui a désigné la première année du regne de *Yao* par la note cyclique *kia-tchin*. Cet auteur appuie beaucoup sur cette époque; il donne aux trois dynasties *Hia*, *Chang*, et *Tcheou*, le même nombre d'années que *Pan-kou* (1). Ainsi selon *Hoang-fou-mi*, la première année de *Yao* est l'an 2357 avant J.-C.

3° Je parle assez au long de *Hoang-fou-mi*, parce que dans les mémoires de Trevoux, septembre 1744, on assure que *Hoang-fou-mi* fixe la première année du règne de *Yao* à l'an 2156 avant J.-C. Cela est dit sur le rapport d'un missionnaire dont j'ai vu le manuscrit sur la chronologie. Ce missionnaire prouve ce qu'il dit, par ce qu'on lui avait dit du livre *Kao-sse-tchouen* de *Hoang-fou-mi*. . On lui avait dit que dans ce livre on rapporte le jugement des savans de la dynastie des *Han* orientaux, selon lesquels la première année de *Yao* devait répondre à l'an 2156 avant J.-C. à peu près. Le missionnaire le

(1) Dans *Hoang-fou-mi* il y a quelques années de plus.

souhaitait ainsi, et ce fut sans doute la raison qui le porta à citer en sa faveur ce livre qu'il ne connaissait que par le rapport de quelques Chinois. J'ai le livre *Kao-sse-tchouen*; il n'y a rien sur la chronologie; et il n'y est fait nulle mention des savans de la dynastie *Han*. Ce livre est un abrégé de la vie de plusieurs Chinois, depuis *Yao* jusqu'au temps de *Hoang-fou-mi*.

TOU-YU.

Monseigneur *Maigrot* et le père de Visdelou, missionnaire jésuite et depuis évêque de *Claudiopolis*, ont assuré que c'etait *Confucius* qui avait le premier appliqué les caractères du cycle de 60 aux années de l histoire, dans le *Tchun-tsieou*. *Confucius* n'a nullement mis les lettres du cycle aux années du *Tchun-tsieou*. Voici ce qui a trompé ces deux prélats. *Tou-yu*, fameux, astronome de la dynastie *Tçin* après J.-C., a fait un beau commentaire sur le *Tchun-tsieou*, et a mis les notes du cycle à la tête de chaque année du *Tchun-tsieou*, parce que *Tou-yu* savait la distance certaine de son temps aux années du *Tchun-tsieou*, ou que du moins il croyait la savoir. Le pere Visdelou, se trouvant à *Pe-king*, jeta les yeux sur le commentaire de *Tou-yu*, et comme il était encore assez nouveau dans l'étude de l'histoire chinoise, il attribua à *Confucius* les caractères du cycle de 60, marqués par *Tou-yu*. Il crut avoir fait une découverte, et en fit part au feu père Hardouin, dans une savante lettre qu'il lui écrivit sur l'antiquité chinoise; il crut ensuite devoir en avertir monseigneur Maigrot, qui approuva le sentiment du père de Visdelou et le trouva conforme à ce qu'il savait de *Confucius*. J'indique ici cette anecdote, à cause de *Tou-yu* qui penchait beaucoup pour la chronologie du *Tchou-chou* qu'il cite.

De

De grands mandarins du tribunal de l'histoire, du temps de *Tou-yu*, attribuaient à *Fou-hi* la connaissance des propriétés du triangle rectangle.

Après la dynastie de *Tçin*, éteinte l'an 422 de J.-C., il y eut cinq petites dynasties : *Song*, *Tsi*, *Leang*, *Tchin*, *Soui* ; la dernière de ces 5 dynasties finit l'an de J.-C. 617.

NOTES.

1° Du temps de l'empereur *Hoay-ti* de la dynastie *Tçin*, on voyait une table de pierre où l'on avait marqué le nombre de 2721 ans, écoulés depuis la première année du règne de *Yao* jusqu'à la troisième du règne de *Hoay-ti* (309 de J.-C.).

2° Ce sentiment diffère de celui de *Yu-hi*, contemporain de *Tou-yu*, et astronome comme lui. *Yu-hi* dit que de la première année de *Yao* à son temps, il y a 2700 ans.

TSIAO-TCHEOU.

Vers la fin du temps des trois royaumes, écrivait le fameux *Tsiao-tcheou* ; un de ses livres a le titre d'*Examen de l'ancienne Histoire*. Il suit la chronologie de *Pan-kou* depuis les *Han* jusqu'au temps de *Hoang-ti* ; mais au-dessus du temps de *Hoang-ti*, il met beaucoup de règnes entre *Hoang-ti* et *Chin-nong*, entre *Chin-nong* et *Nu-oua*, entre *Nu-oua* et *Fou-hi*, et beaucoup d'autres entre *Fou-hi* et *Soui-gin*.

PEY-YN, *CHIN-YO*, *YU-KO*, etc.

Durant le temps de la première dynastie *Song*, *Pey-yn* fit un commentaire sur l'histoire de *Sse-ma-tsien* : cet auteur paraît indifférent sur le choix des chronologies de *Pan-kou* et du *Tchou-chou*. *Chin-yo*, historiographe de la dynastie *Leang*, mit au net la chronologie du *Tchou-chou*, et en fit une courte interprétation. Il paraît adopter cette chronologie ; mais *Yu-ko*, astronome de la même dynastie

Leang, soutient que l'éclipse de soleil dont parle le *Chou-king*, fait voir que la première année de *Tchong-kang* est une année qui répond à l'an 2128 avant J.-C., et non à l'an 1952, comme le marque le *Tchou-chou* de l'édition de *Chin-yo*. Au temps de la dynastie *Soui*, les historiens et astronomes *Lieou-hiuen*, *Lieou-tchao*, *Lieou-hiao-tsun*, mirent comme le *Tchou chou* les caractères du cycle *ping-tse* à la première année du règne de *Yao*; mais, selon ces auteurs, cette année *ping-tse* est l'an 2325 avant J.-C., et non l'an 2145 comme le veut le *Tchou-chou* de *Chin-yo*. Ces astronomes se servant des mêmes caractères de l'an et du jour de l'éclipse de soleil que marque le *Tchou-chou* à la cinquième année de *Tchong-kang*, suivent le calcul de *Yu-ko* qui fixe cette éclipse à l'an 2 28 avant J.-C., le 13 octobre; selon le *Tchou-chou* de *Chin-yo*, c'est le 28 octobre 1918 avant J.-C. Le résultat du calcul de *Lieou-tchao* et de *Lieou-hiao-tsun* pour les éclipses du *Chi-king* et du *Tchun-tsieou*, est assez exact. L'astronomie de la première dynastie *Song* dit qu'on ne sait rien de certain avant *Soui-gin* à qui *Fou-hi* succéda, et qu'après *Fou-hi* régnèrent de suite *Yen-ti*, *Huang-ti*, *Chao-hao*, etc.

NOTES.

1° Plusieurs astronomes de la fin des dynasties *Tçin*, *Song*; *Leang*, *Soui*, en comparant le lieu du soleil au solstice d'hiver rapporté aux étoiles pour leur temps, avec le lieu du solstice au temps de *Yao* selon leur système sur les étoiles, n'ont pas prétendu fixer par là l'époque de *Yao*; mais par le moyen du nombre d'anuées qu'ils supposent connu entre leur temps et celui de *Yao*, ils ont voulu déterminer le mouvement propre des fixes.

2° *Ho ching-tien*, astronome des premiers *Song*, vivait l'an 441 de J. C. Il désigne la première année de *Tay-kia*, empereur de la dynastie *Chang*, par les caractères *kouey-hay*.

L'an 627 de J.-C. fut le premier du règne de *Tay-tsong*, second empereur de la dynastie *Tang*. Ce prince fit faire la grande collection dite de treize *King* ou livres classiques. Outre les livres *Chou-king*, *Y-king*, *Chi-king*, *Tchun-tsieou*, *Li-ki*, on donnait alors le nom de *King*, aux livres *Ta-hio*, *Tchong-yong*, *Lun-yu*, *Meng-tse*, aux commentaires du *Tchun-tsieou* faits par *Tso-kieou-ming*, *Kou-leang*, *Kong-hiang*, et aux livres *Hiao-king* (1), *Y-ly* (2), *Tcheou-ly* (3), *Eul-ya* (4). *Kong-yng-ta*, descendant de *Confucius* et le plus habile homme de son temps, eut soin de cette grande collection. Sur chacun de ces livres, il choisit le meilleur commentateur, et y ajouta ses remarques et celles des plus célèbres auteurs. Cela fait un des plus beaux recueils qu'on ait faits sur la littérature chinoise. Pour ce qui regarde la chronologie, on voit ce que *Kong-yng-ta* a recueilli dans les historiens et les interprètes. Il y a beaucoup de répétitions, et on souhaiterait qu'il y eut un peu plus de critique européenne. C'est un défaut assez général dans les livres chinois, surtout dans les collections. On y entasse citations sur citations, redites sur redites, et on a souvent de la peine à voir le sentiment de l'auteur. Dans la collection de *Kong-yng-ta*, on voit beaucoup de citations rapportées par cet auteur sur les trois *Hoang*, les cinq *Ti* ; mais on ne voit pas trop ce qu'il en pense. On remarque qu'il suit la chronologie de *Pan-kou* pour les dynasties *Hia*, *Chang*, *Tcheou* ; il prend de *Meng-tse* et du *Chou-king* les temps des règnes de *Yao* et *Chun* ; il admet *Ty-ko*, *Tchouen-hiu*, *Chao-hao*, *Hoang-ti* ; mais

(1) Sur l'obéissance filiale.
(2) et (3) Sur les rites.

(4) Ce livre est un ancien vocabulaire ou glossaire.

pour le temps et les règnes au-dessus de *Hoang-ti*, il paraît être indifférent et indécis, et se contente de rapporter les divers sentimens. La collection de *Kong-yng-ta* est très-estimée et très-propre à faire d'un lecteur attentif un savant en littérature chinoise.

LE BONZE *Y-HANG*.

Sous le règne de *Hiuen-tsong* (1) empereur de la dynastie *Tang*, le Bonze *Y-hang* passait pour un grand astronome ; il fut président du tribunal pour l'astronomie. Il vérifia par les éclipses la distance de son temps à celui du *Tchun-tsieou* ; il fit une bonne critique des éclipses du livre *Tchun-tsieou*. Avant lui ; *Kiang-ki*, *Tou-yu*, astronomes de la dynastie *Tçin*, et plusieurs autres des dynasties suivantes avaient aussi calculé ces éclipses. Il confirma le calcul que les astronomes du premier empereur de la dynastie *Tang*, et ceux des dynasties *Soui* et *Leang*, avaient fait des éclipses rapportées dans le *Chi-king* et le *Chou-king*, et à l'exemple de ces astronomes, il prétendit que l'éclipse du *Chi-king* était à la sixième année de *Yeou-vang* l'an 776 avant J.-C., le 6 septembre, et l'éclipse du *Chou-king*, l'an 2128 avant J.-C., le 13 octobre. Par les jours du cycle de 60 marqués dans quelques chapitres du *Chou-king*, il fixa l'année 1111 avant J.-C. pour la première année de l'empereur *Vou-vang* et de la dynastie *Tcheou*, l'année 1095 avant J.-C. pour la troisième année de l'empereur *Tching-vang*, et l'année 1056 avant J.-C. pour la douzième année de l'empereur *Kang-vang*. Pour ces années de *Tching-vang* et de *Kang-vang*, il a les mêmes caractères du cycle que le livre *Tchou-chou* ; mais dans le *Tchou-chou* qu'on a aujourd'hui, ces années de *Tching-*

(1) L'an de J.-C. 713, 1er du règne.

vang et de *Kang-vang* sont plus près de notre temps de 60 ans ou d'un cycle entier (1).

Y-hang dit que la dynastie *Chang* dura 628 ans ; il donne treize années de règne à l empereur *Tching-tang*, et, comme le *Tchou-chou*, il désigne sa première année par les caractères *kouey-hay* du cycle de 60. Il désigne la deuxième année de l'empereur *Tay-kia* par les caractères *gin-ou*. Par là on voit que *Y-hang* met un intervalle entre *Tching-tang* et *Tay kia* ; il admettait, sans doute, les deux règnes de *Ouay-ping* et de *Tchong-gin*. On voit encore que selon *Y-hang*, l'an 1738 avant J.-C. est le premier du règne de *Tching-tang*.

Y-hang prétend que *Tay-kang*, empereur de la dynastie *Hia* régna douze ans, et que la dynastie *Hia* dura 432 ans. En comparant cet espace avec la première année de *Tching-tang*, on voit que *Y hang* fixe la première année du règne de *Yu* et de la dynastie *Hia*, à l'an 2170 avant J.-C. : en ajoutant 150 ans pour *Yao* et *hun*, on aura l'an avant J.-C. 2320 pour la première année de *Yao ;* mais à cause des années de deuil, on pourra mettre cette année à l'an 2325, et l'on pourra dire que selon *Y-hang* l'année *ping-tse* dans le cycle est la première année de *Yao*.

Pour les temps avant *Yao*, *Y-hang* n'en parle pas dans ses écrits. On dit qu'il était porté pour les chronologies fabuleuses des temps avant *Yao*.

TCHANG-CHEOU-TSIE ET SSE-MA-TCHING.

Tchang-cheou-tsie et *Sse-ma-tching*. ont commenté l'histoire de *Sse-ma-tsien*; ils étaient contemporains de *Y-hang*. Ils disent que l'histoire de *Sse-ma-tsien* commence par *Hoang-ti*, et finit à la quatrième année *tien-han*

(1) Voyez la troisième partie.

de l'empire de *Vou-ti* empereur des *Han* (année 97 avant J.-C.); ils ajoutent que l'intervalle du temps est de 2413 ans.

Sse-ma-tching a ajouté ce que plusieurs auteurs ont dit des temps avant *Hoang-ti*. Il met un espace de 730 ans pour les règnes entre *Hoang-ti* et *Chin-nong*, qu'il dit avoir régné 120 ans. Il parle du règne de *Nu-oua* avant *Chin-nong*, mais il ne dit pas les années de ce règne. Avant *Nu-oua* il fait régner *Fou-hi* onze ans. Selon lui , *Fou-hi* succéda à *Soui-gin*.

Sse-ma-tching parle du danger que l'empire courut de périr par les eaux d'un déluge causé par le prince *Kong-kong*, sur la fin du règne de *Fou-hi*; *Nu-oua*, avec une grande pierre de cinq couleurs, arrêta le déluge et remit en bon état les colonnes du ciel ébranlées.

Sse-ma-tching raconte ce qu'on dit du premier roi ou *Hoang* sous le nom de *Tien-hoang*, et de sa famille ; de *Ti-hoang*, *Gin-hoang* et de leurs familles : le règne de chacune de ces trois familles fut de 18,000 ans: ensuite *Soui-gin* régna, et après lui, *Fou-hi*. *Sse-ma-tching* rapporte aussi ce qui se disait des dix espaces de temps ou périodes dont j'ai parlé, depuis le premier homme jusqu'à la fin du *Tchun-tsieou*. Cet auteur a voulu parler de ce qui se disait des temps avant *Fou-hi*, afin d'avoir un traité complet de chronologie; mais il ne dit pas ce qu'il approuve et rejette dans les temps avant *Hoang-ti*,

TAY-TSONG.

Le second empereur de la grande dynastie de *Song*, a le titre de *Tay-tsong* ; il monta sur le trône l'an 976 de J.-C. Cet illustre et savant prince fit beaucoup de dépenses pour un grand recueil de littérature qui existe sous le nom de *Tay-ping-yu-lan*. C'est une vaste collection sans critique sur les diverses religions, la musique, le pays de la Chine, et les pays étrangers, etc. Voici ce qu'il dit sur la chronologie.

Les regnes de *Tien-hoang* et *Ti-hoang* sont chacun de 18,000 ans. Les règnes de neuf rois du titre de *Gin-hoang* sont de 2700 ans. Ensuite *Yeou-tchao* et *Soui-gin* règnent. *Fou-hi* règne 110 ans, après *Soui-gin*. *Nu-oua* succède à *Fou-hi*. Après *Nu-oua*, *Chin-nong* règne 120 ans, *Hoang ti* règne 100 ans; *Chao-hao* règne aussi 100 ans. *Tchouen-hiu* règne 78 ans, et *Ty-ko* 75 ans; *Tchi* règne 9 ans, et *Yao* 98 ans. *Chun* succède à *Yao*, et *Yu* succède à *Chun*: *Yu* fonde la dynastie *Hia*. Ce livre cite le *Tchou-chou* pour la durée de cette dynastie, et il la fait commencer à l'année où *Chun* nomma *Yu* à une grande dignité. Quoique le livre dont il s'agit cite le *Tchou-chou* pour la durée des dynasties *Chang* et *Theou*, il s'en tient à la chronologie de *Pan-kou*.

NOTES.

1° Le livre de *Tay-tsong* cite ce que les sectateurs de *Tao* rapportent des temps avant *Yao*, et le nombre de 17,787 ans pour les règnes fabuleux des princes entre *Nu-oua* et *Chin-nong*. Il cite *Hoang-fou-mi* pour les règnes entre *Chin-nong* et *Hoang-ti*.

2° L'empereur *Tay-tsong* ne fait que rapporter les textes des auteurs, sans porter son jugement.

3° L'empereur ordonna à un lettré d'examiner les époques de l'histoire. Ce lettré rejeta les deux règnes de *Ouay-ping* et de *Tchong-gin* entre *Tching tang* et *Tay-kia*. Il dit que la première année de *Yao* a les caractères *ping-tse* et selon ce qu'il dit, c'est l'an 2325 avant J.-C. Pour la plupart des autres époques, il y a eu de l'altération dans les textes, et il n'y a rien qui mérite d'être rapporté.

TCHE-FOU-YUEN-KOUEY.

Après la publication de la collection *Tay-ping-yu-lan*, il en parut une autre aussi ample, sous le nom de *Tche-fou-yuen-kouey*. Dans celle-ci on ne voit pas les règnes fabuleux des trois *Hoang* avant *Fou-hi*, mais on voit après *Fou-hi* quinze règnes jusqu'à *Chin-nong*, et sept règnes entre *Chin-nong* et *Hoang-ti*. Depuis *Hoang-ti* jusqu'à la fin de la dynatie *Tcheou*, on suit à peu près la chronologie de *Hoang-fou-mi*.

CHAO-YONG.

Chao-kang-tsie, ou *Chao-yong* mourut l'an de J.-C. 1077. Cet auteur est un de ceux de la dynastie *Song* qu'on accuse d'avoir donné dans des sentimens éloignés de l'ancienne doctrine chinoise. Sans entrer ici dans cette discussion, je rapporte sa chronologie. Il prétend assigner le commencement et la fin du monde. Cet auteur ayant fait une étude particulière de ce qu'ont dit les sectateurs de *Tao*, et surtout de ce qu'ils publièrent du temps des *Han* sur la production de l'homme, du ciel, de la terre, et de toutes choses, il fit un système sur la formation de l'univers, sur sa durée, sur le gouvernement ; il crut voir tout cela dans les figures ou *Koua* du livre *Y-king*, dans le nombre des appendices de ce livre, dans ce qu'ont dit divers commentaires sur les caractères cycliques du cycle de 60, sur l'année lunaire, sur l'année solaire, sur l'année systématique de 360 jours, sur les douze heures chinoises, les 28 constellations, les étoiles, les révolutions des planètes. Le fruit de toutes ses méditations et idées creuses fut un système sans preuves, et énoncé d'un ton décisif. Dans le cycle de 60, il y a douze

caractères

caractères qui marquent aujourd'hui les douze mois lunaires, les douze heures chinoises, les douze signes du zodiaque et de l'équateur, et une révolution de douze années. Ces douze caractères sont nommés les douze *tchi*. Les voici :

1. Tse.	4. Mao.	7. Ou.	10. Yeou.
2. Tcheou.	5. Tchin.	8. Ouey.	11. Su.
3. Yn.	6. Sse.	9. Chin.	12. Hay.

Tse exprime le temps de onze heures du soir à une heure après minuit; *tcheou*, celui d'une heure après minuit jusqu'à trois heures; *Yn*, celui de trois heures après minuit jusqu'à cinq heures du matin, ainsi du reste.

Du temps de la dynastie des *Han* occidentaux, les sectateurs de *Tao* et les astrologues disaient que le ciel avait été formé au temps *Tse*, la terre au temps *Tcheou*, l'homme au temps *Yn*. Il est incertain si, dans ce système, on entendait le temps comme répondant à deux de nos heures, ou si l'on entendait une période de temps. On trouvait des mystères cachés dans ces trois caractères *Tse*, *Tcheou*, *Yn*, et dans les neuf autres *tchi*.

Chao-yong suppose que les douze *tchi*, savoir *Tse*, *Tcheou*, *Yn*, etc., composent une révolution de 129,600 ans. Cette révolution s'appelle *yuen* (1); elle renferme douze *hoey* (2). Ces douze *hoey* sont les 12 *tchi*, savoir *Tse*, *Tcheou*, *Yn* etc. et chaque *hoey* contient 10,800 ans.

Dans chaque *hoey*, il y a 30 *yun* (3); chaque *yun* comprend douze *chi* ou générations de 30 ans : ainsi 30 *yun* font 10,800 ans.

Le ciel fut formé dans le *hoey Tse*, la terre fut formée dans le *hoey Tcheou*, et l'homme fut formé dans le *hoey-Yn*.

(1) Principe, origine.
(2) Réunion.

(3) Mouvement autour d'un centre; mouvement.

L'empereur *Yao* commença à régner sur la fin du 6ᵉ *hoey Sse*, 64,710 ans après le commencement de la formation du ciel. La première année du règne de *Yao* a dans le cycle les caractères *kia-tchin*. D'après la suite des cycles marqués par *Chao-yong*, l'année *kia-tchin*, première du règne de *Yao*, est l'année 2,357 avant J.-C. Il a pris cette époque de *Hoang-fou-mi* dont on a parlé. *Chao-yong* marque ensuite les années des règnes par les lettres du cycle, jusqu'à l'année 960 de J.-C. Tout finira à la fin du *hoey Hai*, dernier des douze *tchi*.

Chao-yong trouvait des révolutions partout, de même que dans les jours, heures, années, planètes, éclipses; ces révolutions, selon lui, se trouvent dans les tremble-mens de terre, inondations, famines, gouvernemens, destructions et élévations des familles royales; il trouve un rapport mutuel entre les actions des hommes et les phénomènes terrestres et célestes; tout n'est qu'une image de ce qui a été et de ce qui sera, et selon lui on peut voir tout cela dans les rapports des événemens avec les carac-tères des jours, du mois, de l'année où ces mêmes événe-mens arrivent, et avec les figures et nombres du livre *Y-king* qui y répondent. C'est ainsi que ce mauvais philo-sophe examine l'histoire de toutes les années des empereurs depuis *Yao* jusqu'à son temps.

NOTES.

1º *Chao-yong* prend du *Chou-king* les années des règnes de *Yao* et *Chun*; il augmente de quelques années la durée donnée par *Pan-kou* pour les dynasties *Hia* et *Chang*; pour la dynastie *Tcheou*, il suit *Pan-kou*. Il prend de l'histoire connue les années depuis la fin de la dynastie *Tcheou* jusqu'à l'an 960 de J.-C.

2º *Chao-yong* ne voit rien de bien clair pour l'histoire avant *Yao*. Il ne s'embarrasse pas de prouver ce qu'il avance. Il paraît qu'il croit que la matière est éternelle, et qu'après la destruction du monde, il en reviendra un autre. Il n'assigne pas de cause de la formation du ciel, de la terre, de l'homme; du moins ce qu'on lui fait dire là dessus n'est pas clair; c'est un vrai galimàthias et on ne voit pas comme il fait passer du repos au mouvement sa matière, et comment de cette matière en mouvement vint un ciel, une terre, un homme intelligent.

S S E - M A - K O U A N G.

Chao-yong était contemporain de *Sse-ma-kouang* : celui-ci était de la famille de *Sse-ma-tching* et de *Sse-ma-tsien.* Il mourut l'an de J.-C. 1086. C'était un grand ministre d'état, savant du premier ordre à la Chine, et recommandable par sa droiture et sa probité; il passait pour fidèle disciple de *Confucius.* Il examina long-temps l'histoire avec d'autres savans : il était à la tête du tribunal des historiens. Il offrit à l'empereur un abrégé d'histoire, dont le nom est *Ki-kou-lou,* ou *Livre de l'examen de l'antiquité :* c'est un abrégé d'histoire depuis *Fou-hi* jusqu'à l'an 1068 de J.-C. *Sse-ma-kouang* rejette les règnes avant *Fou-hi*, et ceux que quelques auteurs ont mis entre *Fou-hi* et *Chin-nong*, et entre *Chin-nong* et *Hoang-ti* ; il dit qu'il s'en tient à la décision de *Confucius.* Il fait allusion au passage de *Confucius* qui se trouve dans la partie des appendices du livre *Y-king* ; j'en ai parlé dans ce que j'ai dit du livre *Y-king.*

CHRONOLOGIE DE *SSE-MA-KOUANG.*

Règne de Fou-hi.
Chin-nong succède à Fou-hi.
Hoang-ti succède à Chin-nong
Hoang-ti règne 100 ans.
Chao-hao.
Ty-ko règne 70 ans.
Yao règne 101 ans. Il y a trois ans de deuil.

Chun règne 50 ans. Il y a trois ans de deuil.
Yu succède à Chun et fonde la dynastie Hia qui dure 432 ans.
Tching-tang fonde la dynastie Chang qui dure 629 ans.
Vou-vang fonde la dynastie Tcheou; elle dure 867 ans.

C'est à la première année de la régence nommée *Kong-ho*, que *Sse-ma-kouang* commence à mettre aux années les caractères du cycle de 60. Les caractères *keng-chin* sont ceux de la première année de cette régence. Dans cet auteur, c'est l'an 841 avant J.-C; il regarde cette époque comme indubitable, et assure qu'on peut mettre les caractères du cycle à toutes les années depuis *Kong-ho* jusqu'à son temps, et c'est ce qu'il a fait. Depuis cette première année de la régence *Kong-ho*, en remontant jusqu'à *Yu*, il a marqué les règnes, mais il n'a marqué les années des règnes que dans les suivans.

DYNASTIE DE *CHANG*.	DYNASTIE DE *TCHEOU*.
Tching-tang règne 13 ans.	Vou-vang règne 7 ans.
Tay-kia règne 33 ans.	Régence de Tcheou-kong, 7 ans.
Tay-vou règne 75 ans.	Après cette régence, Tching-vang
Vou-ting règne 59 ans.	règne 30 ans.
	Mou-vang règne 55 ans.

Après la première année de la régence *Kong-ho*, *Sse-ma-kouang* marque les années de chaque règne jusqu'à l'an 1067 de J.-C. Il a mis de distance en distance les caractères du cycle de 60 ans, en sorte qu'on voit d'un coup d'œil les caractères du cycle qui conviennent aux années qui n'ont pas ces caractères, mais qui sont supposées les avoir, à cause des caractères qui sont avant et après ces mêmes années. Par les sommes des années marquées par *Sse-ma-kouang* et leur rapport avec l'époque de l'année 841 avant J.-C. et les suivantes, on voit que selon *Sse-ma-kouang* l'année 1122 avant J.-C. est la première de *Vou-vang*, l'année 1751 est la première de *Tching-tang*, et l'année 2183 est la première de *Yu*. Ajoutez 157 ans marqués par *Sse-ma-kouang*, entre la première année de *Yu* et la première de *Yao*, la première année de *Yao* se trouve l'an 2340 avant J.-C. *Sse-ma-kouang* a fait un choix fort judicieux des faits historiques, depuis la première année de la régence *Kong-ho* (841 avant J.-C.), jusqu'à l'an 1068 de J.-C. Son choix n'est pas moins judicieux dans ce qu'il rapporte depuis *Fou-hi* jusqu'à la première année de la régence *Kong-ho*. L'abrégé de *Sse-ma-kouang* est clair et méthodique.

Outre le livre *Ki-kou-lou*, *Sse-ma-kouang* (1) publia le grand ouvrage des annales chinoises depuis la vingt-troisième année du règne de *Ouey-lie-vang*; empereur de *Tcheou*, 399 avant J.-C., jusqu'à la dernière année de la petite dynastie *Tcheou*, 959 après J.-C. Cet ouvrage fut fait avec beaucoup de soin et de dépense. On y a mis les années avec les caractères du cycle. *Sse-ma-kouang* et ceux qui l'aidèrent, regardaient les livres *Tso-tchouen* et *Koue-yu* comme classiques pour l'essentiel de l'histoire, et ce que disent ces deux livres des temps après le *Tchun-tsieou*, était selon *Sse-ma-kouang*, comme la suite du *Tchun-tsieou*. Ce que le *Koue-yu* a d'historique finit à la mort du fameux *Tchi-pe* dont on a parlé, et c'est par l'histoire du temps de *Tchi-pe* que *Sse-ma-kouang* commence ses annales; mais les notes cycliques des années ne commencent qu'à la vingt-troisième année de *Ouey-lie-vang*. *Sse-ma-kouang* en voulut faire une époque à cause de plusieurs événemens de ce temps-là.

NOTES.

1° Le P. Couplet dit que les annales de *Sse-ma-kouang* commencent par *Hoang-ti*, c'est une méprise; il a voulu parler sans doute des annales de *Sse-ma-tsien*.

(1) *Sse-ma-kouang* dit qu'il commence son histoire à l'époque de la fin des livres classiques.

2° Dans les mémoires de Trévoux 1744, on réfute un auteur qui dit que *Sse-ma-kouang* ne commence ses annales qu'à la vingt-troisième année de *Ouey-lie-vang*, parce qu'il croyait incertains ou fabuleux les temps au-dessus de cette vingt-troisième année. L'auteur qu'on refute n'avait pas apparemment connaissance du livre *Ki-koulou* fait par *Sse-ma-kouang*, ni de ce que dit *Sse-ma-kouang* dans le livre de ses annales sur les temps avant *Ouey-lie-vang*. Pour ce qui regarde une table chronologique dont on parle, elle est pour faciliter l'intelligence de l'ouvrage de *Sse-ma-kouang*, et de l'histoire des temps postérieurs jusqu'à *Kang-hi*. *Sse-ma-kouang* avait fait pour son histoire une table chronologique des cycles, relative à son livre, et du goût de celle dont les mémoires de Trévoux parlent. Celle-ci est proprement la continuation de celle de *Sse-ma-kouang*.

FANG-TSOU-YU, TCHANG-HENG, LIEOU-JOU.

Fang-tsou-yu fut celui qui travailla le plus avec *Sse-ma-kouang* aux grandes annales, nommées *Tse-tchi-tong-kien* (1). *Lieou-jou* les aida beaucoup, et ces trois célèbres historiens profitèrent des lumières du savant *Tchang-heng*. Ces quatre auteurs convenaient, à quatorze ou seize ans près, sur l'époque de *Yao* fixée par *Sse-ma-kouang*.

Lieou-jou, pour avoir une histoire complète, ajouta aux annales dont je viens de parler, son ouvrage *Ouay-ki*.

Cet ouvrage commence par *Pan-kou* et les trois *Hoang* jusqu'à *Fou-hi*, comme on a vu dans la première partie. Ensuite viennent *Fou-hi* et quinze princes, jusqu'à *Chin-nong*. Après *Chin-nong* on voit le règne de sept princes, jusqu'a *Hoang-ti*. L'ouvrage va jusqu'à la dernière année de la régence *Kong-ho*, première de l'empereur *Suen-vang*, de la dynastie *Tcheou*. *Lieou-jou* rapporte sans critique les traditions sur les longs espaces de temps au-dessus de *Hoang-ti*, et quoiqu'il ait fort déclamé contre ce que

---

(1) Ou *Clair miroir pour un bon gouvernement*

disaient des trois *Hoang* et des cinq *Ti* les partisans de *Tao* , et contre les fables dont ils ont infecté l'ancienne histoire, il n'a pas laissé d'en rapporter la meilleure partie. On n'a pas manqué de le lui reprocher ; mais il voulait une histoire complète , laissant toute liberté de croire ou de ne pas croire ce qu'il rapporte, et qui n'est pas dans les livres classiques. Il a pris ce qu'il dit , de *Hoang-fou-mi* , de *Chan-hay-king* , et autres livres des sectateurs de *Tao* , du livre *Chi-pen* et autres. *Lieou-jou* ayant encore ajouté l'histoire des temps entre la régence *Kong-ho* et la vingt-troisième année de *Ouey-lie-vang* , tout fut publié avec les grandes annales de *Sse-ma-kouang* en un seul corps d'ouvrage qui comprenait les annales de *Sse-ma-kouang* , l'histoire depuis la vingt-troisième année de *Ouey-lie-vang* jusqu'à la régence *Kong-ho* , et le *Ouay-ki.*

NOTES.

1° *Lieou-jou* donne pour indubitable le nombre de 1919 ans entre la fin de la régence *Kong-ho* (828 avant J.-C.) et l'année du règne de l'empereur *Tche-tsong* désignée par les caractères cycliques *gin-chin* (1092 de J.-C.). *Lieou-jou* dit qu'on peut sûrement marquer par les caractères du cycle chacune de ces 1919 années.

2° *Lieou-jou* traite d'incertaine la somme de 3519 ans depuis *Fou-hi* jusqu'à la dernière année de la régence *Kong-ho ;* 1° parce qu'il ne faisait aucun fonds sur les 1160 ans des règnes entre *Fou-hi* et *Chin-nong* , ni sur les 300 ans des règnes entre *Chin-nong* et *Hoang-ti;* 2° parce qu'il ne comptait pas sur le nombre des années des règnes entre *Yao* et *Hoang-ti.* D'ailleurs, quoiqu'il admette avec *Sse-ma-kouang* la somme totale des années entre la première année de *Yao* et la dernière de la régence *Kong-ho* , il voyait qu'on ne pouvait pas sûrement faire la distribution des années pour les règnes, et que par conséquent on ne pouvait pas mettre les caractères du cycle à chacune de ces années. *Lieou-jou* regardait comme fabuleuse la chronologie avant *Fou-hi.*

LO-PI.

Lo-pi, auteur du temps de la dynastie *Song*, a fait un ramas d'histoire et chronologie, avec quelques dissertations sur les anciens temps, surtout avant *Yao* et *Fou-hi*: c'est un livre diffus et ennuyeux, mais il a bien des choses qui peuvent être utiles pour les Chinois. Dans ce qu'il dit sur la chronologie, on voit 1° qu'il a suivi la chronologie de l'historien *Pan-kou*; 2° qu'il y a beaucoup de variations dans la manière dont les historiens distribuent les années des règnes entre *Yao* et la régence *Kong-ho*; 3° qu'il y a une bien plus grande variation dans les auteurs, soit sur le nombre des années entre *Hoang-ti* et *Fou-hi*, soit sur le nombre des règnes, soit sur les années de chaque règne, et qu'il y a même quelque variation sur les règnes et le nombre des années entre *Yao* et *Hoang-ti*; 4° que tout ce qui est dit avant *Fou-hi* est un tissu de fables diversement rapportées, sans choix et sans critique; 5° que les historiens, quoique différant sur la distribution des années des règnes entre la régence *Kong-ho* et la première année de *Yao*, s'accordent, à peu d'années près, pour la somme totale des années telle que *Sse-ma-kouang* et autres la rapportent : il en faut excepter le *Tchou-chou* souvent cité par *Lo-pi*.

NOTE.

Sse-ma-tching, dans son histoire des trois *Hoang*, ne met pas le nom de *Pan-kou* : ce nom est rapporté par *Lo-pi* qui en parle au long. On ne parle pas de *Pan-kou* avant la dynastie des derniers *Song*, et je ne sais d'où est venu ce nom. C'est sous la dynastie des *Song* qu'on a commencé à parler de *Pan-kou* comme du premier homme. Malgré la manière dont on en parle, on voit dans l'histoire de *Pan-kou* des vestiges de la connaissance d'un Dieu créateur du ciel, de la terre, des hommes et de toutes choses.

Sou-tse

SOU-TSE.

Sou-tse, auteur du temps de la dernière dynastie *Song*, a fait un bon abrégé d'histoire ; il suit la chronologie de *Pan-kou* pour les dynasties *Hia*, *Chang* et *Tcheou* ; il assure qu'on doit peu compter sur la suite des années avant *Yao*.

HOU-HONG.

Hou-hong, auteur du temps de la même dynastie *Song*, a écrit ses annales après *Sse-ma-kouang*. Quoiqu'il rapporte les règnes fabuleux de *Pan-kou* et autres rois avant *Fou-hi*, il déclare cependant qu'il n'y a rien de certain pour les années avant *Yao* et *Ty-ko*. Il admet l'époque de *Chao-yong* pour la première année de *Yao*, et le nombre des années que cet auteur a ajouté à la chronologie de l'historien *Pan-kou. Hou-hong* applique à l'année *kia-tse* (1) du règne de *Chao-kang*, empereur de *Hia*, l'histoire de *Kong-lieou* qui appartient au temps de *Kie*, dernier empereur de la dynastie *Hia*, suivant l'histoire de la dynastie *Han*, et que les historiens modernes rapportent à l'année *kia-tse* du règne du même empereur *Kie* (2) : ainsi voilà une différence de trois cents ans.

NOTE.

Kong-lieou dont le livre *Chi-king* fait mention, est un des ancêtres de l'empereur *Vou-vang*, fondateur de la dynastie *Tcheou*. L'histoire des *Han* dit que *Kong-lieou* pour se mettre à couvert de la tyrannie de l'empereur *Kie*, dernier empereur de *Hia*, quitta l'empire, et alla se retirer dans le *Chan-sy*, au voisinage des Tartares. *Hou-hong*, sur ce que dit le livre *Koue-yu*, prétend que cela arriva durant les troubles que les rebelles excitèrent à la fin du règne de *Siang*, empereur de *Hia* (3). *Hou-hong* est le premier qui a mis

(1) 2097 avant J.-C.
(2) 797 avant J.-C.

(3) Voy. la première partie aux règnes de *Siang* et *Chao-kang*, dynastie *Hia*.

l'année de la naissance de *Chao-kang* pour la première de son empire. Les raisons de *Hou-hong* pour rapporter l'histoire de *Kong-lieou* à l'année 2097 avant J.-C. ou pour mieux dire au temps qui est entre l'empereur *Siang*, et l'époque où *Chao-kang* monta sur le trône, sont très-fortes.

TCHANG-CHE.

Tchang-che, connu sous le nom de *Nan-hien*, vivait du temps de *Hiao-tsong* (1) empereur de la dynastie *Song*. C'est un des plus fameux lettrés de la dynastie *Song*. Après avoir bien examiné les histoires chinoises anciennes et modernes, il déclara dans son livre d'annales qu'on ne pouvait pas désigner les années avant *Yao* par les caractères du cycle. Il adopte les caractères *kia-tchin* pour fixer la première année du règne de *Yao* à l'année qui répond à l'an 2357 avant J.-C. Il dit que depuis cette première année de *Yao*, jusqu'à la première année *kien-tao*, on compte 3522 ans : ces deux caractères sont ceux de plusieurs années du règne de *Hiao-tsong*, et la première année *kien-tao* est l'année 1165 de J.-C. *Nan-hien* dit que l'éclipse de soleil dont le *Chou-king* parle, arriva à la première année de l'empereur *Tchong-kang*, et que cette première année doit avoir les caractères *ping-yn* : c'est, selon lui, l'année 2155 avant J.-C. Il n'est pas certain que cette détermination soit le résultat d'un calcul de *Nan-hien*. Si ce n'est pas le résultat de son calcul, *Nan-hien* rapporte le sentiment de quelque autre astronome qu'il ne nomme pas. *Nan-hien* était contemporain de *Tchou-hi*, connu en Europe par les diverses relations des missionnaires qui ont parlé de ses ouvrages.

(1) La première année de son règne fut l'an 1163 de J.-C.

TCHOU-HI.

Tchou-hi eut le soin de publier un grand recueil des figures propres à l'intelligence des livres classiques. Ce recueil appelé *Leou-king-tou* (1) a été envoyé en France ; on y voit les figures des anciennes cloches, des gnomons, sphères, instrumens de musique, habits, chars, armes, vases, édifices, etc. On y voit aussi des notions géographiques sur la situation des pays dont parlent les *King*, des notices des *King*, les généalogies des empereurs et princes tributaires. Dans ce livre, *Tchou-hi* suit la chronologie de *Pan-kou* pour les trois familles *Hia*, *Chang* et *Tcheou*. *Tchou-hi* charmé de la lecture des annales de *Sse-ma-kouang* les réduisit à la forme du *Tchun-tsieou* de *Confucius*, c'est-à-dire, qu'il mit en grosses lettres un texte qui exprime l'essentiel d'un fait historique, et qu'ensuite il mit en petits caractères l'explication et le détail du fait historique. Du reste, il ne change rien à l'histoire, ni à la chronologie de *Sse-ma-kouang*. Ce livre ainsi rangé s'appelle *Tse-chi-tong-kien-kang-mou*. Les deux caractères *Kang-mou* expriment les yeux et la corde des filets, et par métaphore, ils signifient *règle exacte, abrégé d'un tout remarquable*. *Tchou-hi* passe pour un bel esprit, et les Chinois le regardent comme un de leurs meilleurs écrivains.

Pendant bien des années le *Kang-mou* de *Tchou-hi* joint au texte de *Sse-ma-kouang*, et le livre de *Lieou-jou* se trouvaient dans un même corps d'ouvrage ; mais à l'ouvrage de *Lieou-jou*, on substitua dans la suite l'excellent livre de *Kin-lu-siang*, nommé *Tsien-pien* ; de sorte que dans un même corps d'ouvrage l'on voyait les annales de *Sse-ma-*

(1) *Leou*, six ; *tou*, figures ; *king*, livres classiques.

kouang avec le texte de *Tchou-hi*, et le *Tsien-pien* de *Kin-lu-siang*. Ce dernier auteur mourut l'an 1303 de J.-C. Le *Tsien-pien* commence à la première année de *Yao*, et finit à la vingt-troisième année de *Ouey-lie-vang*; la première année de *Yao* est l'an 2357 avant J.-C. Ce qu'il'y a d'historique dans cet intervalle de temps, est pris exactement et méthodiquement des livres classiques, selon l'ordre des temps du *Tso-tchouen*, du *Koue-yu*, et d'autres anciens livres estimés. Les années ont les caractères du cycle, et on cite les livres d'où l'on prend ces textes. *Kin-lu-siang* ajoute des remarques critiques fort judicieuses. Cet auteur forma plusieurs disciples ; un des plus illustres fut *Hiu*. Celui-ci a fait un traité clair et instructif sur la chronologie à suivre et à garder dans le *Chou-king*, et on y voit à quel temps répondent les faits historiques du *Chou-king*.

HIU-HENG.

L'an de J.-C. 1280 est l'année où *Cobilay* ou *Coblay*, petit-fils de *Gintchi-canz*, fut maître de toute la Chine. Les Chinois l'appellent *Yuen-chi-tsou*. *Yuen* est le titre de la dynastie des Tartares mogols.

Cobilay ordonna au tribunal des mathématiques de substituer aux époques feintes de l'astronomie, les époques réelles. L'époque de l'astronomie de la dynastie *Yuen* fut le solstice d'hiver observé l'an 1280 de J.-C. à *Ta-tou* (1); un grand Chinois nommé *Hiu-heng* était le chef de la littérature.

Hiu-heng rangea la chronologie en cycles sexagenaires pour les années. L'année *kia-tse*, première du cycle, commença le premier cycle à la première année de *Hoang-ti*,

(1) *Ta*, grande ; *tou*, cour : *Pe-king*.

et cette première année est, selon *Hiu-heng*, éloignée de l'année *keng-tchin* de Cobilay (1), de 3977 années. Ainsi la première année de *Hoang-ti* fut l'année 2697 avant J.-C. L'année *keng-tchin* était la dix-septième année *tchi-yuen* du règne particulier de *Cobilay*, et la première année *tchi-yuen*, dans le cycle de soixante : *kia-tse*, (1264 de J.-C.) fut la première année du soixante-septième cycle. *Hiu-heng* marqua par quelle année des règnes commence chaque cycle. L'année *kia-tchin* est la première année de *Yao* (2357 avant J.-C.).

Cobilay fort zélé pour les sciences, ordonna à *Hiu-heng* de ranger les événemens des règnes selon les dates dans les cycles. L'empereur fit le choix de quelques jeunes Tartares des principales familles, pour étudier le livre de *Hiu-heng*. Ce grand prince prenait plaisir à interroger lui-même les Tartares, et eles Chinois étaient agréablement surpris de voir des Tartares au fait sur les époques de l'histoire chinoise, depuis *Hoang-ti* jusqu'à *Cobilay*.

NOTES.

1° *Hiu-heng* suivait la chronologie de *Chao-yong*; il ajouta les cycles depuis *Yao* jusqu'à la première année de *Hoang-ti*, mais il ne donne aucune preuve pour la fixation de ses époques.

2° Pour l'usage ordinaire, le tribunal des mathématiques adopta la chronologie de *Hiu-heng*. Mais *Ko-cheou-king* chef des astronomes suivit dans ses calculs la chronologie du bonze *Y-hang*, et s'en tint au résultat des calculs de *Y-hang* pour les éclipses du soleil marquées dans le *Chou-king*, le *Chi-king* et le *Tchun-tsieou*. Il adopta encore les calculs de *Y-hang* pour finir les années des empereurs *Tching-vang* et *Kang-vang* de la dynastie *Tcheou*, et de même que *Y-hang*, il soutint que la première année du règne de *Vou-vang* était l'année 1111 avant J.-C., et non l'an 1122 comme le disait *Hiu-heng*.

(1) Année 1280 de J.-C.

3° Malgré l'autorité de *Hiu-heng*, *Tong-tching-kin*, l'un des premiers lettrés de la dynastie *Yuen*, soutint qu'on ne pouvait pas désigner sûrement par les caractères du cycle les années des règnes avant l'empereur *Vou-vang*. Cet auteur ajoutait qu'on ne pouvait faire aucun fonds sur une chronologie avant *Fou-hi*.

4° Dans ce qu'on a rapporté du *Chou-king* on a vu que *Chun* fut associé par *Yao* à l'empire pendant 28 ans; *Yu* fut aussi associé à l'empire par *Chun*. *Hiu-heng* dans sa chronologie a compté les années des empereurs *Chun* et *Yu* par la première année de leur association à l'empire. Par les textes de *Hiu-heng* on dirait d'abord qu'il fait la durée de la dynastie de *Hia* plus longue qu'il ne convient. Cet auteur dit que la 8ᵉ année de *Yu* commença le 9ᵉ cycle de 60 ans; cette 8ᵉ année de *Yu* est l'année 2217 avant J.-C. La 17ᵉ année est l'année de la mort de *Chun*, et l'année suivante celle où *Yu* fonda la dynastie *Hia*. La première année de la dynastie *Hia*, selon *Hiu-heng*, est donc l'année *kia-su* dans le cycle, ou l'année 2207 avant J.-C. *Hiu-heng* marque la 22ᵉ année de *Kie* dernier empereur de la dynastie *Hia*, pour la première du 16ᵉ cycle, c'est-à-dire, l'an 1797 avant J.-C. L'année où il perdit l'empire est l'année *kia-ou* de ce 16ᵉ cycle, où l'année 1767 avant J.-C.: ainsi si l'on comptait les années de la dynastie *Hia* depuis la première de l'association de *Yu* à l'empire, cette dynastie aurait duré 457 ans; mais si on la compte depuis la mort de *Chun*, cette durée est de 441 ans. Dans les listes où l'on marque les années des règnes de *Chun* et de *Yu*, et la durée de la dynastie *Hia*, il faut faire attention à ce qui est dit dans cette note.

5° L'année 1767 avant J.-C. est la dernière année de la dynastie *Hia*; l'année 1766 avant J.-C. est donc la première année du règne de l'empereur *Tching-tang* et de la dynastie *Chang*, dans le système de *Hiu heng*.

6° *Hiu-heng* dit que la 18ᵉ année du règne de *Cheou*, dernier empereur de la dynastie *Chang*, est la première année du 27ᵉ cycle, ou l'an 1137 avant J.-C. L'année de sa mort et de l'extinction de la dynastie fut l'année *vou-yn* du 27ᵉ cycle, ou l'an 1123 avant J.-C. L'an *ki-mao* du cycle ou l'an 1122 avant J.-C. est donc selon *Hiu-heng* la 1ʳᵉ année du règne de *Vou-vang* et de la dynastie *Tcheou*, et ainsi la dynastie *Chang*, dans la chronologie de *Hiu-heng*, a duré 644 ans.

7º Dans la liste de *Hiu-heng* la 10ᵉ année du règne de *Tsin-chi-hoang* est la première année du 42ᵉ cycle, ou l'an 237 avant J.-C. ; ce prince régna 37 ans. La première année de ce prince est l'an 246 avant J.-C. *Hiu-heng* donne 874 ans à la durée de la dynastie *Tcheou*.

8º *Hiu-heng* fait commencer ses cycles de 60 ans par *Hoang-ti*, parce qu'il croyait que du temps de *Hoang ti* on avait inventé cette période de 60 ans, et qu'on ne savait pas bien les temps avant le règne de cet empereur.

MA-TOUAN-LIN.

Ma-touan-lin mourut l'an 1322 de J.-C. ; il commence sa chronologie par l'empereur *Hoang-ti* qu'il fait régner cent ans. Après *Hoang-ti* régna *Tchouen-hiu* ; son règne fut de soixante-dix-huit ans ; *Ty-ko* lui succéda et régna soixante-dix ans. A *Ty-ko* succéda *Tchi* qui régna neuf ans. Depuis la première année de *Yao* jusqu'à la fin de la dynastie *Tcheou*, *Ma-touan-lin* a la même chronologie que *Hiu-heng*.

Un des plus curieux recueils de littérature chinoise est celui de *Ma-touan-lin*. Il fait connaître tous les livres sur les différens sujets, et en parle en critique. On voit par son catalogue des livres, qu'une grande partie des livres faits depuis la dynastie des *Han* jusqu'à son temps, se sont perdus. *Ma-touan-lin* parle au long des pays étrangers, et c'est une des parties de son livre les plus intéressantes et les plus curieuses. Il parle des étrangers venus à la Chine dans le temps des dynasties. Il fait connaître les diverses religions et leur origine. Si un Européen veut être bien au fait sur quelque genre de littérature chinoise, il en viendra aisément à bout en se servant d'un habile lettré chinois qui puisse le diriger dans la lecture de *Ma-touan-lin*. Ce vaste recueil a le nom de *Ven-hien-tong-kao*. On a ce recueil à Paris.

La dynastie *Tay-ming* commença l'an de J. C. 1368, et finit l'an 1644 de J.-C. Cette même année 1644 fut la première de la dynastie régnante, *Tay-tsing*.

S I E-Y N G-K I.

Sie-yng-ki, auteur illustre sous le règne de *Kia-tsing*, a fait un abrégé d'histoire nommé *Kia-tse-hoey-ki*. La huitième année du règne de *Hoang-ti* est avec les caractères *kia-tse*, et commence le premier cycle de soixante ans. C'est par cette huitième année que l'abrégé commence; il finit à la quarante-deuxième année du règne de *Kia-tsing* (1). Cette année a les caractères *kouey-hay*, et finit le soixante-onzième cycle. Entre la huitième année de *Hoang-ti* et la quarante-deuxième de *Kia-tsing*, il y a donc 4260 ans, et la huitième année de *Hoang-ti* est l'année 2697. avant J.-C. Tout ce qui est rapporté dans cet espace de temps, est bien choisi et méthodique; on voit avec facilité l'année des règnes, l'année du cycle, et le rapport de ces années à une époque connue. La première année de *Yao* est l'année *kia-tchin*, 2357 avant J.-C. L'auteur donne à *Hoang-ti* 110 ans de règne, il rejette les règnes avant *Fou-hi*. Il ne dit rien du règne de *Fou-hi*. Ce qu'il dit de *Hoang-ti* suppose un règne, ou de *Chin-nong*, ou de quelque prince de sa famille, antérieur au regne de *Hoang-ti*. L'auteur de l'abrégé assure que *Confucius* disait ne rien savoir des temps avant *Fou-hi*, c'est-à-dire, de ce qui est dit des trois *Hoang*, et des dix espaces de temps depuis *Gin-hoang*. Tous ces temps, dit *Sie-yng-ki*, sont désignés par les deux caractères chinois *Hoen-tun* (cahos) et *Confucius* dit ne rien

(1) Année 1563 de J.-C.

savoir

savoir du temps de ce *Hoen-tun*. Je ne sais quel est le Chinois qui a le premier fait parler ainsi *Confucius*; *Sie-yng-ki* ne dit pas d'où il a pris cette sentence de *Confucius*.

L'auteur ajoute à son abrégé un précis des révolutions de *Chao-kang-tsie* et l'histoire des trois *Hoang* avant *Fou-hi*. Voici ce qu'il rapporte : *Pan-kou* qu'on représente avec une tête de dragon et un corps humain, est un esprit fort délié ; il fut le premier qui gouverna. Le ciel fut ensuite formé au temps nommé *Tse*, la terre au temps nommé *Tcheou*, et l'homme au temps nommé *Yn*. Après *Pan-kou* régna *Tien-hoang*, à *Tien-hoang* succéda *Ti-hoang*, et *Gin-hoang* succéda à *Ti-hoang*. Depuis *Gin-hoang* il y eut des règnes en dix *Ki* ou périodes, ou espaces de temps. Vers la fin du neuviéme espace *Fou-hi* régna ; son règne fut de cent quinze ans. Après sa mort, sa sœur *Nu-oua* eut un règne de 130 ans : du temps de *Nu-oua*, le prince *Kong-kong* excita des troubles et causa un déluge ; l'empire en souffrit beaucoup. *Nu-oua* fit mourir *Kong-kong*. Après la mort de *Nu-oua*, *Yen-ti* ou *Chin-nong* régna 140 ans. Les descendans de *Chin-nong* régnèrent 375 ans. Durant le règne du dernier descendant de *Chin-nong*, les princes tributaires prirent les armes. Le prince appelé ensuite *Hoang-ti* fut proclamé empereur, et la famille de *Chin-nong* perdit l'empire.

NOTES.

1° *Sie-yng-ki* ne compte nullement sur ce qu'on voit ajouté à la fin de son abrégé d'histoire, sur les révolutions de *Chao-kang-tsie*, les trois *Hoang*, *Pan-kou*, et les règnes de *Fou-hi*, *Nu-oua*, *Chin-noug*, et de ses descendans.

2° Cet auteur ne dit pas le nombre des années des règnes des trois *Hoang* et des dix espaces de temps. Il ne dit pas de quel auteur il a pris ce qu'il dit de *Pan-kou* et des trois *Hoang*. Il dit que dans des provinces méridionales de l'empire, le 16ᵉ jour de la 10ᵉ lune passe pour le jour de la naissance de *Pan-kou*.

TSIEN-PIEN, TCHING-PIEN, ET *SU-PIEN*.

Après que les Chinois eurent chassé les Tartares mogols de l'empire, la cour donna ordre au tribunal de l'histoire d'examiner tout ce qui avait été écrit sur l'histoire jusqu'à l'an 1368. Après un long travail, on publia l'histoire chinoise avec le même titre que portait l'histoire de *Sse-ma-kouang*, mise par *Tchou-hi* dans la forme du *Tchin-tsieou* de *Confucius* commenté par *Tso-kieou-ming*. Les historiens de la dynastie *Ming* mirent aussi dans la même forme leur ouvrage, un des plus beaux et des plus utiles qui aient été faits par les Chinois. Le titre est *Tse-tchi-tong-kien-kang-mou*. Ce livre comprend trois parties ; la première s'appelle *Tsien-pien*, la deuxième a le nom de *Tching-pien*, et la troisième se nomme *Su-pien*.

Le *Tsien-pien* comprend les temps depuis *Fou-hi* jusqu'à la vingt-troisième année de *Ouey-lie-vang* (1) ; le *Tching-pien* contient les temps depuis la vingt-troisième année de *Ouey-lie-vang*, jusqu'à la première année de l'empire des *Song* (2) ; le *Su-pien* comprend les temps depuis la première année de l'empire des *Song* jusqu'à la première année de la dynastie *Ming* (3). Dans la première partie, l'histoire commence par *Fou-hi* et rejette les règnes fabuleux antérieurs à ce prince. *Fou-hi* regne 115 ans. On rejette aussi les règnes que *Lieou-jou*, *Hoang-fou-mi* et autres mettent entre *Fou-hi* et *Chin-nong*. *Chin-nong* succède à *Fou-hi* et règne 140 ans. On croit

(1) 399 avant J.-C.   (3) 1368 de J.-C.
(2) 960 de J.-C.

pouvoir admettre après *Chin-nong* sept princes de sa
famille, dont les règnes occupent un espace de 379 ans.
Ensuite *Hoang-ti* règne cent ans ; *Chao-hao* lui succède
et règne 84 ans. Son successeur est *Tchouen-hiu* dont le
règne est de 78 ans ; *Ty-ko* lui succède et règne 70 ans :
son fils, *Tchi*, après un règne de neuf ans, est déposé et
Yao, frère cadet de *Tchi* est installé empereur. La première année du règne de *Yao* a les caractères *kia-tchin*
dans le cycle : c'est l'année 2357 avant J.-C.

En additionnant ces nombres avant la première année
de *Yao*, on trouve que la première année de *Fou-hi*
est l'année 3332 avant J.-C. ; mais les règnes entre *Chin-
nong* et *Hoang-ti* ne sont pas donnés comme certains, et
les historiens ne regardent ces règnes que comme une
opinion qu'on peut soutenir. Depuis la première année
de *Fou-hi* juqu'à la première de *Yao*, les années n'ont
point les caractères du cycle. Ce que l'on rapporte des
règnes au-dessus de *Yao*, est pris de *Sse-ma-tsien* et autres auteurs estimés, même du *Ouay-ki*, quand on croit
pouvoir compter sur ce qu'il dit, de *Confucius* dans le
Hi-tse du livre *Y-king*, du *Tso-tchouen* et du *Koue-yu:* le
tout est bien rangé et fort clair. Il y a quelques traits
d'histoire qui sentent la fable. Pour l'histoire des temps
depuis *Yao* jusqu'à la vingt-troisième année de *Ouey-
lie-vang*, elle est presque toute prise du *Tsien-pien* de
Kin-lu-siang, dont j'ai parlé. L'histoire de cet intervalle
de temps est bien plus sûre que celle du temps entre *Yao*
et *Fou-hi*. Elle est fondée sur ce que disent les *King*,
le *Tso-tchouen*, le *Koue-yu*, et les plus sures traditions
conservées dans les anciens auteurs qu'on a soin de citer :
toutes les années des règnes ont les caractères du cycle.

Pour le nombre d'années et les époques, on a suivi ce qui a paru de plus sûr. On voit quelques détails des examens faits là-dessus, aussi bien que sur quelques points sur lesquels il y a variété de sentimens. On rapporte ce que le *Chou-king* dit des étoiles au temps de *Yao*, et de l'éclipse de soleil au temps de *Tchong-kang*. On parle aussi de l'éclipse de soleil rapportée dans le *Chi-king*, et de celles qui sont dans le *Tchun-tsieou*. Ce qui a été ajouté au *Tsien-pien* de *Kin-lu-siang* est d'un habile lettré du temps de l'empereur *Hien-tsong*, dont la première année est l'an 1465 de J.-C. Ce lettré s'appelait *Ouey-chang*; il avait le titre de *Nan-hien*, et il ne faut pas le confondre avec *Tchang-che*, auteur du temps des *Song* dont j'ai parlé à l'occasion de son histoire. *Tchang-che* avait aussi le titre de *Nan-hien*, et souvent on désigne par ce titre *Tchang-che* et *Ouey-chang*.

Dans le *Tching-pien*, seconde partie de l'histoire nommée *Tse-tchi-tong-kien-kang-mou*, on a conservé le texte du *Kang-mou* de *Tchou-hi*, et pour mieux éclaircir ce texte les historiens de la dynastie *Ming* ont pris, soit des auteurs de leur dynastie, soit de ceux de la dynastie *Yuen*, ou autres, des remarques et des notes d'un bon goût, sur les pays dont l'histoire parle, sur la signification de certains caractères chinois, sur des traits d'histoire, sur divers points de chronologie, de musique, d'astronomie, de morale, etc. On a eu soin de marquer le nom et le pays des auteurs dont ces remarques sont prises. La partie *Tching-pien* est écrite avec soin, et avec une exactitude digne d'attention; les dates sont certaines.

La troisième partie *Su-pien* est très-sûre pour les dates, mais il s'en faut de beaucoup qu'elle ait été écrite avec le même soin que la partie *Tching-pien*: elle aurait besoin de remarques et notes, du goût de celles qui sont dans la deuxième partie. Ce n'est pas qu'il n'y en ait quelques-unes, mais elles ne suffisent pas. *Chang-lou*, un des premiers lettrés du temps de *Van-li* (1), eut soin de la composition du *Su-pien*, et plusieurs autres lettrés l'aidèrent.

NOTES.

1° Dans le *Tse-tchi-tong-kien-kang-mou*, l'année *kia-ou* est la dernière de la dynastie *Tsin*, 207 avant J.-C.

2° Le commencement de la dynastie *Tsin*, et la fin de la dynastie *Tcheou* est l'an *gin-tse*, 249 avant J.-C. La dynastie *Tcheou* dura 874 ans. La première année de cette dynastie fut *ki-mao*, 1122 avant J.-C.

5° La dynastie *Chang* dura 644 ans : sa première année fut *y-ouey*, 1766 avant J.-C. La dynastie *Hia* dura 439 ans : sa première année fut *ping-tse*, 2205 ans avant J.-C. L'an *kouey-ouey* (2), *Chun* mourut, âgé de 110 ans; il avait régné 50 ans, *Yao* régna 100 ans : la première année de son règne fut l'année *kia-tchin*, 2357 avant J.-C.

TONG-KIEN.

La chronologie du *Tse-tchi-tong-kien-kang-mou*, depuis la première année de *Yao* jusqu'à la première année de la dynastie passée, *Ming*, est la même dans l'histoire chinoise dite *Tong-kien*, mise en ordre par les historiens de cette dernière dynastie.

Dans la première partie du *Tong-kien* on a mis la meilleure partie de l'ouvrage que *Lieou-jou* avait ajouté à l'histoire de *Sse-ma-kouang*. Dans le *Tong-kien* on a ôté les règnes entre *Fou-hi* et *Chin-nong*, à la réserve de celui de *Nu-oua*; on a mis les règnes avant *Fou-hi*, savoir, ceux de

(1) Première année de ce règne, 1573 ; (2) 2207 avant J.-C. de J.-C.

Soui-gin, de *Yeou-tchao* et des trois *Hoang*. Cette partie commence par *Pan-kou* et finit à la vingt-troisième année de *Ouey-lie-vang* ; elle n'est pas si instructive que le *Tsien-pien* du *Tong-kien-kang-mou*.

La deuxième partie contient le même espace de temps que le *Tching-pien* du *Tong-kien-kang-mou* , et c'est, dans le fonds, l'essentiel des annales de *Sse-ma-kouang* : dans le *Tong-kien* l'histoire de cet intervalle de temps est aussi instructive que dans le *Tong-kien-kang-mou*.

La troisième partie du *Tong-kien* contient aussi le même espace de temps que le *Su-pien* dans le *Tong-kien-kang-mou*, mais elle est bien plus instructive et détaillée que dans le *Tong-kien-kang-mou*. On voit dans cette partie non seulement l'histoire de la dynastie *Song*, , mais encore celles des dynasties tartares *Leao* , *Kin* , *Yuen* ; et sur ces trois dernières , le *Tong-kien* rapporte quantité de traits d'histoire omis , ou mal détaillés dans le *Tong-kien-kang-mou*. Le *Tong-kien* a encore dans cette troisième partie des notes pour faire connaître les pays , et des réflexions judicieuses. Il en est de même dans les deux autres parties.

Je ne parle pas de plusieurs abrégés d'histoire faits du temps de la dynastie passée , et qui portent le nom de *Kang-kien*. Ils ont tous la chronologie du *Tong-kien-kang-mou* , depuis le temps de *Yao* jusqu'à la dynastie passée. Il y en a qui suivent *Sse-ma-kouang* pour les temps avant *Yao* , d'autres suivent le *Ouay-ki* de *Lieou-jou* , en tout ou en partie. Je ne dis rien de quelques autres histoires chinoises dont je ne sais que le nom , mais par ce que j'en ai ouï dire, on y voit la chronologie que suit le *Tong-kien-kang-mou* jusqu'à *Yao* , et pour les temps au dessus de *Yao*, c'est comme le *Tong-kien* : on y suit *Sse-ma-kouang*, ou *Lieou-jou*, ou la chronologie de ce qu'on a vu d'ajouté à l'abrégé *Kia-tse-ouay-ki*.

S U.

Dans les premières années de *Kang-hi*, *Su* natif de *Kia-hing* dans la province de *Tche-kiang*, fit son livre *Tien-yuen-ti-li*. Dans ce qu'il y dit sur la géométrie et l'astronomie, il fait voir qu'il n'avait pas les vrais principes de ces deux sciences, mais il montre dans ce livre du goût, de la critique et de l'érudition. Il examine la chronologie du *Tchou-chou* telle qu'on l'a aujourd'hui, et soutient avec vivacité que c'est la vraie et ancienne chronologie de la Chine. Il ne parle pas des corrections qu'on peut faire et qui sont peut-être nécessaires, pour avoir le texte original de cette chronologie.

Su, après avoir fidèlement rapporté ce qui se passa à la découverte de ce livre, dit qu'après l'incendie des livres du temps de *Tsin-chi-hoang*, on n'a pu rien savoir de certain et de bien suivi sur la chronologie des temps avant la régence *Kong-ho*, dont il suppose l'époque sûre et même démontrée. Pour les temps antérieurs, on n'a, dit-il, rien de suivi, et le *Tchou-chou* est le seul monument ancien d'une chronologie des temps avant cette régence. *Su* ajoute, 1° que *Lieou-hin* et *Pan-kou* n'ont pu rien savoir de certain avant ce temps-là, qui ne fut connu de *Sse-ma-tsien* ; 2° que pour les temps qui suivent cette régence, tous les chronologistes depuis *Lieou-hin* et *Pan-kou*, ont suivi sans examen et sans preuves la chronologie de ces deux auteurs, et qu'il faut compter pour rien quelques aditions qu'on y a faites. Il dit que *Lieou-hin* et

Pan-kou ont pris beaucoup de quelques livres faux et supposés tel que le *Chi-pen*, et il déclame contre *Hoang-fou-mi* qui n'a fait qu'ajouter des fables à la chronologie de *Lieou-hin* et de *Pan-kou*. Il fait valoir habilement l'incertitude où l'on était au temps de *Sse-ma-tsien*, sur les temps entre *Hoang-ti* et l'empereur *Vou-ti* des *Han*. Il prétend faire voir par là qu'au temps de *Sse-ma-tsien* on ne savait rien de certain et de suivi avant la régence *Kong-ho*, sur la durée des dynasties *Hia*, *Chang* et *Tcheou*. *Su* ne prétend pas rendre incertaines les années marquées dans le *Chou-king* pour les règnes de *Yao* et de *Chun*, et ceux de quelques empereurs de la dynastie *Chang*; il prétend seulement faire voir que depuis *Sse-ma-tsien* on n'a su rien de nouveau, et qu'il n'y a que le *Tchou-chou* qui soit un monument ancien et authentique d'une ancienne chronologie, certaine et non interrompue.

Su qui paraît avoir lu exactement les livres des meilleurs auteurs sur l'histoire et la chronologie, ne cite qu'un ou deux auteurs favorables à sa chronologie, et il avoue que les historiens ont suivi la chronologie de *Lieou-hin* et de *Pan-kou*. Pour donner quelque crédit à son système, il a recours au sentiment des docteurs européens dont la chronologie, dit-il, favorise celle du *Tchou-chou*. Après avoir fait à la manière chinoise beaucoup de répétitions, il représente dans des tables chronologiques la chronologie du *Tchou-chou*, et il se sert du cycle de dix-neuf ans. Chaque colonne de ces tables contient un cycle de dix-neuf ans.

La première année du premier cycle est l'an *kia-tse* du cycle de soixante. La treizième année du premier cycle de dix-neuf, est l'année *ping-tse*, première du règne de *Yao*

(2145)

(av. J.-C. 2145). Ensuite, en suivant les cycles de dix-neuf ans, il rapporte aux années des cycles les événemens et les époques, et il les marque des caractères du cycle de soixante ans. Il suit ainsi les années de tous les règnes depuis la première année de *Yao* jusqu'à la première année du règne de *Kang-hi* qui, dans le système de *Su*, est la dix-neuvième du deux-cent-unième cycle de dix-neuf ans, et la trente-neuvième année du cycle de soixante ; c'est l'année *gin-yn* (1662 de J.-C.)

Su a eu soin de rapporter les années des règnes avant *Yao*, marquées dans le *Tchou-chou* (1).

NOTES.

1° Puisque l'année de J.-C. 1662 est la 19ᵉ du 201ᵉ cycle de dix-neuf ans, l'année *kia-tse* première du premier cycle de dix-neuf est l'an 2157 avant J.-C. Ainsi l'année *ping-tse* première du règne de *Yao* est la 13ᵉ du premier cycle de dix-neuf, et l'année 2145 avant J.-C.

2° *Su* parle du père *Adam Schall*, et en général des Européens, mais il ne dit pas le nom de ceux qui favorisaient son système. Il n'était pas chrétien, et ne cite aucun des livres faits par les missionnaires sur la religion. De son temps il y avait bon nombre de chrétiens, et même lettrés, dans le *Tche-kiang*. Plusieurs missionnaires, dans leurs livres de religion, ont parlé des calculs selon la vulgate, et selon les septante. Cette différence, connue par bien des Chinois, fit quelque mauvais effet dans leur esprit du temps de *Kang-hi*.

YU-TING - LI-TAY-KI-CHE-NIÉN-PIAO.

Le 26 du mois de mai 1715, (54ᵉ année de *Kang-hi*, 24ᵉ jour de la 4ᵉ lune), l'empereur donna ordre d'imprimer une histoire chinoise sous le nom *Yu-ting-li-tay-ki-che-nien-piao*. (2)

Dans un des voyages de *Kang-hi* dans les provinces méridionales de l'empire, on offrit à ce prince un ma-

(1) Voyez la chronologie *Tchou-chou*.   (2) On peut dire *Sse* au lieu de *che*.

nuscrit d'un lettré, qui contenait l histoire chinoise depuis l'empereur *Yao* jusqu'à la dynastie *Soui* (1).

L'empereur, charmé de la clarté et de la méthode de l'ouvrage, le fit examiner par les plus habiles docteurs de l'empire, et ordonna de continuer cette histoire jusqu'à la fin de la dynastie *Yuen* (2).

L'ouvrage fut examiné avec soin, et on l'acheva; l'empereur le vit, y donna son approbation, et mit à la tête une préface de sa façon. Cette histoire fut imprimée dans le palais impérial, à *Peking*; elle est en cent *pen* ou volumes chinois. L'impression est très-belle, et l'ouvrage méritait qu'un empereur savant comme *Kang-hi* le fît paraître, comme ayant été examiné et approuvé par lui-même.

Le volume qui est avant les cent volumes de l'histoire, est curieux et utile. Après la belle préface de *Kang-hi*, on voit soixante-douze pages, dont chacune contient soixante carrés. Ce sont soixante-douze cycles de soixante ans. Le premier cycle commence à la soixante-unième année de *Hoang-ti*, et le soixante-douzième cycle finit à la vingt-deuxième année de *Kang-hi* (1683 de J.-C.). Ainsi la soixante-unième année de *Hoang-ti*, première du premier cycle, est l'année 2637 avant J.-C. (3). La première année de *Yao* est l'année *kia-tchin*, 2357 avant J.-C. La chronologie de ce livre est la même que celle du *Tong-kien-kang-mou*, depuis la première année de *Yao* jusqu'à la dernière de la dynastie *Yuen*.

Le volume qui est avant les cent volumes de l'histoire,

_____

(1) L'année 581 de J.-C. fut la première de cette dynastie.

(2) Année de J.-C. 1368.

(3) 72 cycles de 60 ans font 4320 ans.

est de la façon des docteurs de l'empire, du temps de *Kang-hi*.

Dans les soixante-douze pages qui ont soixante-douze cycles de soixante ans, on voit d'abord les années du cycle auxquelles répondent les premières années de chaque règne; on voit aussi combien d'années chaque empereur a régné, et ayant une époque connue avant ou après J.-C., on voit aisément le rapport de chaque année à cette époque, et la vue des soixante carrés de chaque page est pour cela d'un grand secours.

Dans ce même volume on voit une instruction sur l'ordre gardé dans l'ouvrage, le catalogue des lettrés qui ont travaillé à l'ouvrage, le nombre d'années contenu dans chaque volume, et l'année du cycle et du règne par où *le* volume commence et finit.

Chaque page des cent volumes est divisée en espaces, renfermés entre quatre lignes. Dans le premier espace, on ne voit que les caractères du cycle de soixante années : ces caractères répondent aux années des règnes. Dans un autre espace, on voit ce qui regarde les événemens de chaque année du règne. Dans un autre, on voit ce qui regarde les princes de la famille impériale qui avaient des apanages dans les provinces de l'empire. Quand il y a eu des princes tributaires, soit qu'ils fussent de la famille impériale, ou qu'ils n'en fussent pas, on voit des espaces qui sont pour eux. Dans d'autres espaces enfin on voit ce qui regarde les pays étrangers. Ainsi dans chaque page, on voit d'un coup d'œil ce qui répond à l'année du règne de l'empereur, désignée par les caractères du cycle, non seulement dans ce qui est dit de l'empereur et des évé-

nemens de son règne, mais encore dans ce qui est rapporté
des princes de sa famille qui ont des apanages, des
princes tributaires, et des pays étrangers. Par exemple,
dans l'histoire de *Ping-vang* empereur de *Tcheou*, on voit
sans peine, dans l'histoire d'une année déterminée de son
règne, l'histoire des princes de *Lou*, de *Tsi*, de *Tsin*, *Ouey*,
Yen et autres états, pour cette année déterminée de *Ping-
vang*. Les autres histoires chinoises n'ont pas cet avantage,
et dans ce qu'on y lit dans un même texte sur tant de
sujets différens, il y a quelquefois de la confusion.

Ce qui est dit des pays étrangers dans l'histoire avant
les *Tsin* qui ont précédé J.-C., se réduit à peu de chose ;
mais depuis le temps de la dynastie des *Han* jusqu'à la fin
de la dynastie de *Yuen*, c'est un article assez intéressant.
L'histoire dont je parle a fait un choix de ce qu'il y a de
mieux à dire sur ce point, et on y voit à quels pays connus répondent les pays dont parle l'histoire, ou au moins
le rapport des pays dont on parle à ceux qu'on connait
d'ailleurs : cet article est, très-utile pour ceux qui
souhaitent savoir jusqu'où est allée la connaissance que
les Chinois ont eue des pays étrangers.

Ce qui est dans les annales de chaque règne est bien
choisi, et n'est ni trop diffus, ni trop abrégé. La méthode
et la clarté paraissent partout, et on voit ce qu'il y a de
meilleur dans les auteurs chinois qui ont écrit sur l'histoire : on y cite exactement les auteurs. On y a mis des tablettes généalogiques des familles impériales. On avait
reproché à *Sse-ma-tsien* des fautes sur la généalogie de
Chun, on les voit ici corrigées.

Je me suis étendu sur cet ouvrage, 1° à cause de son

utilité ; 2° parce que je crois qu'il n'est pas encore connu en Europe.

Par les grandes vides qu'on voit dans les epaces pour les règnes des empereurs des dynasties *Hia* et *Chang*, on reconnait qu'on sait bien peu de choses de l'histoire de la dynastie *Chang*, et encore moins de celle de *Hia*.

Le prince tartare, père de l'empereur *Chun-tchi*, et aïeul de l'empereur *Kang-hi*, entreprit de faire traduire en Tartare *Man-tcheou* l'histoire chinoise nommée *Tong-kien* (1). Il y en avait quatre tomes traduits, quand ce prince mourut en Tartarie. Il était savant en chinois; il profita des troubles de l'empire pour faire plusieurs courses dans la Chine où il était estimé et aimé. Son fils, *Chun-tchi* étant monté sur le trône après la mort funeste du dernier empereur de la dynastie *Ming*, continua de faire traduire en Tartare le *Tong-kien*. Cet ouvrage ne fut achevé qu'à la troisième année de *Kang-hi* ; on le fit imprimer, et cette traduction est fort estimée par les Tartares *Man-tcheou*. Dans la suite l'empereur *Kang-hi* fit traduire en Tartare *Man-tcheou*, l'histoire chinoise *Tse-tchi-tong-kien-kang-mou* (2). On n'a pas mis dans cette version beaucoup de notes et remarques que *Kang-hi* jugea inutiles pour les Tartares. Il revit lui-même l'ouvrage, et cette traduction est en grande réputation. C'est cette version tartare que le feu père de *Mailla* a traduite en français. Dans la version de la première partie, ce père a ajouté quantité de textes du livre *Chou-king* que le Tartare ne fait qu'indiquer. Dans la troisième partie, il a ajouté au texte tartare beaucoup de traits d'histoire qu'il

(1) C'est le *Tong-kien* dont j'ai parlé. (2) J'ai donné la notice de ce beau livre.

a pris des histoires particulières des dynasties tartares
Leao, *Kin*, *Yuen*; la version de *Kang-hi* n'a pas ces
traits d'histoire, et le père de Mailla les a cru nécessaires
pour u'on fût bien au fait sur l'histoire contenue dans la
troisième partie du *Tong-kien-kang-mou.* Ce père a mis
à la tête de sa traduction une préface fort instructive,
et il a encore enrichi son ouvrage de quelques éclaircissemens et remarques. La version française du père de
Mailla est depuis quelques années au collége de la Tri-
nité à Lyon. Le père Parennin, si connu en Europe, a
traduit en français ce que l'histoire traduite en Tartare
par l ordre de *Kang-hi* contient depuis *Fou-hi* jusqu'à
Yao. La traduction du père Parennin fut envoyée à Paris
aux pères de Tournemine et E. Souciet, et j'ai su de ces
révérends pères même qu'ils l'avaient reçue.

FIN DE LA SECONDE PARTIE.

TRAITÉ

DE LA CHRONOLOGIE CHINOISE.

TROISIEME PARTIE.

AVERTISSEMENT,

SUR CETTE TROISIÈME PARTIE.

Pour tâcher de fixer quelques époques de l'ancienne histoire chinoise, j'ai examiné ce qu'on dit des anciens monumens chinois.

Ce qui est dit dans le chapitre *Yao-tien* du livre *Chou-king*, est ce qui reste de plus ancien écrit sur les étoiles ; mais, comme on verra, on ne peut s'en servir pour déterminer une époque précise du temps de *Yao*. Par les catalogues chinois des étoiles, il est probable que deux petites étoiles, près de l'ante-pénultième de la queue du dragon allant vers la pénultième, ont été autrefois les étoiles polaires, au moins une des deux. Mais ces étoiles ont pu etre polaires bien long-temps, et on ne dit pas en quel temps on leur a donné les noms qu'elles ont (1). C'est bien sûrement plus de trois cents ans avant J.-C. Mais je ne sais si au-dessus de ce temps-là, elles

(1) La plus près de l'ante-pénultième s'appelle *Tien y* : *Tien*, cœlum. *Y*, unum. L'autre s'appelle *Tay y* : *Tay*, magnum. *Y*, unum.

avaient ce nom. Ce qu'on dit des signes célestes, soit fixes à un point du ciel, soit rapportés aux étoiles, ne détermine aucune année précise ; cela démontre une grande antiquité, mais antiquité qui ne remonte pas au-dessus du temps de *Yao*, du moins d'une manière sûre.

Dans le palais de l'empereur on a un vaste recueil d'anciennes monnaies. On n'a jamais publié ce qui est dans ce recueil. Il est vraisemblable que dès le temps de *Yao*, il y a eu des monnaies. Il est certain qu'il y en a eu du temps de l'empereur *Yu*. C'est du temps de l'empereur *Vou-vang* ou de son fils *Tching-vang* qu'on commença à fondre des deniers de cuivre ronds avec un trou au milieu. Le *Koue-yu* rapporte le placet d'un grand, 524 ans avant J.-C., pour qu'on ne donnât pas cours à une monnaie, dont la valeur pour le commerce était fort au-dessus de l'intrinsèque. Les historiens remontent jusqu'au temps de *Hoang-ti* : ils disent que de son temps, il y avait des monnaies. De toutes les monnaies dont on parle, les plus anciennes qui existent ne vont pas au-dessus de l'an 246 avant J.-C. S'il y en a de plus anciennes qui existent, elles sont dans le palais de l'empereur ou cachées quelque part. On ne voit pas ce qui est chez l'empereur en monnaies anciennes, et on n'en a rien publié jusqu'ici. Sur cet article, la Chine n'a rien qui puisse être comparé avec les riches recueils de médailles qui se voient en Europe.

On a envoyé en France le livre des anciennes figures d'armes, anciens habits, chars, instrumens de musique et mathematiques, vases, urnes, édifices, etc. Ces figures sont récentes mais faites sur les anciennes qui n'existent plus et dont l'antiquité n'était pas plus grande que celle de *Yao*.

La

La figure de la sphère est celle d'une sphère qu'on a eue à la Chine 516 ans ou 520 ans après J.-C. Par ce qu'on dit de la sphère du temps de *Tcheou-kong*, de la dynastie *Chang*, de celle de *Hia*, de celle du temps de *Chun* et de *Yao*, il paraît que c'était une calotte qui représentait la moitié du ciel avec les planètes et les étoiles visibles au pays où était la cour de l'empereur. L'empereur a dans ses cabinets en réalité quelques anciens cachets ou sceaux d'une espèce de pierre précieuse où il y a d'anciens caractères, des cassolettes et autres vases de cuivre, où sont les noms de quelques empereurs de la dynastie *Chang*, des clepsydres, urnes, clochettes du temps de la dynastie *Tcheou* ; (je ne parle pas des monumens en grand nombre qui subsistent depuis la dynastie de *Han* et de quelques-uns du temps après *Confucius*).

Le bassin de l'empereur *Tching-tang*, dont parlent les livres classiques, les neuf vases de cuivre ou urnes de l'empereur *Yu*, dont le *Tso-tchouen* fait mention, sont perdus. On a aussi perdu l'original des poids et mesures avec le livre des documens laissés par *Yu*, dont le *Chou-king* parle dans un chapitre fait du temps de l'empereur *Tai-kang*, ou de son frère *Tchong-kang*, empereurs de la dynastie *Hia*. On conserve en figures les trois pieds en usage au temps de la dynastie *Hia*, de celle de *Chang* et de celle de *Tcheou*. On a en réalité d'anciennes mesures de cuivre, mais on les croit plus anciennes que *Yao*; il n'y a point de caractères anciens et rien de bien sûr là-dessus.

Dans la synagogue des Juifs de *Kai-fong-fou*, capitale de la province du *Ho-nan*, on voit quelques tables de pierre ou de marbre, où on lit en chinois ce qui regarde les Juifs. Ces monumens sont de la dynastie passée et de celle-ci, mais ils en supposent de plus anciens du temps des *Tcheou* avant J.-C. soit en livres, soit en pierres, ou en fer, ou en bronze. On doit bien regretter ces anciens monumens de la dynastie *Tcheou*, puisqu'on'y comparaît les temps d'Abraham et de Moïse avec ceux de *Heou-tsi*, chef de la famille de *Tcheou* et contemporain des empereurs *Chun* et *Yao*; dans cette troisième partie, je parle des monumens des Juifs de *Kai-fong-fou*.

Les Chinois, qui sont si amateurs de l'antiquité, ont eu le malheur de perdre presque tous leurs anciens monumens en cuivre, bronze, fer, marbre, pierre. Les guerres, les pillages, les saccagemens des villes et des tombeaux, ont détruit une infinité d'anciens monumens. L'intérêt a fait fondre d'anciens monumens en cuivre et autres métaux pour avoir de l'argent. Le même intérêt a fait vendre bien d'anciens monumens en pierre et en marbre dont on a effacé les caractères pour leur en substituer d'autres. Les anciens instrumens de mathématiques, même ceux des dynasties depuis les *Han* jusqu'à la dynastie *Yuen*, se sont perdus ou ont été fondus, et il n'en reste que peu de la dynastie passée, faits sur le modèle de ceux de la dynastie *Yuen*.

Dans le *Chou-king*, l'empereur *Chun* parle des peintures des anciens habits. Dans le temps des dynasties depuis *Chun*, il y a eu des peintures, et aujourd'hui les plus anciennes peintures ne sont pas au-dessus de 1000 ans et 1200 ans. Dans le palais de l'empereur, on conserve avec soin une peinture où *Chun-ti*, dernier empereur de la dynastie *Yuen*, est représenté sur un beau cheval dont on détaille toutes les dimensions. On marque que le cheval fut offert à *Chun-ti* par un étranger du royaume de

France. C'était sans doute ou un marchand ou un curieux voyageur.

Les huit *Koua* ou figures du livre *Y-king* sont sans contredit ce qu'il y a de plus ancien à la Chine. Les Chinois, d'après *Confucius*, les attribuent unanimement à *Fou-hi*. Le *Tso-tchouen* assure que *Fou-hi* a été empereur à la Chine. *Confucius* dit en général qu'il régna, et ne met aucun roi au-dessus de son temps. Malgré l'autorité du *Tso-tchouen*, on peut dire que *Fou-hi* n'a pas été roi à la Chine, mais qu'il a été le chef de la colonie partie d'occident pour la Chine, au temps de la dispersion; qu'il avait e s *Koua* et même les soixante-quatre *Koua*. Ces *Koua* sont certainement les élémens de l'écriture chinoise. Les caractères chinois sont au moins du temps de *Hoang-ti*, mais ni les *Koua*, ni ce qu'on dit des premiers caractères chinois ne donnent des époques pour les temps de *Fou-hi*, *Chin-nong*, *Hoang-ti*; les explications des *Koua*, faites par *Ven-vang* et son fils *Tcheou-kong*, existent. Les chapitres *Yao-tien* et *Chun-tien* du *Chou-king* sont des histoires du temps de *Yao* et de *Chun*. C'est en livres ce qui reste de plus ancien. Puisqu'avant *Yao* il y avait des caractères, il y avait apparemment des livres.

Lieou-hiang, un des plus savans auteurs du temps des *Han* occidentaux, a parlé des sépultures des anciens empereurs. Il ne dit rien de celles des empereurs avant *Hoang-ti*. Il commence par celle de *Hoang-ti*. Il dit que c'est lui qui, le premier, fit faire des cercueils, et qu'avant lui, on mettait les corps morts dans des fagots épais d'herbes et on les laissait dans les lieux écartés. Il cite pour cela le livre *Y-king*. Cela s'explique très-bien dans

24 *

le système qui fait *Hoang-ti* le premier empereur chinois
résidant à la Chine. La colonie chinoise venant à la Chine,
devait enterrer les morts dans le premier lieu commode
qu'elle trouvait. Etant arrivés à la Chine, les chefs déterminèrent des lieux et des cérémonies pour les enterremens. Dans les lieux où sont les anciens tombeaux, on ne
voit pas d'anciens caractères qui fixent les temps. Le
Chou-king, en rapportant la mort de *Tching-vang*, empereur de *Tcheou*, parle de plusieurs raretés antiques ex-
posées au jour des cérémonies pour la mort du prince.
La figure *Ho-tou* (1) et une ancienne sphère ou globe
céleste y étaient. Tout cela s'est perdu. Les cabinets des
curiosités du palais de l'empereur ont plusieurs fois été
pillés et brûlés.

J'ai parlé du monument trouvé dans le *Chen-sy* au temps
de la dynastie *Song*. Dans ce monument, on voit la cession que l'empereur *Ping-vang* fit à *Siang-kong*, prince
de *Tsin*, du pays où est *Si-gan-fou*, capitale du *Chen-sy*. On
voit encore quelques tables de pierres ou marbre où il y
a des caractères du temps de l'empereur *Tsin-chi-hoang*.
Presque toute la grande muraille qui sépare la Chine de
la Tartarie est un monument de plus de trois cents ans
avant J.-C. La montagne que *Yu* fit percer pour y faire
passer le *Hoang-ho* est un beau monument. On voit encore
cette grande rivière passer par ce grand précipice entre les
deux montagnes *Long-men* (2). Une partie de cette montagne est dans le *Chan-sy*, l'autre dans le *Chen-sy*. Dans
le *Pe-tche-ly* et la partie occidentale du *Chan-tong* on voit

---

(1) Dans plusieurs livres d'Europe on
peut voir cette figure *Ho-tou* et les *Koua*
de *Fou-hi*.

(2) Latit. bor. 35 deg. 40 m. long.
5 deg. 45 ouest de Peking.

des vestiges du bras du *Hoang-ho* qui y passait au temps de *Yu*, et dans d'autres provinces, on voit d'autres vestiges des ouvrages que fit *Yu* pour rémédier aux dégâts du déluge ou de l'inondation dont le *Chou-king* parle au règne de *Yao*. Mais ces anciens vestiges sont sans caractères de ces temps anciens.

Dans le collége impérial de Peking, on voit un mortier de fer que les antiquaires Chinois croient de la première antiquité. Il est sans caractères. Dans le même collége, on voit des blocs de pierre où est la forme des caractères du temps de l'empereur *Suen-vang* (1), empereur de *Tcheou* : ce monument est du temps de ce prince. Il est surprenant qu'à la réserve de la grande muraille, on ne voie pas à la Chine quelques anciens édifices comme temples, palais, ponts, etc., qu'on puisse assurer être bien anciens (je parle d'une antiquité au-dessus du temps de *Confucius*). Dans toutes les provinces, on voit des masures de murailles de terre ou briques avec des monceaux de pierres, mais ce n'est qu'une tradition qui assure que ces masures sont au-dessus du temps de la dynastie *Tcheou*. Il y en a du temps de *Hia* et au-dessus selon la tradition, mais il n'y a pas d'époques marquées en caractères, et ce qu'on voit d'écrit en quelques endroits, a été écrit plusieurs siècles après. Par les livres, on sait certainement par exemple, que la ville où est aujourd'hui *Ho-nan-fou* du *Ho-nan* est la ville que *Tcheou-kong* fit bâtir ; que dans les districts de *Pou-tcheou*, *Ping-yang-fou* du *Chen-sy*, il y avait des villes du temps de *Yu*, *Chun*, *Yao*; que dans les districts de *Si-gan-fou*, *Fong-tsiang-fou* de *Chen-si*, il y avait des villes du temps

(1) Première année de son regne, l'année 827 avant J.-C.

de l'empereur *Vou-vang* et des ancêtres de sa famille, du temps de la dynastie *Chang* ; que dans le *Ho-nan* et le *Chan-sy* , les empereurs de la dynatie *Chang* ont eu des villes, etc.; mais on ne voit pas de monumens de ces anciennes villes; ce qu'on en sait est par tradition et par les livres. Si la Chine avait des antiquaires du goût de ceux d'Europe , on trouverait peut-être bien des monumens anciens dans les lieux où on sait que les anciens empereurs ont eu leur cour. Il en est de ces anciens monumens, comme de beaucoup d'anciens livres , on sait qu'ils ont été, et qu'ils sont perdus. Un des descendans de l'empereur *Tchouen-hiu* fut *Pong-tsou* ou *Lao-pong*. On dit qu'il vécut 400 ans , d'autres disent 700 et 800 ans. Quoiqu'il en soit de sa longue vie, le *Koue-yu* dit qu'il fut un des grands durant le temps de la dynastie *Chang*. *Confucius* en parle ; il dit qu'il débite une doctrine qui n'est pas de lui ; mais des anciens; il assure qu'en cela il imite *Lao-pong* qui rapportait fidèlement ce qu'il savait de l'antiquité. Ces paroles de *Confucius* font bien regretter la perte de ce que disait sur l'antiquité un auteur aussi ancien que *Lao-pong*, et estimé de *Confucius*.

Les missionnaires de la Chine, surtout depuis le temps que j'y suis, n'ont point les commodités requises pour faire des recherches qui seraient nécessaires pour trouver d'anciens monumens. Il faut espérer de meilleurs temps pour ceux qui viendront dans la suite. Pour le présent je n'ai autre chose à faire qu'à rendre compte du peu que j'ai pu faire pour examiner les époques chinoises, en combinant ce que disent les livres chinois.

CARACTÈRES CHINOIS DU PREMIER JANVIER

DE CHAQUE ANNÉE D'UNE PERIODE de 80 ans avant J.-C.

Bissext.	721	Sin-ouey........ 1	Bissext.	681	Sin-tcheou.....41
	720	Ting-tcheou 2		680	Ting-ouey.....42
	719	Gin-ou 3		679	Gin-tse........43
	718	Ting-hay 4		678	Ting-sse........44
Bissext.	717	Gin-tchin 5	Bissext.	677	Gin-su.........45
	716	Vou-su........ 6		676	Vou-tchin......46
	715	Kouey-mao 7		675	Kouey-yeou....47
	714	Vou-chin...... 8		674	Vou-yu........48
Bissext.	713	Kouey-tcheou... 9	Bissext.	673	Kouey-ouey....49
	712	Ki-ouey.......10		672	Ki-tcheou......50
	711	Kia-tse........11		671	Kia-ou.........51
	710	Ki-sse.........12		670	Ki-hay........52
Bissext.	709	Kia-su.........13	Bissext.	669	Kia-tchin......53
	708	Keng-tchin.....14		668	Keng-su.......54
	707	Y-yeou.........15		667	Y-mao.........55
	706	Keng-yn.......16		666	Keng-chin.....56
Bissext.	705	Y-ouey.........17	Bissext.	665	Y-tcheou......57
	704	Sin-tcheou......18		664	Sin-ouey.......58
	703	Ping-ou........19		663	Ping-tse........59
	702	Sin-hay........20		662	Sin-sse........60
Bissext.	701	Ping-tchin......21	Bissext.	661	Ping-su.......61
	700	Gin-su.........22		660	Gin-tchin......62
	699	Ting-mao......23		659	Ting-yeou.....63
	698	Gin-chin.......24		658	Gin-yn........64
Bissext.	697	Ting-tcheou.....25	Bissext.	657	Ting-ouey......65
	696	Kouey-ouey....26		656	Kouey-tcheou...66
	695	Vou-tse........27		655	Vou-ou........67
	694	Kouey-sse.....28		654	Kouey-hay.....68
Bissext.	693	Vou-su........29	Bissext.	653	Vou-tchin......69
	692	Kia-tchin......30		652	Kia-su.........70
	691	Ki-yeou.......31		651	Ki-mao........71
	690	Kia-yn........32		650	Kia-chin......72
Bissext.	689	Ki-ouey.......33	Bissext.	649	Ki-tcheou......73
	688	Y-tcheou......34		648	Y-ouey.......74
	687	Keng-ou......35		647	Keng-tse......75
	686	Y-hay.........36		646	Y-sse........76
Bissext.	685	Keng-tchin.....37	Bissext.	645	Keng-su.......77
	684	Ping-su........38		644	Ping-tchin......78
	683	Sin-mo........39		643	Sin-yeou.......79
	682	Ping-chin......40		642	Ping-yn........80

Dans les années communes , les caractères chinois du 1ᵉʳ janvier reviennent le 2 mars , 1ᵉʳ mai , 30 juin , 29 août , 28 octobre , 27 décembre. Dans les années bis-sextiles , les caractères du 1ᵉʳ janvier reviennent un jour plutôt : 1ᵉʳ mars , 30 avril , 29 juin , 28 août , 27 octobre , 26 décembre.

COMMENCEMENT DES PÉRIODES de 80 ans avant J.-C.				COMMENCEMENT DES PÉRIODES de 80 ans après J.-C.		
1	721	1441	2161	80		
81	801	1521	2241	160	720	1280
161	881	1601	2321	240	800	1360
241	961	1681	2401	320	880	1440
321	1041	1761	2481	400	960	1520
401	1121	1841	2561	480	1040	1600
481	1201	1921	2641	560	1120	1680
561	1281	2001	2721	640	1200	1760
641	1361	2081				

Dans toutes ces années juliennes avant et après J.-C. , le premier janvier a les caractères *Sin-ouey*.

USAGE DES PRÉCÉDENTES TABLES.

Les Chinois ont un cycle de soixante jours , dont les caractères sont les mêmes que ceux du cycle de soixante années. Pour réduire les jours chinois aux nôtres , voici une méthode :

L'anée julienne est de 365 jours 6 heures ; ainsi divisant ces jours par 60 , il reste pour une année 5 jours et 6 heures , et pour 4 ans il reste 21 jours ; donc après 80 ans il ne reste rien , c'est-à-dire , que de 80 en 80 ans les caractères du jour chinois qui répond par exemple au 1ᵉʳ janvier julien 1749 de J.-C. , reviennent au 1ᵉʳ jour

de

de janvier et par conséquent aux autres jours juliens de l'année. Le 1ᵉʳ janvier julien de l'année 1749 a été avec les caractères chinois *kia-su* du cycle de 60. Ayant les caractères du 1ᵉʳ janvier, on a les caractères des autres jours de l'année : en remontant par les périodes de 80 ans, on aura de même les caractères chinois de tel jour qu'on voudra dans une année donnée.

On veut savoir les caractères chinois pour le 1ᵉʳ janvier julien de l'an 1267 de J.-C. : cette année est dans la période qui commença l'an de J.-C. 1200. Dans cette période de 80 ans, l'an 1267 est la 68ᵉ année de la période : on cherche dans la table la 68ᵉ année de la période, on y voit les caractères *kouey-hay*, pour le 1ᵉʳ janvier : ainsi le 1ᵉʳ janvier 1267 eut les caractères *kouey-hay*, le 25 mai de la même année eut donc les caractères *ting-hay*. Le père Grandamy parle au long d'une éclipse de soleil qui eut lieu le 25 mai de l'an 1267. Or, dans l'astronomie chinoise, on voit une éclipse de soleil au jour *ting-hay*, 1ᵉʳ de la 5ᵉ lune, c'est-à-dire, de celle dans les jours de laquelle fut le solstice d'été. L'éclipse chinoise est celle du père Grandamy, et l'on doit en conclure la justesse de la méthode.

M. Cassini, dans les règles de l'astronomie indienne, parle d'une éclipse de soleil au 21 mars, l'an 638 de J.-C.; l'an 638 est la 79ᵉ année de la période de 80 ans qui commença l'an 560. Cette 79ᵉ année a dans le catalogue les caractères *sin-yeou*; ce sont ceux du 1ᵉʳ janvier de l'an 638 : les caractères *keng-tchin* furent donc ceux du 21 mars. L'astronomie chinoise marque une éclipse de soleil l'an 638 de J.-C., au premier jour de la 2ᵉ lune intercalaire, et elle dit que ce jour avait les caractères *keng-tchin*.

Puisque *keng-tchin* furent les caractères du 1er jour de la 2e lune intercalaire, le jour d'auparavant fut le dernier jour de la 2e lune, et celui où ils marquèrent l'équinoxe du printemps. L'éclipse du jour *keng-tchin* est l'éclipse de M. Cassini au 21 mars, et selon les tables on trouve effectivement ces caractères *keng-tchin* pour le 21 mars de l'an 638.

Selon la même méthode on trouve que le 28 août de l'an 360 de J.-C. eut les caractères chinois *sin-tcheou*. Or, on trouve dans l'astronomie chinoise qu'au jour *sin-tcheou*, 1er de la 8e lune (c'est celle dans le cours de laquelle se trouve l'équinoxe d'autonne) de l'année de J.-C. 360, il y eut une éclipse de soleil. Le 28 août est certainement le jour chinois *sin-tcheou* de l'éclipse, puisqu'il n'y eut cette année-là aucun autre jour *sin-tcheou* (1) qui fut jour d'une nouvelle lune et jour d'éclipse de soleil. Le père Riccioli rapporte une éclipse de soleil, calculée par beaucoup d'auteurs, au 28 août de l'an de J.-C. 360. Je pourrais rapporter un grand nombre d'autres exemples pour justifier la méthode, mais ce que je dis me parait suffire.

Deux lunes de suite peuvent être de trente jours dans l'année chinoise lunisolaire, et il arrivera quelquefois que les mêmes caractères du premier jour de la lune reviennent deux mois après au premier jour de la lune. Mais dans le cours d'une année, deux jours de lune ne peuvent avoir les mêmes caractères du cycle, et être jours d'éclipse, et si ce n'est pas deux mois après que les mêmes caractères reviennent au jour de la nouvelle lune, nul des autres jours

(1) Le manuscrit porte ici et dans la ligne précédente *keng-tchin* : ce ne peut être qu'une faute du copiste, on n'a point hésité à y substituer *sin-tcheou* que réclame la suite des idées.

Note de l'Editeur.

premiers de la lune n'aura ces caractères dans l'année. Il est arrivé anciennement que faute d'attention pour marquer le jour du solstice d'hiver et pour intercaler, on a mal marqué l'ordre des lunes en marquant l'éclipse, mais on ne s'est pas trompé pour le jour, et l'erreur pour la disposition des lunes n'a jamais été que d'une lune ; ainsi si le jour chinois donné avec ses caractères chinois correspond en effet à une éclipse, c'est sûrement l'éclipse indiquée. Dans l'année il ne peut pas y avoir deux éclipses qui aient les mêmes caractères chinois pour le jour. Pour qu'une éclipse de soleil puisse revenir avec les mêmes caractères pour le jour, il faut au moins cinq ans, et ce retour n'est pas à la même lune, ou bien souvent l'éclipse n'est pas visible. Si d'ailleurs l'éclipse a les caractères chinois du cycle pour l'année, il faudra attendre bien longtemps pour avoir une éclipse de soleil ou autres qui ait les mêmes caractères cycliques du jour et de l'année. Dans les éclipses de soleil et de lune depuis la dynastie des *Han*, les éclipses ont les caractères du jour et de l'année, et l'indication de la lune ou du mois lunaire, comme premier, second, troisième ; tous ces caractères réunis font une chronologie indubitable depuis la dynastie des *Han* jusqu'à notre temps ; et on peut encore ajouter quantité d'occultations d'étoiles et planètes par la lune, observées et marquées, avec les caractères cycliques du jour et de l'année.

Dans les éclipses de soleil que je rapporte avant J.-C., on n'a pas sûrement la marque cyclique pour l'année, parce qu'on n'est pas certain que cette marque mise par les historiens soit des auteurs contemporains ; mais on sait par une suite bien détaillée et même prouvée, la suite des années des règnes d'après les éclipses jusqu'à des années con-

25 *

nues certainement, et dans ces éclipses, la vérification du jour par les caractères cycliques démontre la distance des années de ces éclipses aux époques connues.

Si l'on vérifie les caractères cycliques du jour marqué par exemple, premier de la lune, troisième, quinzième, seizième, et si l'on marque quelle est cette lune, ou la première, ou la deuxième, ou la troisième, on peut vérifier encore par là les années où sont marqués de tels jours. Ce n'est qu'après cinq années que les mêmes caractères cycliques peuvent revenir à un jour déterminé d'une lune, comme le premier, le deuxième, etc., et ce retour n'est pas dans la même lune. C'est par cette voie qu'on a tâché de fixer les époques des premières années des règnes de *Tching-vang* et de *Kang-vang*, empereurs de la dynastie *Tcheou*. Le livre classique *Chou-king* a plusieurs jours marqués avec les caractères du cycle de soixante. Le livre classique *Tchun-tsieou* a encore plus de jours ainsi marqués que le *Chou-king*, et l'on peut s'en servir, non seulement pour la chronologie, mais encore pour l'astronomie et la connaissance du calendrier et autres points.

Les astronomes des *Han* admettaient l'année julienne de 365 jours un quart, ils avaient une époque au minuit d'un jour connu avec les caractères cycliques ; à ce moment de minuit était le solstice d'hiver, et c'était le commencement de leur année astronomique qu'ils partageaient en vingt-quatre parties égales, appelées *Tsie-ki*. Le premier *Tsie-ki* était le solstice d'hiver. On voit que pour savoir les caractères chinois des jours donnés dans une année quelconque, avant l'année de l'époque, ces astronomes se servaient de la période de quatre-vingts ans juliens. *Hoay-nan-tse*, qui écrivait plus de cent ans avant J.-C., parle aussi de cette période de quatre-vingts ans et de son usage pour trouver les caractères cycliques pour les jours des temps passés, dans tous les *Tsie-ki* proposés.

Le catalogue de la période de quatre-vingts ans fait voir que les notes cycliques du jour de l'année après la bissextile, reviennent au même jour de l'an julien après vingt-trois ans, et cette vingt-quatrième année est bissextile. Les notes cycliques du jour de l'année bissextile reviennent après cinquante-sept ans, mais la cinquante-huitième année est l'année après la bissextile.

TROISIÈME PARTIE.

EXAMEN DES ÉPOQUES DE L'HISTOIRE CHINOISE,

POUR FIXER LA CHRONOLOGIE DE CETTE HISTOIRE.

Dans la première et la seconde partie de la chronologie chinoise, j'ai dit et supposé que l'année 206 avant J.-C. est la première année de la dynastie des *Han*, dont le premier empereur fut *Han-kao-tsou*, nommé auparavant *Lieou-pang*; voici comme on peut démontrer cette époque.

La dynastie régnante est celle des Tartares *Man-tcheou*, venus des pays de la Tartarie orientale, au nord de la Corée. L'année de J.-C. 1644 (1) est la dernière et 17ᵉ année du dernier empereur de la dynastie passée, appelée *Tay-ming*. Cette année 1644 est aussi comptée par les Chinois pour la première année de la dynastie régnante qui a le titre de *Tay-tsing*, et de l'empire de *Tchang-hoang-ti* dont le règne fut nommé *Chun-tchi*. L'époque de 1644 pour la dernière année de la dynastie *Tay-ming* et la première de la dynastie *Tay-tsing*, est démontrée par les relations et lettres des missionnaires qui étaient cette année là à la Chine, par plusieurs observations astronomiques, et par la suite des années des règnes jusqu'à l'année 1749, qui a les notes cycliques *ki-sse*.

(1) *Kia-chin*, dans le cycle de 60.

Règne de *Chun-tchi*, ou *Tchang-hoang-ti*, dix-huit ans.

Après *Chun-tchi*, règne de *Kang-hi*, ou *Gin-hoang-ti*, fils de *Chun-tchi*, soixante-une années.

Après *Kang-hi*, regne de *Yong-tching*, ou *Hien-hoang-ti*, fils de *Kang-hi*, treize années.

Après *Yong-tching*, règne de *Kien-long*; l'année 1749 est la quatorzième année du règne de *Kien-long*.

L'empereur régnant est fils de l'empereur *Hien-hoang-ti*, et son règne a jusqu'ici le nom de *Kien-long* : ce n'est qu'après sa mort qu'on lui donnera un titre.

L'histoire chinoise, publiée par ordre de l'empereur connu en Europe sous le nom de *Kang-hi*, met entre la première année de l'empire de *Lieou-pang*, fondateur de la dynastie *Han*, et la première année du règne *Chun-tchi*, un intervalle de trente cycles de soixante ans et quarante-neuf ans complets. C'est une somme de 1849 ans complets. La première année de cet espace est, dans le catalogue de l'empereur *Kang-hi*, avec les caractères cycliques *y-ouey*, et la dernière année de l'espace a les caractères *kouey-ouey*. Ce sont ceux de l'an de J.-C. 1643, et par le calcul on voit que l'année 206 avant J.-C. est l'année *y-ouey*. Cette détermination de l'année *y-ouey* pour la première année de la dynastie *Han*, comme étant l'année 206 avant J.-C., n'est pas un système de chronologie dans l'histoire faite par les ordres de l'empereur *Gin-hoang-ti*. La somme de 1849 ans n'est que l'addition de la durée des règnes des dynasties dont les années sont marquées une par une par les historiens contemporains, témoins oculaires de ce qu'ils marquent. On a l'histoire de tous les règnes depuis la première année *Chun-tchi* jusqu'à la première année du règne de *Lieou-pang*, premier empereur des

Han. Cette histoire a été faite sur les histoires particulières de chaque dynastie qui a eu ses historiens. Ces histoires existent , et chacun peut les consulter ; il n'y a eu nulle interruption dans le tribunal des historiens de chaque dynastie. On voit dans cette histoire l'année du cycle de soixante marquée à chaque règne, depuis la dernière année de la dynastie *Ming*, jusqu'à la première de l'empire de *Kouang-vou-ti*, premier empereur des *Han* orientaux ; et en comptant ces cycles de soixante, on trouve que l'année *y-yeou*, première de *Kouang-vou-ti*, répond à l'an 25 de J.-C. *Pan-kou*, l'historien dont j'ai parlé , et qui a fait l'histoire des *Han* occidentaux , met l'espace de 230 ans depuis la première année de *Lieou-pang* jusqu'à la première année de *Kouang-vou-ti* , et il dit que la première année de l'empire de *Lieou-pang* a le caractère *ouey* du cycle de douze : c'est l'an 206 avant J.-C , en supposant l'an 25 de J.-C. pour la première année de *Kouang-vou-ti*. Les monumens de l'histoire dont je parle ne souffrent aucun doute pour la chronologie : les années, les mois y sont exactement marqués; les jours même le sont fort souvent. *Pan-kou*, historien de l'empire , vivait du temps des *Han* orientaux ; lui et sa sœur arrangèrent l'histoire des *Han* occidentaux sur les mémoires originaux des historiens des empereurs des *Han* occidentaux , et le tout fut approuvé par le tribunal de l'histoire , après un mûr examen.

L'époque de l'an 206 avant J.-C. se démontre par des observations astronomiques.

Selon l'histoire de la dynastie des *Han* orientaux au jour *kouey-hay*, dernier de la troisième lune , c'est-à-dire premier de la quatrième lune de l'an septième de *Kouang-vou-ti* , *vou-ti*, il y eut une éclipse de soleil observée à *Lo-yang* (*Ho-nan-fou*, ville du premier ordre, du *Ho-nan*). Dans la suite des cycles, cette année de *Kouang-vou-ti* est avec les caractères *sin-mao*.

Les caractères *sin-mao* pour le cycle des années, les caractères *kouey-hay* pour le cycle de soixante jours, le premier jour de la quatrième lune chinoise ou le dernier de la troisième lune, sont tous caractères qui ne conviennent qu'à l'éclipse de soleil visible à *Lo-yang*, le 10 mai de l'an 31 de J.-C. La forme d'année de ce temps-là était comme aujourd'hui : la première lune était celle où le soleil entre dans le signe *Pisces*; la deuxième lune, celle dans les jours de laquelle le soleil entre dans ce que les Européens appellent *Aries*; la troisième lune, celle dans les jours de laquelle le soleil entre dans *Taurus*, et la quatrième lune, celle dans les jours de laquelle le soleil entre dans *Gemini*. Il est clair que le 10 mai fut le premier de la lune dans les jours de laquelle le soleil entra dans *Gemini*. (1) Par le cycle des jours, on voit que le 10 mai se nomme *kouey-hay*, et cette année de J.-C. 31 a les caractères *sin-mao*. Dans nulle autre année, plusieurs siècles avant et après J.-C., on ne trouvera une éclipse de soleil qui ait ces caractères réunis : ainsi l'an *sin-mao*, septième de *Kouang-vou-ti*, est l'an 31 de J.-C. Donc l'année 25 de J.-C. sera la première année de *Kouang-vou-ti*. Cette année a les caractères *y-yeou*. Les historiens des *Han* ayant tiré de leurs registres 230 ans entre la première année de *Kouang-vou-ti* et la première de *Han-kao-tsou*, cette première année sera l'an 206 avant J.-C., puisqu'elle

(1) Le calcul fait connaître une éclipse de soleil visible à *Lo-yang*.

26

a le caractère *ouey* du cycle de douze. Les historiens des
dynasties suivantes ont mis les caractères *y-ouey* du cycle
de soixante.

L'époque de l'an 206 avant J.-C. se démontre encore
par une éclipse de soleil, marquée par l'histoire des *Han*
occidentaux et par l'astronomie de ce temps là, à la neuvième année du règne de *Kao-ti* (c'est *Lieou-pang*, ou
Han-kao-tsou) au jour *y-ouey*, dernier de la sixième lune
(premier de la septième lune), le soleil étant dans le treizième degré de la constellation *Tchang*. Puisque, selon
l'histoire des *Han* occidentaux, la première année de
Kao-ti a le caractère *ouey* dans le cycle de douze, la
neuvième année doit avoir le caractère *mao* dans le même
cycle.

Dans un grand nombre d'années, avant et après l'an 198
avant J.-C., il n'y a nulle éclipse de soleil dont les caractères
marqués dans l'histoire et l'astronomie, puissent convenir
à une année différente de 198. Le 7 août 198 avant J.-C.,
il y eut une éclipse considérable à *Si-gan-fou*, capitale
de la province du *Chen-sy*, et alors capitale de l'empire.
Ce jour s'appelait *y-ouey*, c'était le premier de la septième lune, et l'année a le caractère *mao*.

Par la période de quatre-vingts ans, on voit que le 1er
janvier 198 avant J.-C. eut les caractères du cycle *ting-
sse*; donc le 7 août eut les caractères *y-ouey*. Au temps de la
conjonction de la lune avec le soleil, le soleil et la lune
étaient dans le signe *Leo*, 10 d. 23 m. 16 s.; ainsi dans les
jours de cette lune, le soleil entra dans le signe *Virgo* :
c'était donc la septième lune chinoise. Dans ce temps-là,
les vingt-huit constellations étaient marquées avec l'é-
tendue équatorienne que nous avons indiquée dans la pre-

mière partie, et le solstice d'hiver passait pour être au 25
décembre julien. Chaque jour, le mouvement du soleil était
regardé comme d'un degré dans les constellations, et on
commençait par le solstice d'hiver. Le solstice d'hiver était
alors cru dans le vingt-sixième degré de la constellation
Teou; ainsi on jugeait du lieu du soleil par le nombre des
jours écoulés depuis le solstice d'hiver antérieur. Du 25
décembre 199 avant J.-C. au 7 août 198, il y a 224 jours.
Selon la table des constellations, raportée dans la première partie, du dernier degré de *Teou* au treizième
de *Tchang*, il y a aussi 223, 224 degrés. Cela est conforme au nombre des jours, au commencement du calcul
pour les jours et les degrés de la constellation, et on voit
que le soleil était au lieu où on le devait trouver selon le
calcul d'alors : car il ne faut pas juger du calcul d'a-
lors par celui qu'on ferait aujourd'hui, sans connois-
sance de la méthode d'alors. La quantité des degrés des
constellations était selon l'équateur, le nombre des degrés
égalait le nombre des jours de l'an julien, et le mouvement diurne du soleil était d'un degré dans ces constellations. On doit donc regarder comme une époque démontrée l'année 198 avant J.-C., pour la neuvième année
de l'empire de *Kao-ti*, fondateur de la dynastie *Han*. Cette
année 198 doit nécessairement avoir dans le cycle les caractères *kouey-mao*; l'année 206 avant J.-C. doit avoir nécessairement dans le cycle les caractères *y-ouey*; et l'année 198 étant la neuvième année de l'empire de *Kao-ti*,
l'année 206 avant J.-C. doit être la première de cet empire.

NOTES.

1° La dynastie des *Han* est divisée en *Han* occidentaux et en
Han orientaux. Les occidentaux avaient leur cour à *Si-gan-fou*,

26 *

capitale du *Chen-sy*, occidentale par rapport à *Ho-nan-fou* de la province du *Ho-nan*, où fut la cour des *Han* orientaux, dont *Kouang-vou-ti* fut le premier empereur. *Lieou-pang* était le chef de la famille des *Han*, soit occidentaux, soit orientaux.

2° Plusieurs Européens ont calculé et vérifié l'éclipse de l'an 31 de J.-C.

3° Ce que je rapporte de la méthode par rapport aux constellations, au solstice, à l'étendue des constellations, au calcul du lieu du soleil, est certain pour ce temps-là. Si l'on veut vérifier des époques chinoises, il faut bien prendre garde à la méthode chinoise pour le temps de ces époques, quand il y a des principes de calcul chinois, par exemple, pour le solstice, le lieu du soleil dans les constellations, leur étendue ou selon l'équateur, ou selon l'écliptique, le lieu du soleil dans les constellations, et le degré des constellations qui répond au solstice d'hiver.

4° Après la dynastie des *Han*, on voit l'histoire des trois royaumes, ensuite celle des, *T'çin* soit occidentaux, soit orientaux. Aux *T'çin* succédèrent cinq petites dynasties après lesquelles régna la dynastie des *Tang*. Après les *Tang*, il y eut cinq petites dynasties qui furent suivies de la dynastie des *Song*, divisés en boréaux et méridionaux. La dynastie des *Song* fut détruite par les Tartares occidentaux ou Mogols : leur dynastie eut le titre de *Yuen*. Un Chinois appelé *Tchou* détruisit la dynastie de *Yuen*, et fonda en 1368 la dynastie appelée *Tay-ming*. A la dynastie *Tay-ming* a succédé la dynastie régnante aujourd'hui, appelée *Tay-tsing*.

5° Tous les règnes de ces dynasties depuis le règne d'aujourd'hui jusqu'à celui du fondateur des *Han*, peuvent se démontrer par leur durée, par des observations astronomiques rapportées dans l'histoire ou l'astronomie de chaque dynastie, avec l'année, le mois, le jour, et les caractères cycliques de l'an et du jour.

DYNASTIE DE *TSIN*, avant J.-C.

La première année de l'empire de *Lieou-pang* est la 206ᵉ avant J.-C; dans le cycle, cette année a les caractères y-*ouey*. L'année avant la première année de *Lieou-pang*, ce prince détruisit la dynastie de *Tsin*, et cette année était comptée la troisième de l'empereur *Eul-chi. Eul-chi* succéda à son père *Tsin-chi-hoang* Celui-ci, soit sous le titre de *Tsin-chi-hoang*, soit sous celui de *Tching*, régna 37 ans : ainsi la première année de l'empire de ce prince est éloignée de 40 ans de la première année de la dynastie des *Han* ; c'est donc l'an 246 avant J.-C. On peut ainsi marquer la première année de *Tsin-chi-hoang*, par les caractères *y-mao* du cycle de soixante. La troisième année avant la première année du règne de *Tsin-chi-hoang*, la dynastie de *Tcheou* fut entièrement détruite : c'est l'an 249 avant J.-C. Selon les uns, cette année est aussi comptée pour la première année de *Tchouang-siang-vang*, prédécesseur de *Tsin-chi-hoang* ; selon d'autres, la première année de ce prince n'est comptée que l'année d'après : ainsi ceux qui marquent trois ans pour la durée de l'empire de *Tchouang-siang-vang*, premier empereur de *Tsin*, comptent pour une année de ce règne la dernière année de la dynastie *Tcheou*.

La chronologie qu'on suit pour la dynastie *Tsin* paraît certaine. La durée des trois règnes de cette dynastie est prise de l'histoire des *Tsin*, qui fut écrite par les historiens contemporains, et qui ne fut pas brûlée ; et quand on n'aurait pas cette histoire, ce qu'en disent *Sse-ma-tsien* et les historiens des *Han*, suffirait de reste. Les historiens de l'empereur *Lieou-pang* avaient les mémoires de ceux de *Tsin*, et il y avait au temps de *Lieou-pang* quantité de lettrés et de mandarins qui avaient été témoins oculaires des événemens du commencement de la dynastie *Tsin*, de ceux de *Tsin-chi-hoang*, et de ceux de *Eul-chi* ; ils ne pouvaient ignorer le nombre des années de ces trois règnes.

La fin de la dynastie *Tcheou* peut donc avec sûreté être fixée à l'an 249 avant J.-C., dans le cycle, *gin-tse*.

Lu-pou-ouey dont j'ai parlé, et auteur contemporain, met dans son *Tchun-tsieou* le caractère *chin* du cycle de douze, pour la huitième année de l'empire de la dynastie *Tsin*. La sixième année de *Tsin-chi-hoang*, régnant sous le titre de *Tching*, a le caractère *chin*, puisque la première année a le caractère *mao*, c'est-à-dire, que *Lu-pou-ouey*, ne comptait que deux années pour le règne de *Tchouang-siang-vang*, et fixait sa première année à l'année qui répond à l'an 248 avant J.-C.

L'année après la destruction entière de la dynastie *Tcheou*, on voit une éclipse de soleil marquée à la quatrième lune. L'histoire *Tong-kien-kang-mou* a pour cette année les caractères *kouey-tcheou* : ce sont les caractères de l'an 248 avant J.-C. Cette année-là, vers la fin d'avril, il y eut une éclipse de soleil ; la conjonction fut dans *Aries*, 28 d. 51 m. 17 s. Ainsi à en juger par notre méthode, c'était la troisième lune, mais comme on n'a point de monument d'astronomie du temps des trois empereurs de *Tsin*, et comme le texte ne rapporte pas le lieu du soleil dans les constellations, et que d'ailleurs on ne sait pas à quel degré d'une constellation on fixait le solstice d'hiver, ou le commencement de notre signe *Caper*, on ne saurait décider si on marque mal la lune, en suivant la méthode du temps : car si le solstice d'hiver ou le premier degré de notre *Caper* était alors mal fixé, on pourrait dire, selon la méthode du temps, que le soleil et la lune étaient dans les premiers degrés du signe suivant. Il n'y a pas de jour marqué, et je ne crois pas que cette éclipse doive être employée pour fixer la fin de la dynastie *Tcheou*. Ce qu'on sait du commencement de la dynastie *Han* et de la durée des règnes des empereurs de *Tsin*, me paraît suffire pour assurer l'époque de la fin de la dynastie *Tcheou*, avec l'époque du commencement et de la fin de la dynastie *Tsin*. J'ai pourtant cru devoir rapporter ce qu'on dit de l'éclipse de soleil dont je viens de parler.

DYNASTIE DE *TCHEOU*, avant J.-C.

Époque de la trente-neuvième année de l'empereur King-vang.

Quatorzième année de *Gay-kong*, prince de *Lou*, cinquième lune, premier jour *keng-chin*, éclipse de soleil.

Gay-kong est le douzième prince de *Lou* dont parle le *Tchun-tsieou* de Confucius. Dans la table des années des empereurs de la dynastie de *Tcheou* et de quelques princes tributaires, qui se trouve dans l'histoire de *Sse-matsien*, la quatorzième année de *Gay-kong* répond à la trente-neuvième de l'empire de *King-vang*, et dans cette table cette trente-neuvième année a dans le cycle les caractères *keng-chin*. Dans la même table, la distance entre la première année du fondateur des *Han* (206 avant J.-C.) et la trente-neuvième année de *King-vang*, fait voir que l'année *keng-chin* désigne l'année 481 avant J.-C. bissextile.

L'année bissextile 481 avant J.-C., le premier janvier julien a les caractères *sin-ouey* dans le cycle de soixante jours ; donc le 30 avril de la même année a les caractères *sin-ouey* : ainsi le 19 avril doit avoir les caractères *keng-chin*

On a vu que la ville capitale de *Lou* était dans le district de *Yen-tcheou-fou*, ville du premier ordre de la province de *Chan-tong* ; or, vers le midi du 19 avril 481 avant J.-C., la conjonction du soleil et de la lune se trouva

dans *Aries*, 22 d. 47 m.37 s., et le nœud dans *Libra*, 26 d.
22 m. 27 s.; donc dans le pays de *Yen-tcheou-fou*, il y
eut éclipse de soleil, et c'est celle dont il s'agit. Dans la
forme d'année du pays de *Lou*, la première lune était
celle dans les jours de laquelle était le solstice d'hiver,
c'est-à-dire, dans les jours de laquelle le soleil entrait
dans notre signe *Caper* ; ainsi dans la lune qui commença
le 19 avril, le soleil entra dans notre signe *Taurus* : c'é-
tait donc la cinquième lune. Mais, sans avoir égard à la
lune, la seule vérification des caractères du jour et de
l'année démontre l'époque. Dans les années avant et après
l'an 481, on ne trouvera pas une éclipse à un jour *keng-
chin*; ainsi la trente-neuvième année de *King-vang* est
l'année *keng-chin*, 481 avant J.-C.

Epoque de l'année de la mort de l'empereur King-vang.

Dans le *Tso-tchouen*, la dix-neuvième année de *Gay-kong*
est l'année de la mort de l'empereur *King-vang* ; c'est
l'an 476 avant J.-C, puisque la quatorzième année de
Gay-kong est l'an 481 avant J.-C. L'autorité de *Sse-ma-
tsien* qui met la mort de *King-vang* à l'année *kia-tse*,
quarante-troisième de ce prince (477 avant J.-C.), n'est
pas si grande que celle du *Tso-tchouen*, qui est celle d'un
célèbre auteur contemporain. La chronologie du *Tchou-
chou* marque aussi la mort de *King-vang* à la quarante-
quatrième année de son règne. Cette chronologie marque
la quarante-troisième année de ce prince par les caractères *kia-tse* qui, dans ce livre, répondent à l'année 477
avant J.-C.

Epoque de l'année de la mort de Confucius.

Le *Tchun-tsieou*, écrit par *Confucius*, finit au commencement de la quatorzième année de *Gay-kong*. Les historiens publics continuèrent l'ouvrage jusqu'à la quatrième lune de la seizième année de *Gay-kong*. C'est à cette quatrième lune qu'ils ont marqué la mort de *Confucius*. La seizième année de *Gay-kong* est, comme on voit, l'année 479 avant J.-C. ; c'est donc l'an 479 avant J.-C. que *Confucius* mourut. Cette époque se trouve démontrée par l'époque de la quatorzième année de *Gay-kong*.

Dans l'histoire de la famille impériale de *Tsin*, on voit que la douzième année de *Tao-kong*, prince de *Tsin*, concourt avec l'année de la mort de *Confucius*. Or, dans cette histoire de *Tsin*, en comptant les années des règnes de chaque prince de *Tsin*, depuis *Tao-kong* jusqu'à *Eul-chi*, dernier empereur de *Tsin*, on trouve que la douzième année de *Tao-kong* est l'an 479 avant J.-C., dans la supposition de l'année 207 avant J.-C. pour la troisième et dernière de l'empire de *Eul-chi*. Cette supposition est sûre, puisqu'il est démontré que la première année de la dynastie *Han* est l'an 206 avant J.-C. Or, la première année de la dynastie *Han*, est celle qui suivit l'année où *Eul-chi* perdit l'empire. Les années marquées dans l'histoire de *Tsin* pour les règnes depuis celui de *Tao-kong* jusqu'à celui de *Eul-chi*, sont des historiens contemporains de chaque prince de *Tsin*, et ces historiens sont des membres du tribunal pour l'histoire, établi par les princes de *Tsin* pour écrire l'histoire de leur famille. Ainsi les époques de la trente-neuvième année de l'empire de *King vang*, de l'année de sa mort, et de l'année de la mort de *Confucius*, se trouvent démontrées astronomiquement, et cette démonstration étant conforme à ce qui résulte du calcul fait sur l'histoire, on doit regarder cette histoire comme bien exacte pour la chronologie.

Epoque du commencement du Tchun-tsieou *et de la mort de l'empereur* Ping-vang.

Yn-kong, deuxième lune, jour *ki-sse*, éclipse de soleil.

Yn-kong est le prince par lequel commence le *Tchun-tsieou* de *Confucius*. Le pays de *Lou* dans le *Chan-tong* était la principauté des princes de *Lou*, dont *Confucius* a fait les annales; *Yn-kong* est le premier des douze princes dont il parle. *Gay-kong*, dont on a démontré l'époque, est le douzième. Le *Tchun-tsieou* marque une par une, les années du règne de chacun de ces douze princes, et en additionnant les sommes particulières des années des règnes, on trouve que la première année du prince *Yn-kong* est éloignée de la quatorzième de *Gay-kong*, de 242 ans. (On y comprend la première année de *Yn-kong* et la quatorzième de *Gay-kong*.) Selon ce calcul, la première année de *Yn-kong* est l'année 722 avant J.-C., dans la supposition que la quatorzième année de *Gay-kong* est l'année 481 avant J.-C. Cette suite d'années des règnes, du *Tchun-tsieou*, est marquée par *Confucius*, qui a vu plusieurs des princes de *Lou* dont il parle, et les années de ceux qu'il n'a pas vus sont prises des historiens chargés par ces princes d'écrire l'histoire. L'année 722 avant J.-C. étant la première année de *Yn-kong*, la troisième année de ce prince est l'an 720 avant J.-C. Le *Tchun-tsieou* marque la mort de *Ping-vang* à la troisième lune de la troisième année du prince *Yn-kong*.

En examinant les éclipses des années voisines de l'an 720, avant et après, on ne trouve que l'éclipse du 22 février 720 , avant J.-C. , qui ait les caractères *ki-sse* pour le jour , et qui ait été visible dans le *Chan-tong*. Vers les 10 heures et quelques minutes du matin , le soleil et la lune furent dans *Aquarius*, 26 d. et quelques minutes ; la latitude boréale de la lune, près de 30 m.: il y eut donc éclipse visible, et c'est celle dont parle le texte du *Tchun-tsieou*. L'an 720 n'eut aucun autre jour *ki-sse* où il y ait eu une lune écliptique , et même il n'y eut, de quelques années, aucune éclipse au jour *ki-sse*. La première lune étant alors celle où était le solstice d'hiver , l'éclipse dont il s'agit ici , aurait dû être marquée à la troisième lune. Le texte marque deuxième lune , jour *ki-sse* , sans dire premier ou dernier jour. Dans le texte de *Confucius* et du *Tso-tchouen*, il y a eu du dérangement dans la désignation des lunes ; on corrigea ces erreurs ensuite , du moins pour quelques années. Mais puisqu'il n'y a pas eu vers ce temps-là d'autre éclipse visible qui ait eu les caractères *ki-sse* , la seule vérification du jour et de la visibilité de l'éclipse , démontre que l'année troisième de *Yn-kong*, est l'année 720 avant J.-C. Selon le calcul des jours , le premier janvier de l'an 720 avant J. - C. a les caractères *ting - tcheou* , le 22 février doit donc avoir les caractères *ki-sse*.

L'année 720 avant J. - C. a dans le cycle de soixante les caractères *sin-yeou*. Le catalogue de l'histoire de *Sse-ma-tsien* marque l'éclipse de soleil à la troisième année de *Yn-kong*, à la deuxième lune. Dans ce catalogue , cette troisième année répond à la cinquante-unième année de l'empereur *Ping-vang* , marquée dans le même catalogue par les caractères *sin-yeou*. La chronologie du *Tchou-chou* désigne la cinquante-unième année de *Ping-vang* , par les caractères *sin-yeou* , et cette chronologie dit qu'à cette même année l'empereur mourut. *Sse-ma-tsien* dit la même chose. Le *Tchou-chou* ajoute qu'à la deuxième lune, au jour *y-sse* (1), il y eut éclipse de soleil. Dans la chronologie de *Sse-ma-tsien* et du *Tchou-chou*, la cinquante-unième année de *Ping-vang* est celle qui répond à l'année 720 avant J.-C. C'est de *Sse-ma-tsien* et du *Tchou-chou* que les historiens chinois ont pris et fixé l'époque de la troisième année du prince *Yn-kong* , et de la cinquante-unième de *Ping-vang*.

Yn-kong régna onze ans. Dans l'histoire de *Tsin*, la quatrième année du prince *Ning-kong* répond à la onzieme année de *Yn-kong*. Or la quatrième année de *Ning - kong* se trouve l'année 712 avant J.-C., en comptant les années des règnes de *Tsin* , et on voit par la démonstration de l'époque de la troisième année de *Yn-kong*, que sa onzième année est l'an 712 avant J.-C. Dans l'histoire de *Tsin*, *Ning-kong* régna douze ans, et il succéda au prince *Ven - kong*. *Ven - kong* régna cinquante ans. La quarante-quatrième année de son règne, est dans l'histoire de *Tsin*, l'année qui répond à l'année 722 avant J.-C., et dans le catalogue de *Sse-ma-tsien* , la quarante-quatrième année de *Ven-kong* répond à la première année de *Yn-kong* , prince de *Lou*, ou à l'année 722 avant J.-C. Le prince *Ven-kong* , à la treizième année de son règne (2) (753 avant J.-C.), établit le tribunal pour écrire l'histoire de sa famille *Tsin*.

Confirmation de la précédente Epoque.

La détermination de l'époque de l'année 720 avant J.-C. pour la troisième année de *Yn-kong* , prince de *Lou* ,

(1) Il y a faute dans le *Tchou-chou* , il faut lire *ki-sse*.

(2) Histoire de *Tsin*.

est confirmée par une éclipse de soleil que le *Tchun-tsieou* rapporte avoir été observée totale, au jour *gin-tchin*, premier de la neuvième lune, à la troisième année de *Houan-kong*, prince de *Lou*.

Houan-kong succéda au prince *Yn-kong*, dont le règne fut de onze ans. Selon le calcul rapporté des années des règnes, du *Tchun-tsieou*, la onzième année de *Yn-kong* est l'année 712 avant J.-C., ainsi la troisième année de *Houan-kong* est l'année 709 avant J.-C. Selon la chronologie de *Sse-ma-tsien* et du *Tchou-chou*, l'année de la mort de *Ping-vang* est l'an 720 avant J.-C. *Ping-vang* eut pour successeur l'empereur *Houan-vang*, dont la onzième année a dans ces deux chronologies les caractères *gin-chin*, qui désignent dans ces chronologies l'année 709 avant J.-C. bissextile. Le premier janvier de cette année là a les caractères *kia-su*; donc le 17 juillet a les caractères *gin-tchin*. Après midi, la conjonction du soleil et de la lune fut dans le signe *Cancer*, 16 d. 2 ou 3 m., le nœud dans le *Caper*, 22 d. 10 m. 19 s. Il y eut donc eclipse visible et totale. On marqua encore mal la lune, on aurait dû dire huitième lune et non neuvième lune, mais la vérification du jour suffit. Dans les éclipses de plusieurs années, avant et après, on n'en trouvera aucune visible et totale à un jour dont les caractères soient *gin-tchin*.

Epoque de la naissance de Confucius.

En faisant un calcul pareil aux précédens, pour les années du *Tchun-tsieou* et leur distance à la quatorzième année de *Gay-kong*, on trouve que la vingt-quatrième année de *Siang-kong*, prince de *Lou*, est l an 549 avant J.-C. Cette époque est démontrée par une éclipse de soleil totale, rapportée par le *Tchun-tsieou*, au jour *kia-tse*, premier de la septième lune de la vingt-quatrième année de *Siang-kong*. Par le calcul des jours, le 19 juin eut les caractères *kia-tse*. Il y eut une éclipse visible et totale. Dans le temps de la conjonction, le soleil et la lune furent dans *Gemini*, 20 d. 19 m. le nœud dans *Gemini*, 18 d. 31 m. 48 s.: ce fut donc la septième lune dans le calendrier du pays de *Lou*. Plusieurs années avant et après l'année 549, on ne saurait trouver une éclipse visible et totale au jour qui a les caractères *kia-tse*. La naissance de *Confucius* est rapportée à l'an 22 de *Siang-kong* ; il naquit donc l'année 551 avant J.-C. L'année 549 a dans le cycle les caractères *gin-tse* : *Sse-ma-tsien* et le *Tchou-chou* donnent ces caractères à la vingt-troisième année de l'empereur *Ling-vang*, et dans ces chronologies cette vingt-troisième année est l'an 549 avant J.-C.

Outre les éclipses de soleil que je viens de rapporter, et qui déterminent les époques de la première et de la dernière année du *Tchun-tsieou*, avec celles de la mort de l'empereur *Ping-vang*, de la première année de l'empereur *Houan-vang*, de la naissance et de la mort de *Confucius*, de la trente-neuvième année de l'empereur *King-vang*, et de l'annee de la mort de cet empereur, on peut par d'autres éclipses de soleil, rapportées dans le *Tchun-tsieou*, déterminer les années des règnes des empereurs qui ont regné du temps du *Tchun-tsieou*. On a donné ailleurs le calcul des éclipses de soleil marquées dans le *Tchun-tsieou*. Ces sortes de vérifications n'étant que dans la chronologie, on ne doit pas faire de difficultés sur les défauts d'une scrupuleuse exactitude de calcul. Cette entière exactitude serait nécessaire, si on voulait se servir des éclipses pour perfectionner la théorie des tables ; mais cela même serait difficile, parce que la quantité de l'éclipse et les temps des phases ne sont pas marqués. La totalité marquée dans deux éclipses, et quelques autres marquées comme observées, peuvent être de quelque utilité pour la perfection des tables qui ne représenteraient pas les deux éclipses totales, et qui feraient voir non visibles, celles qui sont marquées comme observées. Le détail de la durée des règnes depuis la première année de la dynastie *Han* (206 avant J.-C.), jusqu'à la dernière année du *Tchun-tsieou* (481 avant J.-C.), ne saurait être déterminé par des observations astronomiques; mais ce qu'en rapportent les annalistes n'est pas révoqué en doute. Au moins pour l'essentiel, ce détail est pris de l'histoire de *Tsin*, du livre *Koue-tse*, de *Sse-ma-tsien*, du *Tchou-chou*. La somme totale des années de cet intervalle est démontrée.

Epoques des règnes des emperenrs Yeou-vang *et* Suen-vang, *et de la première année de l'empereur* Ping-vang.

Dans le livre classique *Chi-king*, partie appeléé *Siao-ya*, on lit le texte suivant : Kiao *de la dixième lune, premier jour* sin-mao, *éclipse de soleil.*

Ce texte est dans une ode où il s'agit de *Yeou-vang*, empereur de *Tcheou*. On ne dit pas l'année de l'empire de *Yeou-vang* où arriva cette éclipse, et il n'y a rien qui dénote nettement une observation. Quand il n'y aurait qu'un calcul du tribunal des mathématiques, on pourrait parler comme le texte parle à l'occasion de l'éclipse; mais les interpretes supposent unanimement une observation. L'ode est d'un auteur contemporain de *Yeou-vang*.

Le caractère *kiao* exprime le lieu de la route du soleil et de la lune, où sont les conjonctions écliptiques de ces deux astres. Le *Chi-king*, tel qu'on l'a, a été recueilli par un fameux lettré nommé *Mao*; il vivait dans les commencemens de la dynastie *Han*. Or on sait que, du temps de *Mao*, on n'était pas en état de calculer une ancienne éclipse de soleil; ainsi on ne peut pas dire que le texte est un calcul fait du temps de *Mao*.

Le livre *Koue-yu* dit que l'empereur *Yeou-vang* régna onze ans; il était fils de l'empereur *Suen-vang*, et fut père de l'empereur *Ping-vang*. On a vu que dans l'histoire de *Tsin*, la quatrième année du prince *Ning-kong* répond à la onzième année de *Yn-kong*, prince de *Lou*, c'est-à-dire à l'année 712 avant J.-C. En remontant, on trouve que dans cette histoire la septième année de *Siang-kong*, prince de *Tsin*, se trouve être l'an 771 avant J.-C., dans la supposition que la quatrième année de *Ning-kong* est l'an 712 avant J.-C. Or, dans la même histoire de *Tsin*, la septième année de *Siang-kong* est l'année où *Yeou-vang*, empereur de *Tcheou*, fut tué par les Tartares dans une bataille. *Yeou-vang* mourut donc l'année 771 avant J.-C., et puisqu'il régna onze ans, la première année de son règne est l'année 781 avant J.-C., et c'est ce qui résulte du calcul des années marquées dans les règnes des princes de *Tsin*. *Ping-vang* fut proclamé empereur après la mort de son père; la première année de son règne est donc l'an 770 avant J.-C. On a vu que ce prince mourut l'an 720 avant J.-C; on voit donc qu'il régna cinquane-un ans. Dans les années entre l'année 769 et 782 avant J.-C., le 6 septembre 776 est le seul jour qui ait été jour d'une conjonction écliptique, premier de la dixième lune, dans le calendrier de *Tcheou*, et qui en même-temps ait eu les caractères *sin-mao* dans le cycle de soixante. L'année

776

776 avant J.-C. est donc l'année de la conjonction écliptique , dont parle le texte du *Chi - king*. L'année 776
avant J.-C. a dans le cycle de soixante ans les caractères
y-tcheou.

Le 1ᵉʳ janvier julien de l'année 776 a les caractères *kouey-
ouey* ; le 6 septembre a donc les caractères *sin-mao*. La
conjonction de la lune fut à 11 heures et quelques minutes
du matin , au pays de *Si-gan-fou* du *Chen-sy*, où la cour
était alors. Au temps de la conjonction, la latitude boréale de la lune était de 53 m. ou 54 m. ; ainsi la lune fut
écliptique. Que le texte du *Chi-king* soit un calcul du tribunal, ou qu'il rapporte une observation, peu importe,
c'est toujours un point vérifié pour la chronologie. Le
soleil et la lune étaient vers le 5 d. de *Virgo*. Dans le cours
de cette lune dut arriver l'équinoxe ; c'était donc la dixième lune du calendrier de *Tcheou*, ou la huitième du
calendrier d'aujourd'hui. Dans les autres années du règne
de *Yeou-vang*, ni même dans quelques autres antérieures
et postérieures, on ne trouvera pas un premier jour de la
dixième lune qui ait eu les caractères *sin-mao*, et qui ait
été conjonction écliptique. Selon le résultat du calcul
des années du règne de *Yeou - vang*, en conséquence
de ce que rapportent le *Koue-yu* et l'histoire de *Tsin*,
l'année 776 avant J.-C. est la sixième du règne de *Yeou-
vang*. *Yeou-vang* succéda à *Suen-vang* ; la dernière année
du règne de l'empereur *Suen-vang* est donc l'année 782
avant J.-C.

La chronologie du *Tchou-chou* désigne la sixième année du règne de *Yeou-vang* par les caractères *y-tcheou* ,
et rapporte l'éclipse de soleil au jour *sin-mao*, premier
de la dixième lune.

Le catalogue de *Sse-ma-tsien* désigne aussi la sixième année de *Yeou-vang* par les caractères *y-tcheou*. Et dans les deux chronologies du *Tchou-chou* et de *Sse-ma-tsien*, cette année *y-tcheou* est l'an 776 avant J.-C. C'est de ces deux chronologies que les historiens postérieurs ont pris l'an 776, pour l'époque de la sixième année de *Yeou-vang*.

Epoque de la première année de la régence Kong-ho, *et de la première année de l'empire de* Suen-vang.

Par ce qu'on a dit de l'époque des années de l'empereur *Yeou-vang*, on a vu que l'année 771 avant J.-C. est la septième année de *Siang-kong*, prince de *Tsin*. L'histoire de *Tsin* dit que *Siang-kong* fut successeur de *Tchoang-kong*, qui régna 44 ans, et que *Tchoang-kong* succéda à *Tsin-tchong*, qui régna 23 ans. En joignant ces sommes, on trouve que la première année de *Tsin-tchong* fut l'an 844 avant J.-C. La même histoire de *Tsin* dit que *Tsin-tchong*, après avoir régné trois ans, fut chassé de sa principauté par les Tartares occidentaux, qui profitèrent de la révolte des princes et des peuples contre l'empereur *Li-vang*, dont les vices et le cruel gouvernement avaient irrité les grands et le peuple. L'empereur *Suen-vang* étant monté sur le trône, rétablit *Tsin-tchong*. Celui-ci marcha contre les Tartares ; il fut tué dans une bataille, à la sixième année du règne de *Suen-vang*, selon ce que rapporte le livre *Tchou-chou*. La première année de *Tsin-tchong* étant l'an 844 avant J.-C., la vingt-troisième année est donc l'an 822, et l'an 827 (1) est la première année du règne de *Suen-vang*. La révolte ayant obligé l'empereur *Li-vang* de prendre la fuite, il y eut une ré-

(1) Dans le cycle de 60, cette année est *kia-su*.

gence jusqu'à sa mort. La révolte fut à la quatrième année du règne de *Tsin-tchong*, ou à l'année 841. La première année de *Suen-vang* étant l'an 827, la régence fut, comme l'on voit, de quatorze ans, et la première année de cette régence fut l'an 841 avant J.-C. Cette année a dans le cycle les caractères *keng-chin*.

L'année 782 est la dernière année de *Suen-vang*, l'année 827 est sa première année; cet empereur a donc régné 46 ans. Cette durée est confirmée par ce qui est dit dans le *Koue-yu* et le livre *Tchou-chou*. Le *Koue-yu* dit que l'armée de *Suen-vang* fut battue par les ennemis, à la trente-neuvième année de son règne, et le *Tchou-chou* qui rapporte cette bataille, dit qu'après l'année de la bataille, l'empereur régna encore sept ans.

La régence dont on a parlé est nommée *Kong-ho*, ce qui veut dire *concorde et union*, parce que l'empereur *Li-vang* ayant pris la fuite pour se mettre à couvert de la fureur du peuple qui le voulait mettre en pièces ainsi que le prince héritier, les deux ministres *Tcheou-kong* et *Tchao-kong* s'unirent pour le gouvernement, et sauvèrent le prince héritier. Ils gouvernèrent avec prudence. L'empereur mourut dans le lieu de sa fuite. Le peuple étant peu à peu revenu de sa fureur, et la nouvelle de la mort de l'empereur étant venue à la cour, les deux ministres, qui avaient caché le prince héritier, le déclarèrent empereur. C'est lui qui a le titre de *Suen-vang*.

Le catalogue de *Sse-ma-tsien* et la chronologie du *Tchou-chou* ont désigné la première année de la régence *Kong-ho* par les caractères *keng-chin*, et dans ces deux chronologies ces caractères *keng-chin* sont pour l'année 841 avant J.-C. Ces deux chronologies marquent quatorze années pour la durée de la régence *Kong-ho*, et 46 ans pour le règne de *Suen-vang*.

NOTES.

1° L'accord de la chronologie du *Tchou-chou* et du catalogue de *Sse-ma-tsien*, avec ce qui résulte des années des règnes dans l'histoire de *Tsin*, depuis la première année de *Kong-ho* jusqu'à la fin de la chronologie du *Tchou-chou*, et en particulier l'accord de *Sse-ma-tsien* avec l'histoire de *Tsin* depuis la régence *Kong-ho* jusqu'à la dynastie des *Han*, est remarquable, et l'époque de *Kong-ho*, c'est-à-dire de la régence de ce nom, est généralement regardée par les historiens chinois comme une époque sûre et démontrée.

2° *Sse-ma-tsien* donne à l'empereur *King-vang* 43 ans de règne, et 8 à son successeur, *Yuen-vang*. Il est suivi par *Sse-ma-kouang*. Le *Tchou-chou* donne à *King-vang* 44 ans de règne, et 7 à *Yuen-vang*. Le *Tong-kien-kang-mou*, l'histoire faite par l'ordre de *Kang-hi* et autres livres, suivent le *Tchou-chou* en ces deux points.

On a vu que l'an 753 avant J.-C., *Ven-kong*, prince de *Tsin*, établit un tribunal pour écrire l'histoire de sa famille. Les historiens de ce tribunal ont marqué les années des règnes des princes sous lesquels ils vivaient, jusqu'à la dernière année du règne de l'empereur *Eul-chi*. Cette histoire ne fut pas brûlée. Les historiens, qui commencèrent à écrire en 753, purent facilement avoir des mémoires de la famille *Tsin*, qui les conduisaient sûrement jusqu'à l'année 844, première du règne de *Tsin-tchong*. Ils ont marqué un règne de trois ans pour *Kong-pe*, prédécesseur de *Tsin-tcheou*, et un espace de dix ans pour le règne de *Tsin-heou*, prédécesseur de *Kong-pe*. Dans l'histoire de *Tsin* qui reste, on ne voit pas les années pour les règnes antérieurs jusqu'à l'empereur *Hiao-vang*; qui déclara prince tributaire dans le *Chen-sy* le prince nommé

Tsin-yng. On dit les noms de quelques seigneurs de cette famille sous les empereurs des dynasties *Tcheou*, *Chang* et *Hia*. On remonte jusqu'aux empereurs *Chun* et *Tchouen-hiu*, mais c'est sans désigner les années des empereurs. Les historiens de *Tsin* pouvaient aisément insérer dans leurs annales le nombre des années des empereurs, depuis l'empereur *Li-vang*, père de *Suen-vang*, jusqu'à l'empereur *Tchouen-hiu*. Ils avaient sans doute connaissance de l'histoire des empereurs écrite par les historiens, et de celle des princes tributaires comme ceux de *Tsi*, de *Lou*, de *Tchou*, qui avaient leurs histoires; mais dans l'histoire de *Tsin*, on n'a pour la chonologie que les années dont j'ai parlé.

La chronologie du *Tchou-chou* a une suite d'années des règnes jusqu'au règne de l'empereur *Hoang-ti*. Ces années des règnes ont même les caractères du cycle jusqu'à l'empereur *Yao*; mais au - dessus de la régence *Kong-ho*, il y a eu de l'altération dans les textes qui regardent les années désignées par le cycle de soixante, comme on le verra dans la suite.

Sse-ma-tsien a une suite d'années des règnes depuis *Li-vang*, père de *Suen-vang*, jusqu'à l'empereur *Vou-ti* des *Han* occidentaux; et dans le catalogue de ces années, on voit les caractères du cycle pour chaque jour, depuis la régence *Kong-ho* jusqu'à la quarante - troisième année de l'empire de *King-vang*, désignée par les caractères *kia-tse*. Ensuite l'auteur a marqué la suite des années, et on pourrait mettre sans crainte les caractères du cycle, mais on ne l'a pas fait après la quarante-troisième année du règne de *King-vang*. *Sse-ma-kouang*, dans son livre *Ki-kou-lou*, a cru avec *Sse-ma-tsien*, qu'on ne pouvait pas désigner par les caractères du cycle les années des

règnes antérieurs à *Kong-ho*, et à la réserve de quelques
règnes en petit nombre, *Sse-ma-kouang* et *Sse-ma-tsien*
ont rapporté avant *Kong-ho* le nom des empereurs ,
sans marquer le nombre d'années des règnes. *Sse-ma-*
kouang, dans le même livre *Ki-kou-lou*, dit qu'on peut
sûrement, depuis la première année de *Kong-ho*, marquer
en descendant les années des règnes , et même mettre
les caractères du cycle à chaque année, et c'est ce qu'il
a fait depuis la première année de la régence *Kong-ho* ,
(841 avant J.-C.) jusqu'à l'année 1068 après J.-C. Les auteurs du *Tong-kien-kang-mou* , l'histoire faite par ordre
de *Kang-hi* , les historiens de la dynastie *Yuen*, *Kin-lu-*
siang, *Tchang-che* , *Chao-yong* , et quantité d'autres,
ont désigné les années des règnes avant *Kong-ho* jusqu'à *Yao*, quelques-uns même jusqu'à *Hoang-ti* , par les
caractères du cycle de soixante. Dans la première partie ,
on a vu ces notes du cycle pour les années juqu'à *Fou-hi*.
Tous ces auteurs n'ont pas mis ces caractères du cycle , en
conséquence d'un examen critique. Ils ont cru pouvoir
mettre ces caractères avant la régence *Kong-ho* , pour
mieux aider à lire avec profit l'histoire. Car , par ce que
ces auteurs rapportent, on voit bien des doutes et incer-
titudes sur la suite des années des règnes , non pas depuis
Kong-ho(1), mais au-dessus. Quand même la somme totale
des années depuis la régence *Kong-ho* jusqu'à *Yao*, par
exemple , serait sûre ou très-probable , on pourrait bien
mettre les caractères du cycle aux années de *Yao* , mais
non aux années de tous les autres empereurs , à cause de
l'incertitude sur la distribution des années pour quan-

---

(1) On pourrait faire quelques diffi-   outre qu'elles ne sont pas bien fondées,
cultés pour deux ou trois années. Mais   elles ne sont d'aucune conséquence.

tité de règnes. Après ces remarques, je crois devoir continuer à examiner les époques de l'histoire chinoise.

Époque de la douzième année de l'empereur Kang-vang.

Dans la partie du *Chou-king*, où il s'agit de la dynastie *Tcheou*, chapitre *pi-ming*, le texte dit : *à la douzième année, le jour* keng-ou *fut celui où la clarté parut à la sixième lune*. Le troisième jour fut *gin-chin*.

On convient qu'il s'agit de la douzième année de l'empereur *Kang-vang*, fils et successeur de l'empereur *Tching-vang*.

Lieou-hin et *Pan-kou* assurent que les caractères chinois *la clarté parut*, désignent le troisième jour de la lune. Selon leur chronologie, la douzième année de *Kang-vang* est l'année qui répond à l'année 1067 avant J.-C. Ces auteurs ajoutent que cette année-là, le jour *keng-ou*, fut le troisième jour de la sixième lune du calendrier de *Tcheou*. Par le calcul des jours on trouve que l'an 1067, le 1er jour de janvier julien, fut *y-mao* dans le cycle de soixante jours ; ainsi, le 16 mai fut dans le cycle de soixante, *keng-ou* : donc selon *Pan-kou* et *Lieou-hin*, le 14 mai fut le premier jour de la première lune dans le *Chen-sy* où était la cour.

Le calcul demande que l'an 1067 avant J.-C., le 14 mai ne fût pas le premier jour de la sixième lune dans le calendrier de *Tcheou* ; ce ne fut que plusieurs jours après, que fut le premier jour de la sixième lune, c'est-à-dire, celle dans les jours de laquelle le soleil entre dans le signe *Gemini*. C'est la quatrième lune dans le calendrier d'aujourd'hui. Par là, il est clair que dans la supposition, qu'il s'agit du troisième jour de la lune, comme *Lieou-hin* et *Pan-kou* l'assurent , l'an 1067 n'a pu être la douzième année de *Kang-vang*.

Le bonze *Y-hang* attaqua cette époque de la chronologie de *Pan-kou*, et prétendit que le texte désignant le troisième jour de la sixième lune , regarde l'année qui répond à l'an 1056 avant J.-C. ; que cette année , les caractères *keng - ou* furent ceux du troisième jour de la sixième lune ; et de-là il conclud que la douzième année de *Kang-vang* doit avoir dans le cycle les caractères *y-yeou* , et non les caractères *kia-su* , comme l'exige la chronologie de *Pan-kou* et de *Lieou-hin*.

L'an 1056 , le premier janvier julien eut les caractères *kouey-tcheou*. Le 18 mai eut donc les caractères *keng-ou*. Or , le 16 mai fut le premier jour de la sixième lune dans le *Chen-sy*, puisque durant le cours de cette lune , dont le premier jour fut le 16 mai , le soleil entra dans le signe *Gemini*. C'est donc l'an 1056 que fut la douzième année de *Kang-vang*, si dans le texte , il s'agit du troisième jour de la lune : car plusieurs années avant et après l'année 1056 , on ne trouve pas un troisième jour de la lune qui ait les caractères *keng-ou*.

Le caractère chinois que je rends par ces mots *la clarté parut*, est ainsi expliqué dans la version tartare du *Chou-king*, faite par l'ordre de *Kang-hi. Kong- gan-koue*, le plus ancien interprète du *Chou-king* que l'on connaisse , dit que ce caractère est celui du troisième jour de la lune ; et les dictionnaires , en donnant à ce caractère diverses explications , supposent qu'un des sens qu'il a exprime le troisième jour de la lune , et ils citent pour ce sens , le texte du chapitre *pi-ming* du *Chou-king. Kong-gan-koue* vivait près de cent ans avant *Lieou-hin*, et plus

de

de cent soixante ans avant *Pan-kou*; ainsi on ne peut pas dire que *Pan-kou* et *Lieou-hin* ont donné au caractère dont il s'agit le sens de *troisième jour de la lune*, afin d'appuyer leur chronologie. Les interprètes du *Chou-king*, depuis *Kong-gan-koue*, ont tous adopté l'explication qu'il a donnée de ce caractère qui, par lui-même, selon l'ancien dictionnaire *Choue-ouen*, a pour un de ses sens, celui d'*une clarté qui n'est point encore dans sa force*. Mais cela est trop vague.

Ce caractère se lit *po*, *pou*, et il y en a qui lisent *fey*. C'est un caractère composé de deux caractères. L'un est *Yue*, lune, l'autre *Tchou*, sortir, comme si l'on voulait dire *apparition de la lune*.

Époque de la dernière année de l'empereur Tching-vang.

L'empereur *Kang-vang* succéda à son père *Tching-vang*; ainsi la douzième année de *Kang-vang*, étant l'année 1056 avant J.-C., la première année de son règne est l'an 1067, et l'année 1068 est l'année de la mort de l'empereur *Tching-vang*. L'année 1068, a dans le cycle les caractères *kouey-yeou*.

Remarque sur la chronologie du Tchou-chou.

Selon la chronologie du *Tchou-chou*, l'année 1007 avant J.-C., est la première année de l'empereur *Kang-vang*, et l'année 996 est la douzième. L'année 996 ne peut aucunement se concilier avec le texte du *Chou-king*. Ajoutez un cycle de 60 ans à la chronologie du *Tchou-chou* pour les années de *Kang-vang*, le texte sera vérifié, et le *Tchou-chou* ainsi corrigé, aura pour la première et la douzième année de *Kang-vang*, les caractères que donne la vérification du texte du *Chou-king*.

Epoque de-la septième année de la régence de Tcheou kong *et septième année de l'empire de* Tching-vang.

Dans la même partie du *chou-king*, qui regarde la dynastie *Tcheou*, chapitre *chao-kao*, on voit un jour *y-ouey*, sixième après la pleine lune de la deuxième lune, et un jour *ping-ou*, troisième de la troisième lune.

On convient que dans ce chapitre, il s'agit de la septième année de la régence de *Tcheou-kong* et de l'empire de *Tching-vang*.

Pan-kou et *Lieou-hin*, dont j'ai parlé, prétendent que la septième année de la régence de *Tcheou-kong*, dont il s'agit dans le chapitre *chao-kao*, est l'année qui répond à notre année 1109 avant J.-C, et ils assurent que le texte qui marque les jours de la seconde et de la troisième lune dans le chapitre *chao-kao*, convient à l'année 1109. Le bonze *Y-hang* a encore refuté ce point de la chronologie de *Lieou-hin* et de *Pan-kou*: il prétend que le texte convient à l'année qui répond à notre année 1098 avant J. C.

Le premier janvier de l'an 1109 eut les caractères *kia-su*; le 2 février eut par conséquent les caractères *ping-ou*. Par le calcul, on voit que le 2 février 1109, ne put être le troisième jour de la troisième lune dans le calendrier de *Tcheou*, mais le texte convient à l'année 1098, comme le dit le bonze *Y-hang*.

Les caractères *gin-chin* sont ceux du premier janvier julien de l'année 1098, avant J.-C.; le 4 février fut donc *ping-ou* et le troisième jour de la troisième lune, puisque le 2 février fut le premier jour de la lune dans le cours de laquelle le soleil entre dans *Pisces*, c'est-à-dire, de la première lune dans le calendrier de *Hia*, et de la troisieme dans celui de *Tcheou*. Le 18 ianvier fut jour de pleine lune : ce jour fut *ki-tcheou*; six jours après, fut le jour *y-ouey*. La pleine lune du 18 janvier fut dans la deuxième lune, puisque le 2 février fut le premier jour de la troisième lune. Plusieurs années avant et après l'année 1098, on n'en trouve pas une où le jour *y-ouey* soit le sixième après la pleine lune de la deuxième lune, et le jour *ping-ou* le troisième de la troisième lune.

Remarque sur la chronologie du Tchou-chou.

Selon le *Tchou-chou*, l'an 1038 est la septième année de la régence de *Tcheou-kong*. Or, le texte ne convient nullement à cette année. L'an 1098 a dans le cycle les caractères *kouey-mao* : ces mêmes caractères sont ceux de l'année 1038. Ainsi il paraît qu'il y a eu dans le *Tchou-chou* une altération dans le texte, depuis la régence *Kong-ho* jusqu'à *Kang-vang*.

L'altération dans le texte du *Tchou-chou* dont on vient de parler, et qu'on a indiquée à propos de la douzième année de *Kang-vang*, se remarque encore dans ce que dit le *Tchou-chou* de la mort de *Tching-vang*. Selon ce livre, *Tching-vang* régna trente-sept ans; l'année *kouey-yeou* du cycle, 1008 avant J.-C., fut la dernière et la trente-septième année de *Tching-vang*; au jour *y-tcheou* de la quatrième lune, l'empereur mourut. Selon le *Chou-king*, dans la partie qui traite de la dynastie *Tcheou*, chapitre *kou-ming*, l'empereur *Tching-vang* mourut au jour *y-tcheou* de la quatrième lune; mais ce jour *y-tcheou* est marqué comme le lendemain de la pleine lune.

Or, l'an 1008 avant J.-C. le jour *y-tcheou* fut le 2 de mars, et le jour de la conjonction fut vers la fin de février. Ce fut bien dans la quatrième lune que tomba le 2 mars, mais ce fut bien des jours avant l'opposition, ainsi l'année de la mort de *Tching-vang* n'est pas l'an 1008.

Selon le chapitre *Kou-ming*, l'empereur *Tching-vang* se trouva mal le jour de la pleine lune de la quatrième lune, et le lendemain, jour *y-tcheou*, l'empereur mourut. L'année 1068, le 16 mars fut à la Chine l'opposition; c'était dans la quatrième lune. Le 17 mars fut *y-tcheou*. Les années 1008 et 1068, ont les mêmes caractères *kouey-yeou* dans le cycle, et il est très-probable que c'est de l'an 1068, que l'original du *Tchou-chou* parlait.

Époque de le première année de Tching-vang.

Le chapitre *chao-kao* est suivi dans le *Chou-king* du chapitre *lao-kao*. Ce que dit celui-ci regarde aussi la septième année de la régence de *Tcheou-kong*, et il parle expressément de cette septième année. La septième année de *Tching-vang*, étant l'an 1098 avant J.-C., l'an 1104 est la première année : dans le cycle, cette année a les caractères *ting-yeou*. Le *Tchou-chou* a aussi les caractères *ting-yeou* pour la première année de *Tching-vang*, mais dans ce livre non corrigé, c'est l'année 1044 avant J.-C.

Époque de la première année de l'empire de Vou-vang.

Tching-vang est fils et successeur de *Vou-vang*. La première année de celui-ci étant l'an 1104 avant J.-C., la dernière de l'empire de *Vou-vang*, son père, est l'an 1105. L'empereur *Vou-vang*, selon *Sse-ma-tsien*, régna deux ans. *Pan-kou* et *Lieo-hin* le font régner sept ans. Le *Tchou-chou* marque six ans. *Koan-tse* dont j'ai parlé dans la première partie, et qui vivait avant *Confucius*, dit que

Vou-vang régna sept ans : c'est le sentiment du bonze *Y-hang*, et c'est aujourd'hui le sentiment le plus suivi. La dernière année de *Vou-vang* étant l'an 1105 avant J.-C., l'an 1111 avant J.-C. est la première année du règne de ce même prince.

Dans la partie du *Chou-king* qui traite de la dynastie *Tcheou*, chapitre *vou-tching*, on voit que le jour *gin-tchin* fut le lendemain du premier de la première lune. On remarque un jour *ting-ouey* après l'opposition de la quatrième lune.

1° En comparant le jour *gin-tchin*, deuxième de la première lune avec le jour *ting-ouey*, qui fut après la pleine lune de la quatrième lune, on voit qu'entre la première et la quatrième lune, il dut y avoir une lune intercalaire.

2° On convient, ou pour mieux dire, on suppose qu'il s'agit de l'année ou *Vou-vang* défit entièrement le dernier empereur de la dynastie *Chang*; cet empereur était *Cheou* ou *Tcheou*. On suppose aussi que par cette première lune commença la première année du règne de *Vou-vang*. Dans la supposition, par exemple, que l'an 1111 avant J.-C. est la première année du règne de *Vou-vang*, cette année commença avant le solstice d'hiver de l'an 1112, ou le jour même du solstice.

Lieou-hin et *Pan-kou* ont prétendu que la première année de *Vou-vang* est celle qui répond à l'année 1122 avant J.-C.; que l'année 1123, le jour *sin-mao* (27 novembre) fut le premier de la première lune et le jour *gin-tchin* le second, et ils disent que le jour *ki-ouey* fut le jour du solstice (jour *ki-ouey*, 25 décembre) : ces deux auteurs trouvent la lune intercalaire entre la première et la quatrième lune. On voit aisément que tous ces calculs son

faux, du moins on doit le juger ainsi selon les règles chinoises. Il n'est nullement probable qu'en 1123, on se soit
trompé de trois jours pour la conjonction. On comprend
bien qu'on auroit pu marquer le premier jour de la lune
après la conjonction, mais la conjonction ayant été le 30
novembre, comment peut-on marquer pour le premier
jour de la lune le 27 novembre.

Le bonze *Y-hang* croit qu'il s'agit de la conjonction du
28 novembre 1112; le jour s'appelait *keng-yn*. A la rigueur, le jour *gin-tchin* ne fut pas le deuxième de la lune,
mais la conjonction fut fort tard, le soir du 28 novembre,
à la Chine; ainsi il n'y eut pas deux jours entiers jusqu'au
jour *gin-tchin*. Le calcul du bonze est assez juste. Selon
son système sur le commencement des signes, le 28 novembre, le soleil était déjà dans notre signe *Arcitenens*,
mais il jugeait que c'était le premier jour de la première
lune dans le calendrier de *Tcheou*.

Dans l'astronomie des *Han* orientaux, on voit une
disposition des signes, où le second degré de la constellation *Nu* est le premier degré de notre signe *Caper*;
on dit que cette disposition est de *Tcheou-kong*, frère
de *Vou-vang*, et on ajoute que *Tcheou-kong* fixa le
solstice d'hiver au deuxième degré de la constellation
Nu (1). L'auteur du livre *Tien-yuen-li-li*, dont j'ai parlé
dans la deuxième partie, suppose que cette fixation du
solstice au second degré de *Nu*, du temps de *Tcheou-kong*,
est certaine, en conséquence de ce qui est dit dans le livre
Tcheou, trouvé avec la chronologie du *Tchou-chou*.

On ne dit pas l'année, ou de l'empire de *Vou-vang*, ou
de la régence de son fils *Tcheou-kong*, ou de l'empire

(1) Voyez les constellations.

de *Tching-vang*, dans laquelle *Tcheou-kong* détermina ou observa le solstice; d'ailleurs, on ne sait pas sur quelles observations ou d'après quels principes il détermina le solstice au second degré de *Nu*. Ainsi cette détermination ne sauroit servir à fixer une époque précise; mais elle rend probable ce que je crois d'ailleurs susceptible d'être démontré, savoir, qu'au temps de *Vou-vang* et de *Tcheou-kong*, le solstice d'hiver était déterminé au 27 ou au 28 décembre, ou peut-être au 29. Or de plusieurs années avant et après l'année 1112, on n'en trouvera pas une où un jour *gin-tchin* ait suivi de si près la conjonction qui est la première lune dans le calendrier de *Tcheou*. D'ailleurs, ce qu'on dit du solstice de *Tcheou-kong* au 2ᵉ degré de *Nu*, rend très-probable ce que *Y-hang* suppose, savoir, qu'au temps de *Tcheou-kong* et de *Vou-vang*, le solstice d'hiver était marqué vers le 27 ou le 28 décembre. Quoiqu'il en soit, on voit par-là que *Pan-kou* et *Lieou-hin* n'ont pas pu prouver et confirmer, par l'autorité du chapitre *vou-tching*, leur époque de 1122 pour la première année de l'empire de *Vou-vang*. On voit aussi que ce que dit *Y-hang* de ce chapitre, ne démontre point, à la vérité, l'époque de l'an 1111 qu'il adopte pour la première année de *Vou-vang*; mais que cette époque est très-probable et est la mieux appuyée, surtout l'année 1105 ayant été, comme on l'a prouvé, la dernière année de *Vou-vang*.

NOTES.

1° La dynastie *Tcheou* finit entièrement l'année 249 avant J.-C. ; elle commença l'an 1111 : elle a donc subsisté 863 ans.

2° Selon le *Tchun-tsieou* de *Lu-pou-ouey* (1), *Vou-vang*, fils de *Ven-vang*, était à la douzième année de son règne (2) particu-

(1) Voyez la seconde partie.   la treizième année, fut vainqueur et dé-
(2) Le *Chou-king* dit que *Vou-vang*, à   truisit la dynastie *Chang*.

lier dans le principauté de *Tcheou*, quand il fut installé empereur. Ainsi *Ven-vang*, prince de *Tcheou*, mourut douze ans avant l'an 1111 avant J.-C. Dans la seconde partie on a vu, en parlant du *Chou-king*, que *Ven-vang* regna 50 ans.

On a vu que l'année 1068 avant J.-C. fut la dernière année du règne de l'empire de *Tching-vang*. Ce prince, selon le chapitre *kou-ming* du *Chou-king*, mourut dans la quatrieme lune, au jour *y-tcheou*, le lendemain de la pleine lune. Ce jour *y-tcheou* fut le 17 mars. Par-là il est clair qu'avant le 30 mars, les Chinois avaient marqué leur équinoxe du printemps, et comme de l'équinoxe du printemps au solstice d'hiver précédent, on comptait quatre-vingt-onze jours et quelques heures, il est clair que l'année 1069, le solstice d'hiver fut marqué avant le 30 décembre; par exemple le 27, le 28 ou le 29 décembre. Le 16 mars 1068, fut le jour de l'opposition. Cela étant, et dans la supposition que le 28 décembre de l'année 1112 fût le jour du solstice, la conjonction ayant eu lieu le 27 ou 28 novembre, fort tard au soir, il serait très-possible que les Chinois eussent marqué le 28 ou le 29 novembre pour le premier jour de la lune. Dans ce cas, et surtout s'ils marquèrent le 29 novembre pour le premier de la lune, le solstice ayant été marqué au 27 ou au 28 décembre, le dernier jour de la lune se serait trouvé le jour même du solstice, selon leur méthode. Dans cette supposition, le texte du chapitre *vou-tching* conviendrait à l'année 1111, qui commença le 28 ou 29 novembre 1112, et la seconde lune aurait été intercalaire. Tout considéré, je crois assez sûre l'époque de 1111 pour la première année de *Vou-vang*.

Remarque sur la première lune de la dynastie Tcheou.

Le *Tso-tchouen* dit nettement que la onzième lune de la

la dynastie *Hia* est la première lune de la dynastie *Tcheou*, c'est-à-dire, que le solstice d'hiver, qui était dans la onzième lune du calendrier de *Hia*, était dans la première lune du calendrier de *Tcheou*. Ce que dit le *Tso-tchouen* est prouvé par beaucoup d'autres argumens, mais en particulier par le chapitre *lo-kao* du *Chou-king*, dont j'ai parlé. Dans ce chapitre, on parle d'une grande cérémonie, appelée *Tching*, qui avait surtout pour objet d'honorer les ancêtres ; cette cérémonie est marquée dans ce chapitre, à la douzième lune. Or, selon la règle marquée dans les livres des cérémonies, la cérémonie *Tching* se faisait dans la dixième lune de *Hia*, et c'est ainsi qu'elle est marquée dans le livre *Li-ki*. Dans le calendrier de *Hia*, la deuxième lune avait l'équinoxe du printemps; dans celui de *Tcheou*, l'équinoxe du printemps était à la quatrième lune.

Par ce qu'on a dit, on voit que la somme des années, depuis la première année de la régence *Kong-ho* (841 avant J.-C.), jusqu'à la première année de l'empire de *Tching-vang* (1104 avant J.-C.), est certaine. Il n'en est pas de même de la distribution des années de l'espace qui est entre ces deux époques.

Tching-vang régna trente-sept ans. Ce règne ne souffre aucune difficulté, mais le nombre des années des règnes pour les autres empereurs, ne saurait se bien prouver. Le *Tchou-chou* et *Sse-ma-tsien* s'accordent pour la durée du règne de *Mou-vang*, qui est de cinquante-cinq ans. Pour ce qui regarde la somme des années depuis la régence *Kong-ho* jusqu'à la fin de la dynastie, elle est certaine, comme on l'a vu. La distribution de ces années pour les règnes n'est pas moins sûre. On ne doit compter pour rien la

30

différence d'une année entre *Sse-ma-tsien* et le *Tchou-chou*, pour les règnes de *Yuen-vang* et de *King-vang* : il n'y a·pas de différence entre ces deux chronologies pour la somme des deux règnes.

NOTES.

1° En employant la correction que je crois nécessaire pour avoir le vrai texte original du *Tchou-chou*, la première année de *Vou-vang*, marquée *sin-mao* dans le cycle, et qui répond à l'année 1050 avant J.-C., aura le même caractère *sin-mao*, mais répondra à l'année 1110 avant J.-C.

2° Dans les chapitres *tay-chi*, (1) *mou-chi* et *vou-tching*, du *Chou-king*, il s'agit de l'année dans laquelle *Vou-vang* défit l'empereur *Cheou*, dernier de la dynastie *Chang*. Dans l'endroit du chapitre *vou-tching* que j'ai cité, il est dit qu'au jour *gin-tchin*, le lendemain de la conjonction, le roi partit de *Tcheou* pour aller livrer bataille à l'empereur de *Chang*. *Tcheou* est dans le district de *Si-gan-fou* d'aujourd'hui, capitale du *Chen-sy*. En supposant l'année 1111 pour la première de *Vou-vang*, on a vu que ce jour *gin-tchin* est le 30 novembre 1112. Au jour *vou-ou*, selon le texte, l'armée de *Vou-vang* passa le fleuve *Hoang-ho*, à *Meng-tsin*; *Meng-tsin* est dans le district de *Ho-nan-fou* du *Hon-an*; *vou-ou* fut le 26 décembre. Au jour *kouey-hay* (2), l'armée fut rangée, c'est-à-dire qu'on en fit la revue générale. Au jour *kia-tse* (1er janvier 1111), il y eut une grande bataille qui rendit *Vou-vang* maître de l'empire. La bataille se donna dans la plaine de *Mou-ye* : c'est dans le district de *Hoey-fou* du *Ho-nan*. Après le troisième jour de la quatrième lune, *Vou-vang* partit pour retourner à sa cour (dans le district de *Si-gan-fou*). Au jour *ting-ouey* (3) après la lune, il y eut une grande cérémonie à la salle des ancêtres; les princes et les grands reconnurent *Vou-vang* pour empereur. Le jour *ting-ouey* fut le 14 avril de l'an 1111.

(1) C'est dans le chapitre *tay-chi* qu'il est dit que *Vou-vang*, à la treizième année, fut, au jour *vou-ou*, au nord de la rivière *Hoang-ho*, et y harangua les généraux.

(2) Le 31 décembre : c'était dans la première lune intercalaire, ou, si on n'intercala pas la première lune, ce fut dans les premiers jours de la seconde lune.

(3) On ne dit pas quel jour après la lune.

DYNASTIE DE *CHANG*, avant J.-C.

Par ce que disent le *Chou-king*, *Meng-tse*, le *Tso-tchouen*, *Koue-yn* et autres livres (1) antérieurs à l'incendie des livres qui eut lieu du temps de l'empereur *Tsin-chi-hoang*, il est évident qu'il y a eu une histoire de la dynastie *Chang*, où se trouvait la suite des empereurs de cette dynastie depuis le premier, *Tchin-tang*, jusqu'au dernier, *Cheou*, avec la durée de chaque règne.

Aujourd'hui, on n'a ni observation astronomique, ni monument antérieur à l'incendie des livres, par où l'on puisse avoir la somme totale des années de cette dynastie; on sait encore moins la durée particulière de chaque règne. Il faut excepter trois règnes marqués dans le *Chou-king*, et deux marqués par *Meng-tse*.

On ne révoque pas en doute la suite des empereurs, publiée par *Sse-ma-tsien* et confirmée par le *Tchou-chou*. Cette suite est un ancien monument; mais quelques historiens, fondés sur le texte de la préface du *Chou-king*, faite du temps des disciples de *Confucius*, font *Tay-kia* successeur immédiat de *Tching-tang*, et rejettent les deux règnes de *Ouay-ping*, et *Tchong-gin*, placés entre *Tching-tang* et *Tay-kia*. L'autorité de *Meng-tse* seul, me paraît bien préférable à celle de la préface. *Meng-tse* dit qu'après *Tching-tang*, *Ouay-ping* régna deux ans, et qu'ensuite *Tchong-gin* régna quatre ans. Il est certain que *Meng-tse* dit cela dans son livre, au lieu qu'il n'est pas bien certain que la préface du *Chou-king* soit du temps des disciples de *Confucius*. Ce que dit *Meng-tse* est confirmé par le *Tchou-chou*, par *Sse-ma-tsien* et d'autres anciens auteurs.

_____

(1) Voyez la seconde partie.

30*

Selon le *Tso-tchouen*, la dynastie *Chang* dura six cents ans. Ce compte rond pourrait s'accorder avec un nombre au-dessus de 600, mais non avec un nombre au-dessous.

Dans la deuxième partie, on a vu que *Yo-tse*, contemporain de *Ven-vang* et de *Vou-vang*, comptait 576 ans, pour les règnes depuis *Tching-tang* jusqu'au commencement du dernier empereur, *Cheou* : *Yo-tse* ne dit pas le nombre d'années du règne de *Cheou*. Il est fort douteux que le livre qui porte le nom de *Yo-tse*, soit du célèbre *Yo-tse*, sage et philosophe du temps de *Ven-vang*. Quoiqu'il en soit, c'est un ancien livre et du moins du temps de la fin de la dynastie *Tcheou*, et par là on peut regarder ce qu'il dit de la durée de la dynastie *Chang*, comme un ancien monument de chronologie.

L'année 1111 avant J.-C. fut la première de l'empire de *Vou-vang*. Ce prince comptait, l'an 1111, la douzième année de son règne particulier dans la principauté de *Tcheou*. La première année du règne de *Vou-vang* dans cette principauté fut donc l'année 1122 avant J.-C. : c'est l'année *ki-mao* dans le cycle. Le *Chou-king*, chapitre *vou-y* (1), dit que *Ven-vang*, père de *Vou-vang*, régna cinquante ans dans la principauté de *Tcheou*, et *Meng-tse* assure qu'il vécut cent ans ; le *Chou-king* le donne aussi à entendre. Ainsi, l'année 1172 avant J.-C. (dans le cycle, c'est *ki-tcheou*), fut la première année du règne du prince *Ven-vang*, et l'année 1222 avant J.-C. fut l'année de sa naissance.

Meng-tse dit qu'entre le temps de *Tching-tang* et celui de *Ven-vang*, il y a un intervalle de cinq cents ans. Si *Meng-tse* avait déterminé les deux termes dans les

_____

(1) Voyez la seconde partie, ci-devant p. 83

années de *Tching-tang* et de *Ven-vang*, on saurait la durée précise de la dynastie *Chang*; mais *Meng-tse* parlait dans un temps où l'on avait l'histoire, et il ne prétendait pas traiter un point chronologique. Ce passage de *Meng-tse* ne laisse pas d'avoir son utilité, pour être instruit en gros de la durée de la dynastie *Chang*, parce que le temps qu'il y a depuis la fin de la dynastie *Chang*, jusqu'à la mort, la première année du règne, et l'année de la naissance de *Ven-vang*, nous est connu.

Du temps de la dynastie *Han*, ou peut-être sur la fin de la dynastie *Tcheou*, quelques auteurs disaient que la dynastie *Chang* avait duré 446 ans (1). *Pan-kou* se contente de dire que c'est une chronologie fautive. On ne rapporte pas sur quel principe on établissait cette durée de 446 ans. *Sse-ma-tsien* dit en général, que la dynastie *Chang* dura 600 ans.

Selon le *Tchou-chou*, la dynaste *Chang* régna 508 ans. *Pan-kou* fait cette durée de 629 ans. Je ne dis rien de la durée de cette dynastie, marquée dans les histoires postérieures au temps de *Pan-kou*, et à celui de la découverte du *Tchou-chou*. Ce que disent ces auteurs, est denué de toutes preuves, soit pour l'addition de quelques années qu'ils ont faite à la durée dont parle *Pan-kou*, soit pour la somme d'années que d'autres ont mise comme *Pan-kou*, soit pour ce qu'en ont retranché deux ou trois auteurs qui ont suivi le *Tchou-chou*. On a vu qu'il y avait eu quelque altération dans le texte du *Tchou-chou*, pour les années entre la régence *Kong-ho* et la première année de l'empereur *Tching-vang*: on verra qu'il y en a aussi,

(1) D'autres disent 458.

selon les apparences, dans les textes qui concernent les années de la dynastie *Chang.*

Pour la durée de 629 ans, assignée par *Pan-kou*, cet auteur ne dit pas sur quels mémoires il l'a déterminée; et s'il n'a d'autre fondement pour cette détermination, que ce qu'il rapporte des solstices d'hiver, on ne peut faire aucun fond sur cette durée de 629 ans. *Pan - kou* parle d'après *Lieou-hin.*

Dans le *Chou-king*, chapitre *y-hiun*, de la partie appelée, Livre de la dynastie *Chang*, il est marqué que la première année, douzième lune, jour *y-tcheou*, *Y-yn* fit venir le roi sucesseur, et qu'on fit la cérémonie pour le roi prédécesseur.

Il s'agit dans ce texte de l'empereur *Tay-kia*, qui faisait la cérémonie pour l'empereur *Tching-tang*, son grand père. Ceux qui soutiennent que *Tay-kia* fut successeur immédiat de *Tching-tang*, se fondent surtout sur ce texte. C'est le plus ancien texte chinois authentique, où l'on rapporte le caractères du cycle de 60 jours.

Le *Tso-tchouen* assure que, dans la forme d'année de la dynastie *Chang*, la première lune était la douzième du calendrier de la dynastie *Hia*, et la deuxième du calendrier de la dynastie *Tcheou*, c'est-à-dire, que le solstice d'hiver devait se trouver dans la douzième lune du calendrier de la dynastie *Chang*. Il n'y a pas de monument historique qui fasse voir l'usage de cette forme d'année.

Pan-kou rapporte ou un calcul, ou une observation d'un solstice d'hiver, au moment de minuit du jour *kia-chin*, premier de la onzième lune de la sixième année *yuen-so* (1) de *Vou-ti*, empereur des *Han* occidentaux. Cette sixième année est l'année 123 avant J.-C.; le jour *kia-chin* est le 25 décembre 124 avant J.-C. Dans ce temps-là, on commençait l'année civile à la dixième lune. La sixième année *yuen-so* commença donc à la dixième lune de l'an 124. *Vou-ti* changea ensuite cette coutume, et commença l'année à la première lune : c'est ce qu'il faut bien remarquer. Par exemple, l'année 1111 avant J.-C. commença en 1112, à la lune qui avait le solstice d'hiver ; mais au temps de la dynastie *Tcheou*, la première lune était celle où se trouvait le solstice d'hiver. *Lieou-hin* rapporte aussi le solstice de la sixième année *yuen-so*. Il ne s'agit pas de savoir ici si ce solstice, fixé au 25 décembre 124, fut bien ou mal observé, ou calculé; il suffit de savoir que *Pan-kou* se servit de ce solstice et du texte du chapitre *y-hiun*, pour confirmer ou établir sa chronologie de la dynastie *Chang*.

Cet auteur supposait, 1° l'année solaire de 365 jours et un quart, ou de 365 jours six heures ;

2° La justesse d'une période de 76 ans, appelée *pou*, composée de quatre cycles de dix-neuf ans, et qui faisait revenir la conjonction au même moment du jour et au même point du ciel;

3° Qu'une période de 1520 ans, composée de vingt *pou*, ramenait la lune au même point du ciel, au même moment du jour, et au même jour du cycle de soixante jours (2) ;

4° Que dans le texte du chapitre *y-hiun*, le jour

---

(1) On prononce aussi *Cho*.
(2) Ceci suppose la connaissance de la période de 80 ans pour le retour des caractères des jours, comme j'ai dit en parlant du cycle de 60 jours : 1520 est un nombre divisible par 80.

y-tcheou fut le premier de la lune, et en même temps le jour du solstice d'hiver. En examinant la propriété du cycle de soixante jours, pour placer chaque jour dans chaque année, *Pan-kou* et les astronomes dont il prit ce qu'il dit du cycle de 19 ans, du *pou*, et des jours du cycle de soixante dans l'espace de 80 ans solaires, conclurent que 95 ans après l'année dont parle le chapitre *y-hiun*, il y eut un jour *kia-chin*, qui fut jour de solstice d'hiver à minuit, et en même temps premier de la lune ; de-là ils conclurent que cette 95ᵉ année était éloignée de 1520 ans, de la sixième des années *yuen-so* ou *yuen-cho*, et que par conséquent, la première année de *Tay-kia* fut une année qui répond à notre année 1738 avant J.-C. Ces astronomes, supposant que *Tching-tang* régna treize ans, disent que la première année de *Tching-tang* répond à l'année 1741 avant J.-C. Ils supposaient que l'année 1122 avant J. C. était la première de *Vou-vang* (1).

Il y a quelque contradiction dans *Pan-kou*. Car ce qu'il rapporte du *pou*, pour l'usage de la chronologie de la dynastie *Chang*, suppose que *Tay-kia* fut successeur immédiat de *Tching-tang*. Or *Pan-kou*, dans sa chronologie, suppose entre *Tching-tang* et *Tay-kia*, les deux règnes de *Ouay-ping* et de *Tchong-gin*. Il peut se faire absolument que *Pan-kou* n'ait fait que rapporter ce que disaient *Lieou-hin* et autres astronomes, sans prétendre établir sa chronologie sur ces principes, et que ce qu'il dit de la durée de la dynastie *Chang*, fut fondé sur des mémoires qu'il croyait exacts ; mais il n'en parle pas.

Le *Chou-king* ne dit pas que le jour *y-tcheou* fût jour du solstice d'hiver ; il ne dit pas non plus qu'il fut premier

(1) De ce calcul résultait la somme de 629 ans pour la dynastie *Chang*.

jour

jour de la lune. C'est une pure et gratuite supposition de la part des astronomes, desquels *Pan-kou* a pris ce qu'il dit sur les diverses périodes de 19 ans, de 76 ans, etc. Dans le système de ces astronomes, le solstice prétendu de la première année de *Tay-kia* serait au 25 décembre de l'an 1738 avant J.-C. La période de 1520 ans, étant composée de dix-neuf périodes de 80 ans, ramène bien au même jour de l'année julienne, les mêmes caractères du jour, du cycle de soixante; mais quoique composée de plusieurs périodes de 19 ans, elle ne saurait ramener à ce même jour la lune ni le solstice; on doit donc rejeter une chronologie qui serait fondée sur de si faux principes. J'ai parlé ailleurs de cela (P. E. Souciet, tome 2 des observations mathématiques, etc. Paris, 1732).

Pour ce qui regarde la durée particulière des règnes, je ne sais d'où *Pan-kou* a tiré le règne de treize ans pour *Tching-tang*. Ce nombre est dans le *Tchou-chou*. Dans la deuxième partie, on a vu ce que rapporte le *Chou-king* des années de quelques règnes, et les années rapportées par *Meng-tse*, pour *Ouay-ping* et *Tchong-gin*. Quant aux historiens depuis *Pan-kou* jusqu'aujourd'hui, les années des règnes qu'ils rapportent, sont prises du *Tchou-chou*, ou sont marquées d'après des autorités, ou des combinaisons dont on n'a pas le détail; on ne peut donc pas les regarder comme certaines.

On a vu que la première année du règne de *Ven-vang*, dans sa principauté de *Tcheou*, était l'année 1172 avant J.-C. En admettant l'addition d'un cycle de soixante ans dans le *Tchou-chou*, cette première année de *Ven-vang*, serait l'année 1173 avant J.-C., ce livre met 52 ans de règne pour l'empereur *Cheou*, dernier de la dynastie

Chang. Yo-tse, dont on a parlé, compte 576 ans depuis la première année de *Tching-tang*, jusqu'à la première année de *Cheou*, dont il ne compte pas les années. A 576, ajoutez 52 ans pour *Cheou*, on a 628 ans pour la durée de la dynastie·*Chang. Yo-tse* fait *Tay-kia* successeur immédiat de *Tching-tang*. Cette durée de la dynastie *Chang* me paraît pouvoir être admise, en conséquence de ce que dit *Yo-tse*, et des années de l'empereur *Cheou*,.marquées dans le *Tchou-chou.* Selon cette détermination, l'année 1739, avant J.-C., est la première année de la dynastie *Chang*; mais comme on voit, ce n'est pas une détermination certaine.

DYNASTIE DE HIA, avant J.-C.

Examen de l'époque de l'empereur Tchong-kang.

Le *Chou-king* dans le livre de *Hia*, chapitre *yn-tching*, dit qu'au premier jour de la dernière lune d'automne, le soleil et la lune dans leur conjonction, *ne furent pas d'accord dans* Fang.

Tchong-kang, frère de l'empereur *Tay-kang* et son successeur, était petit-fils de l'empereur *Yu*, qui fonda la dynastie *Hia*. C'est de cet empereur *Tchong-kang*, qu'il s'agit dans le chapitre *yn-tching.* Il paraît que dans le texte, on parle de la première année de l'empire de *Tchong-kang.*

Ces paroles : *ne furent pas d'accord*, sont l'expression d'une éclipse de soleil qu'on aperçut, et que les astronomes négligèrent de calculer et d'observer. Le *Tso-tchouen* rapporte clairement l'éclipse de soleil, et il n'y a aucun doute là dessus, non plus que sur le sens du texte, d'où l'on conclud clairement que l'éclipse fut vue.

La forme d'année sous la dynastie de *Hia* est connue.

Selon le *Tso-tchouen* (1) la première lune de la dynastie *Tcheou* était la onzième dans le calendrier de *Hia*; ainsi la première lune de ce calendrier était celle dans le cours de laquelle le soleil entrait dans notre signe *Pisces*. Les trois premières lunes de l'année étaient appelées les trois lunes du printemps; les quatrième, cinquième et sixième lunes étaient les trois lunes de l'été; les septième, huitième, et neuvième lunes étaient les trois lunes de l'automne; les dixième, onzième et douzième lunes étaient les trois lunes de l hiver. Dans un fragment d'une espèce de calendrier de *Hia*, qui subsiste, on voit que le solstice d'hiver était dans la onzième lune. Il n'y a aucun doute sur la forme d'année de la dynastie *Hia*.

Fang, dans le texte, désigne une des constellations chinoises (2). La conjonction est exprimée par le caractère *tchin* (3). Les douze nouvelles lunes de l'année sont encore nommées les douze *Tchin*. C'est aussi, en chinois, le nom du temps, de sept heures jusqu'à neuf heures du matin (4). Les caractères chinois employés pour exprimer les douze heures dont chacune équivaut à deux de nos heures, ne servent à cet usage que depuis un temps postérieur au *Tchun-tsieou*. Un missionnaire, qui a parlé de l'éclipse de *Tchong-kang*, ignorait sans doute la nouveauté du sens du caractère *Tchin* pour les heures, quand il a dit, que le *Chou-king* disait que l'éclipse avait eté vue vers les sept heures du matin: L'auteur du *Tso-tchouen* a eu soin d'instruire du sens du caractère *tchin* pour la conjonction.

---

(1) Le *Tso-tchouen* en divers endroits nous instruit de la forme d'année de la dynastie *Hia*.

(2) Voyez dans la première partie le catalogue des constellations.

(3) Le *Tso-tchouen* l'assure.

(4) *Tchin* est un des douze *tchi* du cycle: les douze *tchi* expriment les douze heures. *Tchin* est le cinquième *tchi*. Voy. le cycle.

Pour fixer une époque de *Tchong-kang*, en conséquence de l'éclipse, il serait très-utile de savoir, si au temps de *Tchong-kang*, les 28 constellations avaient chacune l'étendue marquée dans la première partie de ce traité. Les astronomes de la dynastie des *Han* occidentaux qui ont rapporté cette étendue, ne disent rien relativement à cette question, et on n'a pas de monument plus ancien où soit l'étendue de chaque constellation. De même il serait à souhaiter que le *Chou-king* eût marqué le jour chinois de l'éclipse, ou du moins d'une manière générale, le temps du jour où on l'aperçut. L'éclipse dont il s'agit a trois caractères distinctifs. 1° C'est une éclipse vue au pays où était *Tchong-kang* ; 2° c'est une éclipse au premier jour de la neuvième lune ; 3° c'est une éclipse où le soleil était dans la constellation *Fang*. On pourrait ajouter un quatrième caractère pour le temps de cet empereur, car si on trouvait une éclipse qui plaçât *Tchong-kang* dans un temps où l'on sait certainement qu'il n'a pas existé, quand même cette éclipse aurait les trois caractères dont j'ai parlé, il faudrait la rejeter On a déjà vu que la première année de la dynastie *Tcheou* répond à l'an 1111 avant J.-C. ; que la dynastie *Chang* détruite par *Vou-vang*, premier empereur de *Tcheou*, subsista selon le *Tchou-chou* 508 ans, et 600 ans selon le *Tso-tchouen*. Le *Tchou-chou* donne au moins 431 ans de durée à la dynastie *Hia*, dont *Yu* fut le premier empereur. Le même livre *Tchou-chou* donne à *Yu* un règne de huit ans ; à *Ki*, fils de *Yu*, un règne de seize ans ; à *Tay-kang*, fils de *Ki*, un règne de quatre ans. Selon le *Tchou-chou*, à cause des années de deuil, il y a 37 ans entre la première année de *Yu* et la première année de *Tchong-kang*, successeur de *Tay-kang* : il régna sept ans selon le *Tchou-chou*. On verra plus bas que *Chun*, prédécesseur de l'empereur *Yu*, mourut âgé de 110 ans, et qu'il régna cinquante ans. On a vu que quand *Vou-vang* monta sur le trône impérial, il avait déjà régné douze ans dans sa princpauté de *Tcheou*, après la mort de son père *Ven-vang* ; que celui-ci régna cinquante ans dans cette principauté, et qu'il vécut cent ans. *Meng-tse* dit, qu'entre le temps de *Ven-vang*, et celui de *Chun*, il y a un intervalle de 1000 ans et plus. Ces connaissances sont nécessaires pour tâcher d'établir l'époque de *Tchong-kang*, par l'éclipse de soleil rapportée par le *Chou-king*, chapitre *yn-tching*.

La cour de l'empereur *Yu* fut au pays où est aujourd'hui la ville de *Gan-y-hien* dans le *Chan-sy*, lat. bor. 35 d. 7 m., vingt minutes plus occidentale en temps que *Pekin*, c'est-à-dire, plus orientale en temps que Paris, 7 h. 16 m. Les rebelles obligèrent *Tay-kang* d'aller dans le *Ho-nan*, et il établit sa cour dans *Tchen-sun* (1). C'est le pays où est aujourd'hui *Tay-kang-hien* du *Ho-nan*, ville à la lat. bor. de 34 d. 4. m., près de huit minutes en temps plus occidentale que *Pekin*, c'est-à-dire plus orientale que Paris de 7 h. 28 m.

Selon les tables de Flamsteed, l'an 2155 avant J.-C., le 12 octobre au matin, vers les 7 h. 17 m., fut la conjonction à *Tay-kang-hien*, lat. bor. de la lune, 26 m. et quelques secondes. Il y eut donc éclipse visible au lever du soleil (2) au moins de 3 doigts ⅓. Il me paraît que cette éclipse est la seule qui réunisse les caractères dont j'ai parlé ; mais je ne prétends pas que ce soit une démons-

---

(1) Le *Tchou-chou* le dit, et le *Tong-kien-kang-mou* cite le *Tchou-chou*.

(2) Si la conjonction de la lune fut un peu plus tard, l'éclipse fut plus considérable.

tration. Selon nos tables européennes, le soleil et la lune étaient dans le premier degré de *Libra* ; mais selon la méthode chinoise, le soleil était déjà avancé de 3 d. au moins dans le signe chinois *Libra*. Selon la méthode chinoise, l'année était partagée en quatre saisons égales ; ainsi l'équinoxe d'automne, par exemple, était éloigné du solstice d'hiver de 91 jours et quelques heures, puisque l'année était de 365 jours 6 heures. Le solstice d'hiver de l'an 2154 avant J.-C. devait être le 7 ou le 8 janvier à la Chine ; donc l'équinoxe d'automne chinois de l'an 2155, devait être le 8 ou 9 octobre ; donc la nouvelle lune étant quelques jours après l'équinoxe chinois d'automne, on dut compter la neuvième lune. La huitième lune doit avoir l'équinoxe d'automne dans le calendrier de la dynastie *Hia*. On verra dans la suite que près de 180 ans (1) au moins avant *Tchong-kang*, l'équinoxe d'automne était dans la constellation *Fang* ; ainsi au temps de *Tchong-kang*, le 12 octobre 2155, le soleil devait être dans cette constellation, ou en être très-près. D'ailleurs, le calcul le fait voir.

NOTES.

1° C'est le *Tchou-chou* qui nous instruit du lieu de la cour de *Tchong-kang*. Soit par le *Tchou-chou*, soit par d'autres auteurs, on sait que *Tay-kong* fut chassé de sa cour et alla à *Tchen-sun*.

2° Encore de nos jours on a vu que les meilleures tables ne donnaient pas exactement le temps de la conjonction dans les éclipses de soleil. Les tables s'accordent à donner une latitude de lune, d'où il résulte une éclipse considérable de soleil, l'année 2155, le 12 octobre, mais il y a de la différence dans le temps de la conjonction. Je laisse aux astronomes à décider si la petitesse de l éclipse au lever du soleil est une raison de la rejeter.

(1) Au temps de l'empereur *Yao*,

Quand les Chinois se furent aperçus de l'inégalité des intervalles des quatre saisons, ils rangèrent toujours leurs lunes dans l'hypothèse de l'égalité des saisons. Cela est constaté par leur histoire, par ce que disent leurs astronomes, et par ce qui nous reste de leurs calendriers jusqu'à l'entrée des Jésuites dans le tribunal des mathématiques.

Le *Tchou-chou* désigne le temps de l'éclipse par les caractères *kouey-sse* pour l'année cinquième de *Tchong-kang*, et par les caractères *keng-su* pour le jour qui dans cette chronologie est marqué le premier de la neuvième lune en automne. Si on n'a pas égard à la correction de 60 ans à faire à cette chronologie, comme je l'ai dit, l'éclipse du *Tchou-chou* sera rapportée au 28 octobre 1948. Or, il est clair qu'il n'y eut pas d'éclipse ce jour là. Les astronomes de la dynastie *Souy* et d'autres plus anciens, le bonze *Y-hang* et beaucoup d'autres de la dynastie *Tang*, *Ko-cheou-king* même, au temps de la dynastie *Yuen*, conservant les caractères cycliques du jour et de l'année marqués dans le *Tchou-chou*, prétendent que c'est l'éclipse solaire du 13 octobre de l'an 2128 avant J.-C. Ils ont très-bien vu que le jour de l'éclipse marqué par le *Tchou-chou* ne fut pas même jour de nouvelle lune, et de tout ce qu'ils ont dit, il résulte qu'il y a eu quelque altération dans les textes des années de ce livre, et que selon eux, il faut faire une addition de trois cycles de soixante ans au texte du *Tchou-chou*. L'addition à faire de soixante ans, paraît certaine pour la dynastie *Tcheou*. Les 120 ans à ajouter encore regarderaient la dynastie *Chang*; car il paraît qu'il n'y a pas de correction à faire pour la dynastie *Hia*. Quand je parle d'une correction, j'entends une correction pour rétablir le vrai texte du *Tchou-chou*. Pour revenir au calcul des astronomes de *Souy* et autres, on voit bien que le 13 octobre 2128 fut jour de conjonction même écliptique, à la neuvième lune, dans la constellation *Fang*, ou très-près. Mais l'éclipse, quoique visible dans les pays boréaux de la Tartarie, ne le fut nullement dans le *Ho-nan*, le *Chan-sy*, etc. Le *Chou-king* parle d'une éclipse vue à la cour de l'empereur ; il suit de-là que l'éclipse du *Chou-king* n'est pas celle de l'année 2128, et on ne peut pas dire que le *Chou-king* parle peut-être d'une éclipse calculée.

L'auteur du *Tien-yuen-li-li* (1), si zélé pour la chronologie du *Tchou-chou* telle qu'elle est dans le livre qu'on a aujourd'hui, parle de l'éclipse de soleil, et par ce qu'il dit, il fait voir qu'il ne sait rien de la méthode de fixer les époques par les éclipses, ni de celle de calculer juste les éclipses pour les temps passés.

Il y a toute apparence que le texte du *Tchou-chou* qui marqué le jour de l'éclipse et l'année, fut mis après coup par les premiers astronomes qui calculèrent cette éclipse, ou par d'autres auteurs, sur ce qu'ils savaient du calcul des astronomes. En admettant la correction de 60 ans à ajouter au *Tchou-chou*, on trouve que l'année 2008 avant J.-C., a, comme l'année 1948, les caracteres *kouey-sse*, et avec cette addition, l'année *kouey-sse* est toujours l'année du règne marquée dans le *Tchou-chou*, c'est-à-dire la cinquième année du règne de *Tchong-kang*. L'année 2007 avant J.-C. sera donc la sixième année. Or le calcul donne une éclipse considérable de soleil le 25 octobre de l'an 2007 avant J.-C., au matin. Je ne rapporte pas ici le calcul; M. Freret m'a écrit que le calcul est de M. *Cassini*, on n'aura pas manqué de le publier. Cette éclipse fut certainement beaucoup plus considérable que celle du 12 octobre 2155, dans la supposition surtout que le calcul du temps de la conjonction ne devance pas le temps véritable. Cette éclipse du 25 octobre 2007, a le caractère de visibilité, et elle est dans la neuvième lune, mais elle n'est pas dans la constellation *Fang*, et elle est contraïre, pour l'époque de *Tchong-kang*, à d'autres époques qui paraissent très bien établies et prouvées. On a déjà dit, et on le verra dans la suite, que 160 ou 180 ans avant *Tchong-kang*, les Chinois déterminèrent l'équinoxe d'automne dans la constellation *Fang*, et il paraît que leur détermination fut assez juste, quoique insuffisante pour fixer une époque précise. Au temps de *Tchong-kang*, l'équinoxe devait être marqué, ou dans *Fang*, ou bien près de cette constellation, soit qu'on connût le mouvement propre des fixes, soit qu'on ne le connût pas. Le 25 octobre 2007 avant J.-C., le soleil était trop éloigné de la constellation *Fang*, et il n'est pas probable que l'erreur ait été si considérable. Quand les Chinois ont connu passablement le lieu du soleil dans les constellations, au jour du solstice d'hiver, il leur a été facile de connaitre ce lieu du ciel pour les autres jours de l'année, du moins par approximation (1). Or, depuis le temps de *Yao*, on savait que le solstice d'hiver répondait à la constellation *Hiu*: on savait donc qu'un des degrés de la constellation *Hiu* était éloigné d'un des degrés de la constellation *Fang*, d'un quart de l'équateur chinois ou de

---

(1) Le tour du ciel, comme parlent les Chinois, était de 365 et $\frac{1}{4}$; chaque jour le soleil, par son mouvement propre, parcourait un degré.

quatre-vingt-onze degrés et quelques minutes chinoises.
Le 7 janvier de l'an 2006 avant J.-C. fut le solstice d'hiver.
Allez du 25 octobre au 7 janvier, en mettant par jour un
degré chinois, selon la méthode chinoise, il n'y aura que
soixante - treize ou soixante-quatorze degrés. Au temps
de *Yao*, le soleil au solstice d'hiver était marqué dans la
constellation *Hiu*, l'équinoxe d'automne dans *Fang* Quoiqu'on ne sache pas certainement l'étendue particulière
de chaque constellation au temps de *Yao* et de *Tchong-
kang*, on sait qu'on comptait quatre - vingt - onze degrés
et quelques minutes chinoises, de l'un des degrés de *Hiu* à
l'un des degrés de *Fang*. Or, on ne peut pas supposer une
si grande différence entre l'étendue de chaque constellation marquée dans la première partie de cet ouvrage, et
l'étendue ancienne. On ne peut pas non plus supposer
dans les Chinois, une si grande négligence, qui aille jusqu'à mettre le 25 octobre, le soleil dans *Fang*. Après tout,
je ne fais que proposer un doute, et je ne prétends pas
que la difficulté que je présente soit une démonstration
contre l'époque de l'an 2007.

Outre cette difficulté il y en a une autre qui me paraît
assez forte ; la voici :

Meng-tse dit qu'entre le temps de *Chun* et celui de *Ven-
vang*, il y a mille ans et plus. Quoiqué *Meng-tse* n'ait pas
prétendu fixer une époque de chronologie, on doit
pourtant conclure de ce passage, qu'entre le temps de
Ven-vang et celui de *Chun*, il y a au moins mille ans
selon *Meng-tse*, écrivain d'une très-grande autorité, et
qui parlait en conséquence de ce qu'il lisait dans l'histoire. Selon le *Chou-king*, l'empereur *Chun* mourut âgé de
cent dix ans, et eut *Yu* pour successeur. *Chun* régna cin-

quante ans après la mort de *Yao;* ainsi, quand il commença à régner après la mort de *Yao*, il avait soixante ans. Il gouverna l'empire en qualité d'associé à l'empire par *Yao,* pendant trente-huit ans.

Ven-vang, selon *Meng-tse*, vécut cent ans; il régna cinquante ans dans sa principauté de *Tcheou*, et mourut. On a vu que l'année 1222 avant J.-C. fut l'année de la naissance de *Ven-vang;* que l'année 1172 fut la première année de son règne, et l'année 1123, l'année de sa mort. Ces époques pour *Ven-vang* sont bien établies en conséquence de l'année 1111, qui est, comme on l'a vu, la première année de l'empire de *Vou-vang*. S'il y a quelque erreur ou quelque doute, cela ne peut aller qu'à bien peu d'années.

Quoique *Meng-tse* ne dise pas clairement quels sont les deux termes de l'intervalle de 1000 ans et plus dont il parle, il paraît pourtant qu'il compare les temps des deux naissances, puisqu'il dit cela en rapportant la distance du lieu où naquit *Chun* à celui où naquit *Ven-vang*. S'il ne compare pas les temps des deux naissances, il est très-probable qu'il compare les époques des commencemens des deux règnes, ou celles des deux morts. Supposons qu'il compare les époques des deux règnes. La première année du règne de *Ven-vang*, est l'an 1172 avant J.-C. Si l'année de l'éclipse du *Chou-king* est l'année 2007, voilà un intervalle de 832 (1) ans entre la première année du règne de *Tchong-kang* et la première année du règne de *Ven-vang*.

(1) Il semble que l'auteur a dû dire 835 ans, et qu'il faut de même substituer plus bas, 956 ans à 933, d'où il résulte que l'erreur de *Meng-tse*, si l'on adoptait l'éclipse de l'an 2007 avant J.-C. pour celle dont parle le *Chou-king*, serait de 64 ans au moins, et non de 67 ans au moins, comme le dit l'auteur de l'ouvrage.

Note des Editeurs.

32 *

Selon le *Tchou-chou*, la première année de *Yu* est 37 ans avant la première année de *Tchong-kang*; selon d'autres, cet intervalle va jusqu'à 45 et 48 ans, mais cela est moins probable. Prenons le plus grand intervalle de 48 ans, ajoutons trois ans de deuil après la mort de *Chun* et les 50 ans de son règne, c'est cent-un ans en tout; et ainsi il y aura 933 ans entre la première année du règne de *Chun* et la première année du règne de *Ven-vang*. Quand *Meng-tse* n'aurait parlé que de 1000 ans juste, ce serait une erreur de 67 ans; mais cet auteur ayant dit 1000 ans et plus, l'erreur est de plus de 67 ans. Dans la comparaison qu'on pourrait faire des autres époques de la vie de *Chun* et de *Ven-vang*, on trouvera pareillement un nombre beaucoup plus petit que celui de *Meng-tse*. Sans faire de calcul, on voit qu'en adoptant l'éclipse de l'an 2155, on trouve vérifié l'intervalle de *mille ans et plus*. On se servira du même raisonnement pour rejeter la chronologie du livre *Tchou-chou*, même avec l'addition de 60 ans.

L'autorité du *Tso-tchouen* est d'un grand poids et bien au-dessus de celle du *Tchou-chou*. Or l'auteur du *Tso-tchouen* donne à la dynastie *Chang*, 600 ans de durée. Quand même ce compte rond ne serait pas juste à la rigueur, il est clair du moins que cet auteur a voulu dire un nombre bien approchant de 600. La dynastie *Tcheou* a commencé l'an 1111 avant J.-C.; donc la dynastie *Chang* doit avoir commencé, selon le *Tso-tchouen*, vers l'an 1711 avant J.-C. Il peut bien se faire que le *Tso-tchouen* fasse commencer la dynastie *Tcheou* au temps de *Ven-vang*: sans entrer dans l'examen de ce point, je m'en tiens à l'an 1711 pour la première année de la dynastie *Chang*, qui succéda à celle de *Hia*; mais c'est en prenant à la rigueur le nombre de 600 du *Tso-tchouen*. Si l'éclipse de l'année 2007 est celle du *Chou-king*, la dynastie de *Hia* n'aura duré que 343 ans ou même moins, ce qui est contraire aux monumens chinois, même au *Tchou-chou*, qui fait cette durée de 431 ans au moins. L'année de la fin de la dynastie *Hia* étant, selon ce qu'on rapporte ici d'après le nombre de 600 ans du *Tso-tchouen*, l'année 1712 avant J.-C., et la première année de *Yu*, premier empereur de *Hia*, étant ou 37 ou 48 ans avant la première année de *Tchong-kang*, la durée de la dynastie *Hia* ne serait que de 333 ans ou de 342 ans, si l'éclipse de l'année 2007 est celle que le *Chou-king* marque à la première année de *Tchong-kang*. On pourrait employer l'autorité de *Yo-tse* pour justifier la durée de 600 ans au moins de la dynastie *Chang*. Il dit que depuis la première année de *Tching-tang*, premier empereur de *Chang*, jusqu'au commencement du dernier empereur de cette dynastie, il y a 576 ans. Il ne compte pas les années du règne du dernier empereur, *Cheou* ou *Tcheou*. Selon le *Tchou-chou*, *Cheou* régna 52 ans; selon d'autres, son règne fut de 32 ans: on peut donc assurer que *Yo-tse* comptoit plus de 600 ans pour la durée de la dynastie *Chang*. Admettant l'éclipse de 2155 avant J.-C, pour celle du *Chou-king*, on trouve pour la dynastie *Chang* plus de 600 ans; et pour celle de *Hia* un nombre d'années qui n'est pas très-différent de celui du *Tchou-chou*.

Quoique le fragment du livre qui porte le nom de *Yo-tse* ne soit peut-être pas de *Yo-tse*, contemporain de *Ven-vang* et de *Vou-vang*, ce fragment est de quelque autorité pour la chronologie, étant antérieur à l'incendie des livres.

De tout ce qu'on vient de dire il résulte que l'éclipse de soleil de l'année 2155, paraît être la seule qui puisse servir à fixer l'époque de *Tchong-kang*, étant la seule qui ait les caractères requis dans la vérification de l'éclipse dont parle le *Chou-king*.

Première année de la dynastie Hia *, et durée de cette dynastie.*

Selon le *Tchou-chou*, *Tay-kang* régna quatre ans, **Ki** régna seize ans; *Yu* régna huit ans, c'est une somme de 28 ans, mais en comparant les lettres cycliques de la première année de *Yu* avec les lettres cycliques de la première année de *Tchong-kang*, l'intervalle est de 37 ans à cause des années d'interrègne, qui sont apparemment pour le deuil après la mort de ces trois empereurs. Suivant *Meng-tse*, *Yu* ne régna que sept ans, ainsi la somme n'est que de 36 ans. On peut donc fixer la première année de *Yu* et de la dynastie *Hia*, à l'année 2191 avant J.-C. On a ci-devant fixé la première année de la dynastie *Chang* à l'année 1739 avant J.-C. Si de 2191 on ôte 1739, reste 452 ans pour la durée de la dynastie *Hia*.

Le livre *Tchou-chou* est le seul monument ancien qui ait un nombre déterminé pour les années du règne de chaque empereur de la dynastie *Hia* ; je parle d'un monument antérieur à l'incendie des livres. *Sse-ma-tsien* et *Pan-kou* n'ont pas assigné les années des règnes des empereurs de *Hia*, et on ne dit pas sur quels mémoires les auteurs postérieurs à *Pan-kou* ont assigné un nombre déterminé d'années à chaque empereur de cette dynastie.

NOTE.

Dans le *Chou-king*, il y a des chapitres sur les empereurs *Yu*, *Ki*, *Tay-kang*, *Tchong-kang* de la dynastie *Hia* ; sur les empereurs *Tching-tang*, *Tay-kia*, *Pan keng*, *Kao-tsong*, *Cheou*, de la dynastie *Chang;* sur les empereurs *Vou-vang*, *Tching-vang*, *Kang-vang*, *Mou-vang*, *Ping-vang*, de la dynastie *Tcheou*. Ces chapitres ont été écrits par les historiens de l'empire qui étaient du temps de ces empereurs : ce sont des fragmens de l'ancienne histoire.

Epoque des années des empereurs Yao *et* Chun.

Dans les chapitres *yao-tien* et *chun-tien* (1) de la première partie du *Chou-king*, on dit que l'empereur *Yao*, à la soixante-dixième année de son règne, appela *Chun* pour l'éprouver dans le ministère ; qu'à la troisième année d'épreuve, l'empereur *Yao* l'associa à l'empire ; qu'à la vingt-huitième année de cette association, l'empereur *Yao* mourut; et enfin, que cinquante ans après la mort de *Yao*, *Chun* mourut, laissant l'empire à *Yu*. Le *Chou-king* ajoute que quand *Yao* appela *Chun*, *Chun* était âgé de trente ans ; il suit de-là que *Chun* naquit à la quarantième année du règne de *Yao*, qu'il avait soixante ans à la mort de *Yao*, et qu'il mourut âgé de 110 ans. On voit donc que depuis la première année du règne de *Yao*, jusqu'à la première année du règne de *Yu*, il y a 150 ans. Supposé que la première année de la dynastie *Hia* et de l'empereur *Yu*, soit l'année 2191 avant J.-C., la première année de *Yao* sera l'année 2341 avant J.-C., et l'année 2302 sera l'année de la naissance de l'empereur *Chun*.

Epoque de Heou-tsi *et de* Sie.

Ce fut vers l'an 70, 71 ou 72 de l'empire de *Yao*, que *Yu* fut envoyé pour travailler aux grands ouvrages dont parlent l'histoire et les livres classiques. Ces ouvrages furent entrepris pour remédier aux dégâts d'une grande

(1) Ces chapitres sont des historiens de l'empire, du temps de ces deux princes.

inondation ou déluge dont j'ai parlé dans la première partie. *Meng-tse* dit que *Yu* demeura huit ans en voyage. Entre autres grands qui accompagnèrent *Yu*, on voit *Sie* et *Ki* ou *Tsi*. Au retour, l'empereur donna des états à ces trois grands. *Yu* fut prince dans le pays où est le district de *Ping-yang-fou*, dans le *Chan-sy* ; *Ki* ou *Tsi* eut une principauté à *Tay*, dans le district de *Si-gan-fou* d'aujourd'hui, dans le *Chen-sy* ; *Sie* eut son état dans le district de *Kouey-te-fou* d'aujourd'hui, dans le *Ho-nan.*

Le retour de *Yu* à la cour peut être fixé à la quatre-vingt ou quatre-vingt-unième année de l'empereur *Yao*, c'est-à-dire à l'an 2262 ou 2261 avant J.-C. La dynastie de *Hia* avait pour auteur *Yu ;* celle de *Chang* venait de *Sie*, et celle de *Tcheou* descendait de *Ki* ou *Heou-tsi.* Les Chinois n'ont aucun doute là-dessus, d'après ce qu'en disent les livres classiques.

Dans la première partie du *Chou-king*, chapitre *yao-tien*, l'empereur *Yao* détermine les astres *Mao*, *Niao*, *Ho*, *Hiu*, pour fixer les deux solstices (1) et les deux équinoxes ; et de ce qui est rapporté dans ce chapitre, il résulte clairement que du temps de *Yao* le soleil répondait à la constellation *Mao*, à l'équinoxe du printemps ; à la constellation *Sing*, au solstice d'été ; à la constellation *Fang*, à l'équinoxe d'automne ; à la constellation *Hiu*, au solstice d'hiver. (2) Comme du temps de *Yao* l'année était de 365 jour et un quart, de même le cours du soleil était de 365 degrés un quart dans une année, et les vingt-huit constellations contenaient 365 d. un quart. Cela étant, du degré

(1) Voyez les 28 constellations dans la première partie.

(2) Voy. les second et troisième tomes des Observations mathématiques, astronomiques, etc. du P. E. Souciet, Paris 1732.

de

de *Hiu*, par exemple, qui désignait le solstice d'hiver, il devait y avoir quatre-vingt-onze degrés et quelques minutes jusqu'au degré de *Mao*, qui désignait l'équinoxe du printemps. De même, du solstice d'hiver à l'équinoxe du printemps, on comptait quatre-vingt-onze jours et quelques heures; et ainsi des autres saisons, car l'année était divisée en quatre parties égales. Le catalogue des constellations, qu'on a vu dans la première partie, est le plus ancien qu'on ait en entier. On y voit que d'un des degrés de *Fang* à un des degrés de *Hiu*, il y a quatre-vingt-onze degrés et quelques minutes : il en est de même de la distance de *Hiu* à *Mao*, de *Mao* à *Sing*, et de *Sing* à *Fang*. (1) Par-là on peut voir à-peu-près à quels degrés de ces quatre constellations répondaient les équinoxes et les solstices au temps de *Yao*. De ces vingt-huit constellations. sept sont pour l'automne, sept pour l'hiver, sept pour le printemps, sept pour l'été; et dans chaque division, la quatrième constellation est celle qui désignait au temps de *Yao* une des quatre saisons. *Fang*, par exemple, est au milieu des sept constellations qui forment la division de l'automne, parce que l'équinoxe d'automne est juste au milieu de la saison chinoise d'automne (2). Dans des catalogues plus récens on commence par *Teou*, mais dans les sept constellations la quatrieme est toujours celle que j'ai dit. Ces catalogues des vingt-huit constellations chinoises ont conservé la tradition de la détermination que fit *Yao*, des constellations qui répondaient de son temps aux quatre saisons.

(1) *Sing* est la même chose que *Niao*, et *Fang*, la même chose que *Ho*. Voy. le *Chou-king*, chap. *yao-tien*.
  Note des Editeurs.

(2) Chaque saison chinoise a le quart des degrés de l'équateur ou du zodiaque; les deux équinoxes et les deux solstices sont au milieu de ce quart.

Ce que dit le chapitre *yao-tien* démontre bien en général une grande antiquité, mais on ne saurait fixer par-
là une époque précise. On ne dit pas à quelle année de
l'empire de *Yao* on fit cette détermination pour les quatre
saisons, et l'on ne peut pas assurer que dans ces temps
éloignés on fût en état de faire bien exactement des observations qui demandent une si grande précision.

Si l'on rejette l'éclipse de soleil de l'an 2155, et qu'on
s'en tienne à l'éclipse de soleil de l'an 2007, on se servira
de la même méthode, pour fixer la première année de
Yao, celle de *Chun*, etc. Dans ce cas, 1° il faut dire que
la dynastie de *Hia* a duré seulement 343 ans ou même
moins, ce qui n'est nullement probable. On ne saurait rejeter l'autorité du *Tso-tchouen*, et on doit en conséquence
admettre au moins 600 ans pour la durée de la dynastie
Chang. 2° Il faut dire que dans la vérification de l'éclipse
du *Chou-king*, on n'est pas obligé de s'en tenir à l'opinion
de ceux qui, par *Fang*, entendent la constellation de ce
nom, mais qu'on peut entendre par ce caractère la place
des astres dans le ciel. *Lieou-hiuen*, fameux astronome de
la dynastie *Souy*, a ainsi expliqué le caractère *Fang* Le
sentiment de cet auteur a été assez généralement rejeté,
surtout par les astronomes chinois, depuis son temps jusqu'à nos jours. *Lieou-hiuen* admettait seulement quaran-
te-cinq ans pour un degré du mouvement propre dans
les fixes. Il avait calculé l'éclipse du *Chou-king* pour
l'année 2128 au 13 octobre, et il ne donne au caractère
fang le sens que j'ai dit, que parce qu'il ne trouvait pas,
selon son système du mouvement des fixes, le soleil
dans la constellation *Fang*. 3° Il faut dire, qu'en comparant les premières années de la vie de *Chun*, avec une

epoque antérieure de quelques années à la mort de *Ven-vang*, on trouve cent ans au moins ; mais il paraît que *Meng-tse* compare ou les années de la naissance des deux princes, ou les années du commencement de leurs règnes, ou les années de leur mort. Voici le passage de *Meng-tse*, dans la dernière partie du *Li-leou :* Chun *naquit à Tchou-fong ; il fut ensuite à* Fou-hia *et mourut à* Ming-tiao. Ven-vang *naquit à* Ki *et mourut à* Pi-yng. *La distance de ces lieux est de mille* Li *et plus ; l'intervalle de leurs temps est de mille ans et plus. Meng-tse* parle aussi du gouvernement de ces deux princes, et dit que le pays natal de *Ven-vang* était occidental par rapport au pays natal de *Chun*.

S'il fallait rejeter les deux éclipses de soleil de l'année 2155 et de l'année 2007 avant J.-C., on pourrait fixer la première année de *Yao*, par la comparaison que fait *Meng-tse* du temps de *Chun* avec celui de *Ven-vang*. La naissance de *Ven-vang* répond à l'année 1222 avant J.-C. Ajoutez *mille ans et plus* desquels parle *Meng-tse*, c'est à 2222 ans au moins avant J.-C., que répond l'année de la naissance de *Chun*. Selon le *Chou-king*, *Chun* naquit à la quarantième année du règne de *Yao*; la première année du règne de *Yao* serait donc au moins 2261 ans avant J.-C. : je dis *au moins*, parce que *Meng-tse* dit *mille ans et plus*. On trouverait dix ou onze ans de plus, si l'on comparait l'époque du règne ou de la mort de *Chun* avec celle du règne ou de la mort de *Ven-vang*.

Un auteur illustre par son bon goût, sa saine critique et sa vaste érudition, a entrepris de donner une époque de *Yao* (1). 1° Il suppose qu'au temps de *Yu*, premier

---

(1) Voy le tome X des Mémoires de l'Académie royale des Inscriptions et Belles-Lettres, pag. 577 et suiv., Paris 1736.

empereur de la dynastie *Hia*, on fixa le commencement de l'année civile au *Li-tchun* (1), c'est-à-dire, vers le 15ᵉ degré d'*Aquarius*. 2° Il suppose qu'on avait un cycle de soixante années luni-solaires, contenant 742 lunaisons, vingt-deux desquelles étaient intercalaires. 3° Il suppose qu'on croyait les jours de ces 742 lunaisons égaux en nombre aux jours de soixante années solaires. Il fait voir que cette fausse supposition de l'égalité des jours de 742 lunes avec les jours de soixante années solaires, dut produire une erreur dans le commencement de l'année, d'abord de quelques jours, ensuite d'une lunaison, puis de deux, de trois ; il dit que cela arriva l'an 104 avant J.-C., sous l'empereur *Vou-ti* qui, pour ramener le commencement de l'année au point où il était au commencement du règne de *Yu*, ou quelques années plus tard, réforma le calendrier : il se trouva trois lunaisons de différence ou d'erreur. Par le calcul que l'auteur fait, les trois lunaisons d'erreur dans le reculement de la première lune de l'ancien calendrier, donnent un espace de 1880 ans : ces 1880 ans, ajoutés à l'année 104 avant J.-C., font 1984 ans avant J.-C. : c'est l'époque de la huitième année de *Yu*. Ajoutant 163 ans de cette huitième année de *Yu*, à la première année de *Yao*, on a pour première année de *Yao* l'année 2147 avant J.-C. Quelque ingénieux que soit ce système, je ne crois pas qu'il puisse servir à fixer le temps de *Yao;* mais je crois qu'on pourrait s'en servir pour rendre raison des trois formes d'année civile sous les empereurs de *Hiu*, ceux de *Chang* et ceux de *Tcheou*.

1° On peut avec plus de vraisemblance dire et supposer que l'établissement du calendrier eut lieu au commence-

___

(1) Commencement du printemps chinois.

ment du règne de *Yao*; ainsi voilà une incertitude de 150 ans au moins pour la première année de *Yao*. L'incertitude s'étend bien plus loin si on fait attention que le calendrier dans la forme de celui de *Yu*, fut établi par l'empereur *Tchouen-hiu*, selon le sentiment de beaucoup de Chinois, et ce sentiment n'est pas sans fondement. Dans ce qu'on a proposé pour fixer la première année de *Yao*, il n'y a pas une incertitude pareille à celle du système dont il s'agit.

2° Il est constant que l'année 1111 avant J.-C. fut la première année du règne de *Vou-vang*; c'est du moins ce qu'il y a de plus probable, et l'erreur ne peut aller qu'à bien peu d'années. Ce prince ordonna que la première lune de l'année civile serait celle où est le solstice d'hiver. Il y eut donc un reculement de deux lunaisons par rapport au calendrier de l'empereur *Yu*. Si *Vou-vang* détermina la première lune en conséquence de la fausse opinion de l'égalité du nombre des jours de 742 lunaisons avec les jours de soixante années solaires, selon les principes de l'auteur du système, la huitième année de *Yu* est éloignée de la première année de *Vou-vang*, de 1253 ans au moins. La huitième année de *Yu* est donc vers l'année 2364 avant J.-C, et la première année de *Yao* sera l'année 2527 avant J.-C., ce qui est bien contraire à l'époque que l'auteur veut établir. L'empereur *Tching-tang*, fondateur de la dynastie *Chang*, régla que la première lune de l'année serait la douzième du calendrier de *Yu*. S'il fit ce raisonnement en conséquence de l'opinion de l'égalité du nombre des jours de 742 lunes avec le nombre des jours de soixante années solaires, le temps de *Tching-tang* sera éloigné de la huitième année de *Yu* et de la première année de *Vou-vang*, de 626 à 627 ans. La durée des dynasties *Hia* et *Chang* est donc bien différente de ce que prétend l'auteur du système.

3° Par le *Tchun-tsieou* du *Tso-tchouen* (1), il est constant que l'année 481 avant J.-C., la première lune de l'année civile fut celle où se trouva le solstice d'hiver, comme du temps de *Vou-vang*, l'année 1111 avant J.-C.; et, ainsi supposé que dans ce temps-là on eût la période de 742 lunes, telle que le dit l'auteur du système, on sut en corriger le défaut en employant, par exemple, une lune intercalaire, selon l'idée de feu M. *Cassimi*, dans les Élémens de l'astronomie indienne. Ce que dit le *Tso-tchouen* relativement à la lune de l'éclipse de l'année 481 avant J.-C., est confirmé par ce qu'il dit des autres lunes; et il faut dire en passant que, dans le livre *Tso-tchouen*, on voit les lunes selon la forme du calendrier de *Vou-vang*, et que quand il y en avait de mal marquées faute d'avoir fait attention à l'intercalation, ou à la détermination du solstice d'hiver, on y voit ces lunes corrigées.

Les deux éclipses de soleil apportées en preuve du système ne prouvent rien, comme il est aisé de le voir. Dans le pays de *Tçin*, l'an 776 avant J.-C., on comptait la nuitième lune, tandis qu'à la cour de l'empereur et dans le pays de *Lou* on comptait la dixième lune. Dans le pays de *Tçin* et dans quelques autres de la Chine, malgré le règlement de *Vou-vang*, on suivait la forme d'année du calendrier de la dynastie de *Hia*. L'année 198 avant J.-C., en faisant le calcul de l'auteur, on aurait pu conclure que cette année était éloignée du temps de *Yu* de 1880 années. Puisque durant la dynastie de *Tcheou* avant

---

(1) Éclipse de soleil l'an 481 de J.-C.

J.-C. , plusieurs pays de la Chine avaient la forme du calendrier de la dynastie *Hia*, il s'ensuit, ou que l'on n'avait pas l'opinion dont parle l'auteur sur la révolution de 742 lunaisons, ou , que si on l'avait, on corrigeait le défaut de ce cycle en employant une lune intercalée extraordinairement après un certain nombre d'années.

4° Selon le même système, on avait, au temps de *Yu*, une révolution de 742 lunaisons formant un cycle de soixante ans luni-solaires, et on savait qu'il devait y avoir vingt-deux lunes intercalaires. Avec de telles connaissances , il est très-probable qu'on connaissait aussi le défaut de cette révolution, supposée égale aux jours de soixante années solaires. D'alleurs, cette période de sept-cent quarante-deux lunes , énoncée selon les termes de l'auteur , semble supposer la connaissance du cycle de dix-neuf ans, qui doit avoir 228 lunes ordinaires et sept intercalaires. Dans soixante ans , il y a trois cycles de dix-neuf ans , et de plus trois ans : cela fait 742 lunaisons. Si on avait le cycle de dix-neuf ans , il est bien difficile qu'on crût les jours de 742 lunes égaux en nombre à ceux de soixante années solaires.

5° L'année 104 avant J.-C. on ne fit aucune réforme dans l'ordre des lunes de l'année civile ; on comptait comme aujourd'hui, depuis le fondateur de la dynastie *Han* jusqu'à *Vou-ti* , empereur de la même dynastie *Han* , et jusqu'à ces jours, première, deuxième, troisième lune. Cette première lune était celle dans le cours de laquelle le soleil entre dans notre signe *Pisces* , selon la forme d'année de la dynastie *Hia*. Voici ce que réforma *Vou-ti*. Depuis *Lieou-pang* , premier empereur de la dynastie *Han* , les cérémonies du premier

jour de l'an se faisaient au premier jour de la dixième
lune ; mais on comptait dixième lune, et l'année du règne
était comptée du premier jour de cette dixième lune.
L'empereur *Vou-ti* ordonna que les cérémonies du premier jour de l'an se feraient au premier jour de la
première lune , comme il se pratiquait anciennement.
Voilà en quoi consiste l'arrangement de *Vou-ti* pour les
lunes. Ce qu'il fit·, pouvait se faire 150 , 160 , 180 ans ,
devant ou après ; on n'avait nulle idée de l'égalité du
nombre des jours de 742 lunes avec les jours de soixante
ans solaires. Il est constant que plusieurs siècles avant l'an
104 avant J.-C, on avait l'usage de l'intercalation pour
conserver la première lune dans la forme d'année établie,
soit comme elle l'était sous la dynastie de *Tcheou*, soit comme elle l'était sous la dynastie de *Chang*, ou sous celle de
Hia. L'établissement de la forme d'année était arbitraire.

A *Cai-fong-fou*, capitale de la province de *Ho-nan* ,
on voit une synagogue de Juifs. Dans cette synagogue , il
y a quelques tables de pierre ou de marbre, où il y a des
discours en caractères chinois , sur ce qui regarde la religion , les livres et les mœurs de la nation juive. On y
lit que des Juifs vinrent à la Chine du temps de la
dynastie *Tcheou*. On ne dit pas quel est l'empereur de
Tcheou qui régnait alors. On dit que selon l'histoire des
Juifs, le premier homme, Adam, est né dans le *Tien-tcho* ;
que d'Adam , la loi passa par tradition à *Nu-oua*, de
Nu-oua à Abraham , d'Abraham à Moyse. On ajoute
qu'Abraham est le dix-neuvieme descendant d'Adam ;
qu'Abraham vivait dans la 146e année de la dynastie
ou royaume de *Tcheou*, et que Moyse vivait dans la 613e
année de la même dynastie ou royaume de *Tcheou*. Ce
n'est

n'est pas ici le lieu de rapporter ce qui est contenu dans les tables de pierre de *Cai-fong-fou* ; je n'en prends que ce qui a rapport à la chronologie chinoise.

1° Ce qui est dit des temps d'Abraham et de Moyse est pris nécessairement de quelque monument du temps de la dynastie *Tcheou* ; dans tout autre temps postérieur, on n'aurait pas pensé à se servir d'une époque de la dynastie *Tcheou*, ainsi exprimée.

2° Cette époque ne peut être celle de *Ven-vang*, ni celle de *Vou-vang*.

3° Il est certain que *Heou-tsi* était regardé par les princes de *Tcheou* comme chef de leur famille, et que c'est celui dont on a fixé l'époque avec celle de l'empereur *Yao*. L'empereur *Vou-vang*, en parlant de ses ancêtres dans le *Chou-king*, donne à *Heou-tsi* le titre de *roi* et le *Koue-yu* donne le même titre de *roi* aux ancêtres de *Vou-vang*, surtout à *Heou-tsi*, le chef de ces ancêtres.

4° Il paraît que l'époque de *Tcheou* est ici l'année du règne de *Yao* dans laquelle *Heou-tsi*, chef de la famille *Tcheou*, fut déclaré prince ou seigneur d'un état érigé en principauté ou royaume tributaire.

5° Cette époque n'a pu être marquée si distinctement que d'après une comparaison de la chronologie chinoise avec la chronologie juive ; et comme cette comparaison se fit au temps de la dynastie *Tcheou* avant J.-C., et avant l'incendie des livres, temps où l'on avait l'histoire chinoise, on doit faire une attention particulière à ce point de chronologie.

6° Le texte ne marque ni l'année d'Abraham, ni celle de Moyse ; peut-être a-t-on voulu parler de l'année de la vocation d'Abraham et de celle de la sortie d'Égypte. Si de

la somme 613 on ôte 146, reste la somme de 467 ans entre
le temps de Moyse et celui d'Abraham. Je laisse aux savans
à examiner à quelles années avant J.-C. répondent les années marquées ici pour Abraham et pour Moyse. On voit
bien que je ne suis pas en état de parler juste sur ces deux
points ; il faudrait pour cela être bien au fait des divers
calculs qu'on peut faire en consequence des divers textes de la Bible, et surtout bien connaitre l'exemplaire de
la Bible où, du temps de la dynastie *Tcheou*, les Juifs
de la Chine voyaient un intervalle de 467 ans entre Móyse
et Abraham. Si on savait au juste la chronologie que suivaient les Chinois qui, du temps de la dynastie *Tcheou*,
conférèrent avec les Juifs sur la comparaison des époques d'Abraham et de Moyse avec celle de *Heou-tsi*, on
pourrait dire quelque chose de précis ; mais là-dessus
il n'y a rien de démontré pour le temps de *Heou-tsi*. On
peut établir l'époque de *Heou-tsi*, en vertu de l'éclipse
de l'an 2155 avant J.-C. ; d'autres l'établiront en vertu
de l'éclipse de l'année 2007 avant J.-C. : il y en aura qui
voudront l'établir sur ce qu'on a rapporté de *Meng-tse*,
pour le temps entre *Chun* et *Ven-vang* ; et enfin, il s'en
trouvera qui fixeront cette époque sur ce que le monument des Juifs dit des temps de Moyse et d'Abraham,
par rapport au temps de *Heou-tsi*, et ils diront que c'est
par la chronologie de l'Ecriture qu'il faut régler celle des
autres livres anciens ; mais la difficulté est de savoir bien
au juste quelle est la chronologie de l'Ecriture. Des époques de l'histoire profane bien prouvées peuvent servir à
fixer les époques de la Sainte Ecriture. L'antiquité chinoise, réduite à de justes bornes, ne peut que gagner beaucoup à l'examen qu'on fera de la question que je propose.

1º Depuis le temps de la dynastie des *Han*, des familles juives sont venues d'occident s'établir à la Chine. *Tien-tcho* est un nom que les Chinois ont donné à la partie des Indes où *Fo* a pris naissance. C'est vers le royaume du Bengale. Les Chinois ont aussi donné ce nom au pays de Médine en Arabie, et en général à la Syrie.

2º Le monument qui rapporte ce que j'ai dit d'Adam, de Noé, d'Abraham et de Moyse, n'est pas ancien, il est de la dynastie passée. Mais comme on voit, ce monument suppose un autre ancien monument, ou une tradition constante des Juifs du temps de *Tcheou* avant J.-C.

3º Il paraît certain que les Juifs vinrent à la Chine par terre du côté de *Sse-tchouen* ou *Chen-sy*, mais je laisse encore aux savans à décider en quel temps de la dynastie *Tcheou* ils ont pu venir à la Chine. Ces Juifs de la Chine ont été employés dans les premières charges militaires. Il y en a eu qui sont devenus gouverneurs de provinces, ministres d'état, bacheliers et docteurs. Il y en a eu qui ont possédé de grands biens en terres ; aujourd'hui ils sont fort déchus et beaucoup se sont faits Mahométans.

4º Si on suit la chronologie qui résulte de l'éclipse de l'année 2155, l'année d'Abraham, dont parle le monument, serait vers l'an 2116 avant J.-C., et celle de Moyse serait l'an 1649 avant J.-C. Si on suit la chronologie qui résulte de l'éclipse de l'année 2007, c'est 148 ans plus près de notre temps. On doit remarquer le nom de *Nu-oua* chinois pour Noé, à cause de ce qu'on a rapporté de *Nu-oua* d'après plusieurs histoires chinoises.

5º Dans un autre monument des Juifs de *Cai-fong-fou*, au caractère chinois *ho-tan*.(a) sont joints ceux de *pan-cou* (b) ainsi les Juifs de *Cai-fong-fou* ont vu dans l'histoire fabuleuse de la Chine, des vestiges de la création d'Adam. Par ce qu'on a dit dans la 4e note, on a dû reconnaître que les Juifs ont vu des vestiges du déluge de *Noé* dans ce que les fables chinoises disent de *Nu oua*, de *Kong-kong*, et du déluge de leur temps.

6º Ce qu'on dit des temps d'Abraham et de Moyse est pris de quelque monument ou tradition du temps de la dynastie *Tcheou*.

(1) Adam.   (2) Le premier homme, selon beaucoup de Chinois.

Le nom de *Pan-cou* appliqué à Adam est pris des Chinois qui ne sont pas plus anciens que les empereurs des *Song*, dont le premier commença à régner l'an 960 de J.-C. Le nom de *Nu-oua* peut avoir été pris, et des Chinois avant la dynastie *Han*, et des Chinois après la dynastie *Han*.

7. Puisqu'au temps de *Tcheou* avant J.-C. les Chinois ont fait comparaison de leur histoire avec celle des Juifs, il s'ensuit que les Chinois ont eu dès ce temps-là des connaissances sur la création, le déluge, la dispersion des nations : avant la venue des Juifs les Chinois avaient encore des traditions, et l'histoire des premiers temps. *Lie-tse*, fameux sectateur de *Tao*, est un des premiers qui aient débité tant de rêveries sur les premiers temps ; sur la création, le déluge de *Nu-oua*, les géans ou gens qui vivaient 10,000 ans, 16,000 ans ; enfin, sur le fruit d'un arbre qui donnait la sagesse à ceux qui en mangeaient. A ces fables, les autres sectateurs de *Tao* en ont ajouté beaucoup d'autres que j'ai rapportées et où l'on voit des vestiges de l'histoire de la Sainte Ecriture. Il y a apparence que ces vestiges viennent en partie de la connaissance de l'histoire juive. *Lie-tse* vivait plus de 300 avant J.-C., et c'est peut-être vers la fin du temps du *Tchun-tsieou* et de la mort de *Confucius*, que les Juifs entrèrent à la Chine. Dans ce temps appelé *Tchen-koue*, la secte de *Tao* avait grand cours à la Chine.

Réponse à une difficulté sur le temps de Yao *et de* Heou-tsi.

Le *Koue-yu* dit que de *Heou-tsi* à *Ven-vang* il y a quinze générations ; dans un autre endroit il dit qu'il y a quinze rois. *Sse-ma-tsien* dit aussi que de *Heou-tsi* à *Ven-vang*, il y a quinze générations.

Le *Koue-yu* veut dire que de *Heou-tsi* à *Ven-vang*, il n'y a eu que quinze princes qui aient fait quelque chose de considérable. Le même *Koue-yu* dit que du temps de *Heou-tsi* à celui de *Tching-tang*, fondateur de la dynastie *Chang*, il y a quatorze générations, et vingt-neuf empereurs depuis *Tching-tang* jusqu'au temps de *Ven-vang*. Pour *Sse-ma-tsien*, il met mille ans entre *Heou-tsi* et *Ven-*

vang. Ainsi on doit expliquer son passage comme celui du *Koue-yu*. D'autres disent qu'il s'est glissé quelque erreur dans ces nombres, et le prouvent par d'autres endroits qu'il est inutile de rapporter ici.

Examen des temps avant Yao.

Selon les livres qui restent du temps antérieur à l'incendie des livres, on voit qu'avant *Yao* régnèrent *Tchi*, *Ty-ko*, *Tchouen-hiu*, *Chao-hao*, *Hoang-ti*, *Chin-nong*, *Fou-hi*. On peut ajouter *Soui-gin* et *Yeou-tchao* avant *Fou-hi*.

Selon le livre *Chi-pen*, *Chao-hao* régna quatre-vingt-quatre ans, et *Hoang-ti* régna cent ans. Selon le *Tchou-chou*, *Tchi* régna dix ans, *Ty-ko* régna soixante-trois ans, *Tchouen-hin*, soixante-dix-huit ans, enfin, *Hoang-ti* cent ans. C'est une somme de 251 ans, avant la première année de *Yao*. Dans les autres auteurs antérieurs à l'incendie des livres, on ne voit pas d'années marquées pour les règnes avant *Yao*, et on ne peut faire aucun fonds sur les années de ces règnes marquées par *Hoang-fou-mi* et autres historiens postérieurs. *Sse-ma-tsien* même et *Pan-kou* n'ont pas marqué les années pour ces règnes.

Dans des histoires modernes on voit qu'au jour de *Li-tchun* (1) fut là conjonction du soleil et de la lune; qu'à ce jour les cinq planètes, Saturne, Jupiter, Mars, Venus, Mercure, se trouvèrent réunies dans la constellation *Che* (2). Dans ces historiens modernes cela se trouve au temps de l'empereur *Tchouen-hiu* (3). Ni *Pan-kou* ni *Sse-ma-tsien*, ni aucun livre antérieur à l'incendie des livres, ne parle de cette conjonction ou réunion de planètes au jour du *Li-tchun*. Cette conjonction n'est pas histo-

---

(1) Quinzième deg. du signe *Aquarius*.   (3) On ne marque pas l'année du
(2) Voyez les constellations.   règne.

riques, c'est une époque feinte et systématique, différem-
ment rapportée par les astronomes : ceux de la dynastie
des *Han* orientaux la désignent par le caractère *chou*, caractère qui signifie art, méthode. La même chose est assu-
rée par les astronomes postérieurs. Ce n'est qu'une époque
feinte, propre à un calendrier ou méthode, qui avait le
nom de méthode et calendrier de *Tchouen-hiu*. On ne saurait vérifier cette conjonction : ceux qui l'ont entrepris
n'ont pu remplir les conditions marquées dans le texte. On
ne peut se servir de cette conjonction.ni pour ni contre la
chronologie de *Tchouen-hiu.* Il est inutile que je rapporte
ici les calculs faits par MM. *Kirch* et *Cassimi.*

Le *Tso-tchouen* donne le nom du mandarin qui avait
soin du calendrier dans le temps de *Chao-hao ;* et après ce
que le *Tso-tchouen* et le *Koue-yu* rapportent en détail des
règnes de *Ty-ko, Tchouen-hiu* et *Chao-hao,* on ne peut
guère douter que ces princes n'aient régné à la Chine ;
mais combien de temps ils ont régné avant *Yao,* c'est
ce qu'on ne saurait déterminer, par ce que disent ces
anciens livres. On peut supposer que *Chao-hao* régnait
dans une partie de la Chine, tandis que *Hoang-ti,* régnait
dans l'autre. On ne peut guère aussi révoquer en doute
un règne de *Hoang-ti* en Chine. Outre le témoignage du
Koue-yu et du *Tso-tchouen,* le *Chou-king,* comme on a vu,
parle de *Tchi-yeou* avant le temps de *Yao. Lu-pou-ouey ,*
le *Koue-yu ,* le *Tso-tchouen* et autres livres antérieurs à
l'incendie des livres, parlent de ce *Tchi-yeou* et de la
guerre qu'il eut avec *Hoang-ti. Confucius,* dans les appendices du livre *Y-king ,* nommés *Hi-tse,* parle clairement
de *Hoang-ti ,* comme empereur de la Chine. *Lu-pou-ouey*
suppose que cet empereur établit le tribunal de l'his-

toire, fit faire des instrumens de mathématiques pour l'observation des astres, des calendriers, des cartes célestes. Le livre *Chi-pen* et *Lu-pou-ouey*, en disant que *Hoang-ti* fit arranger le cycle de soixante, ne disent pas si ce cycle était pour 60 jours ou pour 60 années. On a vu que le *Chou-king*, au règne de *Tay-kia*, rapporte les deux caractères *y-tcheou* pour un jour de la douzième lune. Ce n'est qu'au temps de la dynastie *Han* qu'on commence à voir certainement l'usage du cycle de soixante pour désigner les années, et il est surprenant qu'on n'en voie aucun vestige dans l'histoire de *Tsin*, dans *Lu-pou-ouey*, dans le livre *Koue-tse*, dans le *Koue-yu*, le *Tso-tchouen*, le *Tchun-tsieou*, le *Chou-king*.

Ce qui reste du livre *Tchou-chou* a les caractères du cycle de soixante pour désigner les années des règnes en remontant jusqu'à *Yao*; mais il paraît qu'il en est de ce livre comme du *Tchun-tsieou* de *Confucius*, et de l'histoire de *Tsin*. Ces deux livres étaient sans caractères du cycle pour les années; mais parce que les années des règnes de la famille *Tsin* étaient certaines pour leur suite, depuis la dernière année du dernier empereur de *Tsin* avant les *Han*, jusqu'au temps de *Suen-vang*, empereur de *Tcheou*, *Sse-ma-tsien*, ou quelque autre de son temps, a mis les caractères du cycle pour les années jusqu'au commencement de *Suen-vang*. Parce qu'on savait les règnes des empereurs contemporains des princes de *Tsin*, on savait aussi à quelle année des princes de *Tsin* répondaient la première et la dernière année du *Tchun-tsieou*: ainsi on put désigner les années par les caractères du cycle. Les années qui sont entre cette première et cette dernière année ont aussi été désignées par les caractères du cycle, leur nombre et leur suite ayant été écrits par des historiens contemporains.

Peu de temps après que le *Tchou-chou* eut paru, les astronomes crurent avoir vérifié par le calcul astronomique, l'éclipse du *Chou-king* sous *Tchong-kang*, et avoir démontré la distance de leur temps à celui de l'éclipse; ils crurent donc pouvoir mettre certainement les caractères cycliques pour le jour et l'année de cette éclipse. On en fit de même pour les années de *Tching-vang* et *Kang-vang*, empereurs de *Tcheou*, en vertu des lettres cycliques des jours marqués dans les chapitres *kou-ming* et *pi-ming* du *Chou-king*. Les premières éditions du *Tchou-chou* étaient sans doute conformes à ces dates citées par les astronomes de la dynastie *Souy*, et surtout par le bonze *Y-hang*, qui refit et confirma les calculs. Le *Tchou-chou*, qu'on a aujourd'hui, a bien les notes cycliques des années, citées par *Y-hang*, mais en comptant les années des dynasties, on trouve un cycle de 60 années à ajouter pour les commencemens de la dynastie *Tcheou*, et deux cycles de 60 années, ou 120 années à ajouter pour la dynastie *Chang*, ou du moins pour le règne de *Tchong-kang*, comme il est évident par la date de l'éclipse de soleil, rapportée à la cinquième année du règne de *Tchong-kang*. En comptant les années du livre, la note cyclique de l'année de l'éclipse désigne l'année 1948 avant J.-C.; mais dans *Y-hang* et les astronomes de la dynastie *Souy*, cette note désigne l'année 2128 avant J.-C. Cette même année est nécessairement désignée par les notes du jour et de l'année de l'éclipse, l'année 2128 avant J.-C. pouvant seule avoir ces caractères cycliques. C'est ce qui me fait croire que le livre

Tchou-chou

Tchou-chou fut trouvé sans caractères du cycle pour les années, et que le calcul de l'éclipse du *Chou-king* et des jours marqués dans quelques chapitres de ce livre fit mettre les notes cycliques aux années de *Kang-vang* et *Tching-vang*, empereurs de *Tcheou*, et aux années de *Tchong-kang*, empereur de *Hia*: on crut ensuite pouvoir les mettre aux autres années. Il y eut de l'altération à l'édition du *Tchou-chou*, citée par le bonze *Y-hang*. Celui-ci citait le *Tchou-chou* pour confirmer sa chronologie. Quant aux années de l'empereur *Suen-vang* jusqu'à *Nan-vang*, empereur de *Tcheou*, il n'y eut nulle difficulté.

Cette digression m'a paru nécessaire pour faire voir qu'on ne peut aucunement se servir de l'autorité du *Tchou-chou* pour prouver que le cycle de soixante ans était en usage avant l'incendie des livres. L'auteur du *Tien-yuen-li-li*, si zélé pour le *Tchou-chou*, semble avouer qu'il y a apparence que les caractères du cycle pour les années ont été mis après la découverte du livre; mais il n'admet pas la correction de 180 ans ou trois cycles de soixante ans, que l'édition de *Y-hang* avait de plus que l'édition d'aujourd'hui. Après cette digression, revenons à l'examen des temps avant *Yao*.

Il faut faire attention à ce que j'ai rapporté du règne de *Yao* dans la première partie, et à ce qu'on a vu du *Chou-king* dans la seconde partie; on conclura aisément de-là que les temps historiques de la Chine doivent remonter au-dessus de *Yao*, mais de combien de temps, c'est ce que je crois impossible de déterminer d'une manière qui puisse satisfaire, et il y aura toujours bien de l'incertitude.

Lieou-jou, auteur du livre *Ouay-ki*, dit que du temps

35

de *Hoang-ti* on fit une méthode, nommée *Tao-li*, pour les calculs astronomiques. Le commencement pour l'année était *kia-yn* (c'est-à-dire, que l'année *kia-yn* du cycle fut celle où l'on dressa le calendrier). Le commencement pour les jours était *kia-tse* (c'est-à-dire, que le jour *kia-tse* du cycle, était le jour de l'année où il fut dressé) (1). Cette année là, le jour *ki-tcheou* fut le jour du solstice d'hiver et jour de conjonction du soleil avec la lune. Le *Ouay-ki* ajoute qu'on fit une sphère ou globe céleste pour représenter le mouvement du ciel , qu'on détermina les vingt-quatrièmes parties de l'année, appelées *tsie* (*tsie-ki*), qu'on trouva l'art d'intercaler les lunes, et qu'on inventa la période de dix-neuf ans.

Ce que dit le *Ouay-ki* du calendrier *Tao-li* est pris de ce qui, du temps des *Han*, fut dit sur le calendrier de *Hoang-ti* ; c'est-à-dire, que relativement à ce calendrier, comme pour celui qui porte le nom de *Tchouen-hiu*, on employa une époque feinte, soit pour les jours, soit pour les années, sans spécifier le rapport de cette année à une année connue. Pour ce qui regarde les vingt-quatre *tsie-ki*, l'intercalation, la sphère, ou globe céleste, on attribue tout cela à *Hoang-ti*; mais il est plus probable que *Yao* et *Chun* en sont les auteurs. *Yao*, qui fixa les quatre saisons à certaines constellations, parle dans le *Chou-king* (chapitre *yao-tien*) d'une période ou année de 366 jours, c'est-à-dire, d'une année de 365 jours et un quart et d'une quatrième année qui a 366 jours. *Yao* ajoute que l'intercalation du mois lunaire et la détermination des quatre saisons servent à la parfaite disposition de l'année. L'empereur *Chun*, se-

(1) On peut traduire : L'année *kia-yn* était l'époque des années, le jour *kia-tse* était l'époque des jours.

lon le *Chou-king* (chapitre *chun-tien*), fit un instrument soit pour observer, soit pour représenter le mouvement des sept planètes, et établit l'uniformité pour le calendrier, l'année, les lunes : il parle aussi des douze mois lunaires.

Ce que dit le *Ouay-ki* du jour *ki-tcheou*, jour du solstice d'hiver et de nouvelle lune, vient d'un sectateur de *Tao*, qui, l'année 113 avant J.-C., dit à l'empereur *Vou-ti*, que le jour *ki-tcheou* avait été jour du solstice d'hiver et de nouvelle lune, au temps où *Hoang-ti* trouva une urne. L'année 113 avant J.-C. au jour *sin-sse* (24 décembre), on crut le solstice d'hiver réuni à la conjonction. On détermina ce jour *sin-sse* pour le jour du solstice d'hiver et le premier de la onzième lune ; cette même année on trouva une urne ou vase antique de cuivre. Ce charlatan dit que cette année était semblable à celle où *Hoang-ti* avait trouvé l'urne de cuivre, et compara le solstice et la conjonction du jour *sin-sse* avec le solstice du temps de *Hoang-ti*, au jour *ki-tcheou* premier de la lune. Il ajouta que *Hoang-ti* reçut une méthode ou nombre céleste pour calculer les temps, et c'est par-là, dit l'imposteur, que *Hoang-ti* connut le cycle de dix-neuf ans solaires et la période de 380 ans, composée de vingt cycles de dix-neuf ans. C'est dans cette occasion qu'il dit que *Hoang-ti* était monté au ciel, et qu'il était immortel. Ce sectateur de *Tao* était de la province de *Chan-tong*. L'empereur *Vou-ti* infatué des principes de cette secte, espérait d'être immortel comme *Hoang-ti*. Cet homme du *Chan-tong* ne parle pas de l'année du solstice d'hiver du temps de *Hoang-ti* ; c'est *Sse-ma-tsien* qui fait le détail de ce que je viens de dire. Cet homme de *Chan-tong* était sans doute du nombre de ceux qui faisaient régner *Hoang-ti* plus de 3000 et

35 *

4000 ans, et peut-être même davantage avant *Yao*. Je crois inutile de chercher à vérifier une telle époque de *Hoang-ti*. Le *Tchou-chou* est le seul monument antérieur à l'incendie des livres par lequel on puisse assigner une suite d'années pour les règnes depuis *Yao* jusqu'à *Hoang-ti*.

Confucius (1) dit que *Fou-hi* régna ; qu'après sa mort, *Chin-nong* régna ; qu'après la mort de *Chin-nong*, *Hoang-ti*, *Yao* et *Chun* régnèrent. Dans le passage de *Confucius*, on voit ce que *Confucius* dit en général de ces règnes. Il n'y a pas de plus grande autorité chinoise, pour prouver qu'avant *Hoang-ti*, il y a eu un roi *Chin-nong*, un roi *Fou-hi*. La plupart des historiens et des lettrés se réunissent pour commencer les temps historiques par *Fou-hi*. *Confucius* paraît l'avoir ainsi fixe et déterminé. On est en droit de rejeter tous les règnes que quelques historiens ont mis entre *Chin-nong* et *Hoang-ti*, et entre *Chin-nong* et *Fou-hi*. Si on ne rejette pas ces règnes, on peut les considérer comme les règnes de quelques princes contemporains et tributaires de *Chin-nong* et de *Fou-hi*. Pour les règnes antérieurs à *Fou-hi*, on peut à plus forte raison les rejeter. On peut encore dire que *Vou-hoay*, par exemple, *Soui-gin*, *Yeou-tchao*, que certains auteurs ont mis avant *Fou-hi*, ont été les chefs de quelques Chinois et étaient soumis au premier chef *Fou-hi*. Pour ce qu'on a rapporté de ces dix périodes de temps depuis le premier homme jusqu'à la fin du temps du *Tchun-tsieou*, de *Pan-kou* et des trois *Hoang*, ce n'est qu'un tissu de fables (2) qui contiennent quelques vestiges de l'ancien temps. On est libre d'admettre telle opinion que l'on veut

(1) Voyez la seconde partie, à l'article *Y-king*, pag 78.
(2) Les lettrés chinois n'ont aucune peine à l'avouer.

sur la durée des règnes de *Chin-nong* et de *Fou-hi*. Il n'y a aucun monument antérieur à l'incendie des livres qui existe, et qui parle du nombre des années de ces deux règnes. L'autorité du *Tchou-chou* n'est pas assez grande pour obliger à admettre en entier le nombre d'années que ce livre assigne pour les empereurs *Tchi*, *Ty-ko*, *Tchouen-hiu*, *Hoang-ti*.

Soit qu'on se détermine à fixer l'époque de *Yao*, comme je crois pouvoir la fixer en vertu de l'éclipse solaire de l'année 2155 avant J.-C., soit qu'on veuille la fixer à une année plus rapprochée de nous, de 100, 148, 150 ans, on ne peut, ce me semble, se dispenser d'ajouter quelques siècles à l'année du déluge déterminée par *Usserius*, *Salien*, *Petau* et autres; mais je ne vois rien qui oblige à suivre le sentiment de *Pezron*. Il est constant qu'au temps de *Yao* la Chine était assez peuplée, et qu'il y avait même des habitans dans des îles de la Mer orientale. On savait composer en vers, et il y avait des collèges au temps de *Chun*; on savait rapporter aux étoiles les solstices et les équinoxes; on connaissait une année de 365 jours un quart; on savait s'en servir pour disposer l'année de douze mois lunaires, année qu'on savait par intercalation, égaler aux années solaires; on savait observer les astres; il y avait des ouvrages en cuivre, en fer, en vernis, des étoffes de soie; on savait faire des barques, même pour aller à des îles de la Mer orientale. Tout cela est constant par la première partie du livre *Chou-king*, écrite au temps même de *Yao* et de *Chun*, et il faut nécessairement admettre des peuples à la Chine avant le temps de *Yao*.

L'empereur *Tchong-kang* n'est pas loin du temps de

(1) Chapitre du *Chou-king*.

l'empereur *Chun*. Or, par le chapitre *yn-tching* (1) écrit
du temps même de ce prince ou de son successeur, on
voit que de son temps il y avait des mandarins préposés pour calculer et observer les éclipses de soleil. Cela
suppose une méthode qu'on n'a qu'après une longue suite
d'observations et de calculs. Mais pour cet article et autres
de ce genre, on peut dire que les anciens patriarches
avaient laissé des méthodes et des pratiques, surtout pour
l'astronomie. Quelque système qu'on adopte, il faut conclure que les fondateurs de l'empire chinois sont bien
près de Noé et de ses enfans. Du pays où se fit la dispersion des nations jusqu'à la *Chine*, il y a bien des pays
à traverser, et ce voyage ayant dû offrir tant d'embarras et de difficultés, dut être bien long. Pour concilier la
chronologie chinoise avec celle de l'Ecriture, il faudrait
savoir au juste quel est le calcul le plus conforme à la
vraie chronologie, qui résulte de la comparaison des divers textes de la Bible ; c'est ce que je ne suis pas en état
de faire. Je laisse à d'autres plus habiles le soin de concilier tout cela, de manière à pouvoir laisser *Chin-nong* et
Fou-hi en possession de l'empire chinois, et à pouvoir
donner un nombre d'années convenable pour les règnes
de *Ty-ko*, *Tchouen-hiu*, *Hoang-ti*.

Ceux qui, du temps de la dispersion des nations, furent choisis pour venir repeupler ou peupler la Chine,
avaient sans doute des caractères (1) pour écrire en
langue chinoise, et firent des lois pour leur colonie. Ne

---

(1) Les *Koua* de *Fou-hi* sont les élémens de l'écriture chinoise. On peut
dire que *Fou-hi* eut des caractères, des
traditions, même des livres, et que
Hoang-ti donna une autre forme aux
caractères quand on fut arrivé à la Chine ; on peut aussi dire que *Fou-hi* et
Chin-nong moururent en chemin, mais
chefs des colonies chinoises.

peut-on pas mettre au temps de la dispersion des nations les commencemens de la monarchie chinoise ? Ce qui se passa dans le voyage jusqu'à la Chine ne peut-il pas être compté pour une partie de l'histoire chinoise, et les chefs de cette colonie ne peuvent-ils pas être mis au nombre des empereurs chinois ?

Si *Meng-tse* et les disciples de *Confucius* dans les livres classiques, appelés *Sse-chou*, n'ont rien dit des temps avant *Yao*, n'est-ce pas parce que ces auteurs ne voyaient rien de bien détaillé dans ce qui se disait de ces temps ? Peut-être l'ancienne histoire commençait-elle par *Yao*, non parce que *Yao* avait été le premier empereur chinois, mais parce qu'avant lui les Chinois n'étaient encore que des peuples grossiers, quoique conduits et gouvernés par des princes habiles et tout occupés du soin de policer leurs sujets. Quoique divers chapitres du *Chou-king* se soient perdus, il est certain qu'il a toujours commencé par *Yao*. N'est-ce pas, parce que *Confucius* a vu qu'avant *Yao* il n'y avait pas assez de faits mémorables pour être mis dans une histoire, et a cru d'ailleurs que ce qu'il avait dit dans les appendices du livre *Y-king* suffisait ? Le livre des cérémonies (*Li-ki*) et le livre *Koue-yu*, dans ce qu'ils rapportent des cérémonies pour les anciens rois de la Chine, commencent par l'empereur *Hoang-ti*, et si l'on avait eu quelque monument certain et détaillé sur les ancêtres de *Hoang-ti* à la Chine, les auteurs de ces cérémonies n'auraient pas manqué de marquer les noms de ces princes pour faire rendre à leur mémoire les honneurs convenables. Les cérémonies déterminées aujourd'hui pour *Chin-nong* et *Fou-hi* ont été établies dans des temps postérieurs à la dynastie *Tcheou*. Il y a même des céré-monies pour *Nu-oua* (1) quoique son règne soit regardé comme fabuleux à la Chine.

Ce qu'on dit d'un grand nombre de princes avant *Fou-hi*, dont on voit des monumens à la montagne *Tay-chan*, dans le territoire de *Tsi-nan-fou*, capitale du *Chan-tong*, est une fable débitée par les sectateurs de *Tao*, et il est surprenant qu'un missionnaire, cité dans un savant mémoire (2), ait écrit qu'à cette montagne on voit encore des restes d'anciens monumens, en caractères, sur soixante-douze tables gravées par ordre de soixante-douze souverains. Ces soixante-douze prétendues tables, où sont ces caractères, sont précisément une partie des rê-veries des sectateurs de *Tao*, qui ont dit qu'à la montagne *Tay-chan*, soixante-douze souverains, la plupart anté-rieurs à *Fou-hi*, avaient fait des cérémonies au temps de leur installation, et avaient laissé des monumens de leur religion et de leur piété dans des tables où ils avaient fait graver des caractères. A la montagne *Tay-chan*, le plus ancien monument en caractères gravés sur des tables, est un reste d'une ancienne table de marbre ou pierre dressée par l'ordre de *Tsin-chi-hoang* (3) comme un monument du voyage qu'il fit à cette montagne. J'ai parlé de ce voyage de *Tsin-chi-hoang*.

On voit bien que je suis porté à croire que *Hoang-ti* a été le premier empereur chinois; que l'empire chinois, depuis son temps jusqu'à celui de *Yao*, n'a été ni aussi puis-sant ni aussi policé, que le représentent les historiens

---

(1) Je ne sais pas bien le temps où on a commencé à établir ces cérémonies; ce temps n'est pas au-dessus des *Han*.

(2) Mémoires de Littérature de l'Acadé-mie royale des Inscrip. et Belles-Lettres, T. 15e, Paris, 1743, p. 495, et suiv.

(3) Empereur de la dynastie *Tsin* avant J.-C.

postérieurs

postérieurs, et qu'on ne saurait donner pour certaine la somme des années depuis *Yao* jusqu'à la première année de *Hoang-ti*. Je suis aussi porté à croire que *Chin-nong* et *Fou-hi*, et peut-être *Vou hoay*, *Soui-gin*, *Yeou-tchao* ont été princes ou chefs des Chinois, mais dans le voyage des environs de Babylone ou autre pays voisin, à la Chine. Je ne prétends pas donner pour certain ce que je crois qu'on peut dire des temps avant *Yao*.

De tout ce que j'ai dit sur les époques de la chronologie chinoise, on doit conclure qu'il ne faut pas regarder la suite des cycles de soixante années marqués, par exemple, dans le P. Couplet, comme un monument de l'histoire et des historiens de l'empire. On peut dire cela pour le temps d'aujourd'hui jusqu'à la dynastie *Han*. De la dynastie *Han* jusqu'à la régence *Kong-ho* (841 avant J.-C.), les historiens postérieurs ont pu mettre les notes cycliques aux années, parce que la suite en est certaine. Pour les temps au-dessus de la régence *Kong-ho*, les caractères du cycle de soixante n'ont été mis que par des auteurs postérieurs à la dynastie *Han*, et dans plusieurs historiens, il y a des différences pour certaines années marquées avec des caractères cycliques différens, parce que les sentimens sur ces années sont partagés. Plusieurs remarques de quelques Européens, relativement à l'ordre des cycles, sont fort inutiles. On peut commencer si on veut par *Hoang-ti*, par *Fou-hi*, *Yao*, *Ven-vang* : cela est arbitraire. Quand même il serait certain que le cycle de soixante ans est du temps de *Hoang-ti*, on ne saurait, 1° déterminer à quelle année de *Hoang-ti* il faut mettre, par exemple, les caractères *kia-tse*, qui sont la première note du cycle; 2° marquer les caractères du cycle à chaque

36

année des règnes avant la régence *Kong-ho*, puisqu'on ne sait pas certainement le rapport de chacune de ces années à quelque époque bien connue. Si quelques historiens ont cru pouvoir mettre à chaque année les caractères du cycle, c'est pour avoir une histoire suivie et méthodique; cela n'empêche pas que dans bien des occasions ces mêmes historiens avouent que leur détermination est incertaine, et proposent avec franchise et leurs propres doutes et ceux des autres. Ces sortes de disputes littéraires entre les Chinois pourraient être citées pour faire voir le ridicule de quelques disputes littéraires entre plusieurs savans d'Europe sur divers points, et en particulier sur la chronologie. Dans les disputes chinoises on ne voit rien que de modéré, de modeste, rien qui ressente le mépris pour les autres.

On a vu qu'entre les Chinois et les Juifs, il s'était fait une comparaison des chronologies des deux nations. On n'a que la comparaison des temps d'Abraham et de Moyse avec ceux de *Heou-tsi*, chef de la famille impériale de *Tcheou*. Par le livre d'*Abdalla*, on voit que les Persans ont eu connaissance d'une histoire chinoise dans le genre du *Ouay-ki*, mais il n'y a pas d'examen des époques, ni de comparaison de la chronologie persanne avec la chronologie chinoise. On a fait quelques recherches pour voir si les Mahométans de la Chine ont dans leurs livres de ces sortes de comparaisons, mais on n'a rien trouvé.

Dans l'histoire chinoise de la dynastie des Mogols, on voit l'extrait des ouvrages d'un savant, natif de *Baleg* dans le Chorassan : il parle au long de la chronologie chinoise, mais il ne dit rien de celle de sa nation. Il s'établit à la Chine, et suivit la chronologie de *Chao-yong* dont on a parlé (1). Dans ce que Grævius a publié, on ne voit pas que *Ulugbeg* ni *Nassir-eddin* aient examiné en critiques les époques chinoises qu'ils ont connues. Beaucoup de missionnaires ont écrit sur la chronologie chinoise, et d'après leurs mémoires, plusieurs savans d'Europe ont écrit sur cette matière. On peut dire que le plus grand nombre de ces missionnaires est de ceux qui ont supposé sans examen la certitude de la chronologie qu'ils ont vue bien détaillée dans les abrégés d'histoire chinoise, et il y en a peu qui aient examiné les fondemens de la chronologie chinoise dans les livres de la nation qui traitent de l'astronomie, ainsi que de la critique et de l'examen de l'ancienne histoire. Pour les Européens, je ne sais s'il y en a qui aient pris autant de peines et de précautions que M. Freret, pour parler juste sur cette matière. On nous a dit que d'autres savans d'Europe travaillent sur ce sujet; je suis trop peu instruit de leur travail pour en dire mon sentiment : nous verrions ici avec plaisir leurs ouvrages, surtout celui de M. Leonard de Malepines, dont on fait un beau portrait dans le journal de Trévoux de 1744. Je ne dis rien de ceux qui, en Europe, sur des mémoires venus de la Chine, sans aucun examen de leur part, ont supposé la vérité ou la fausseté des époques de l'histoire chinoise.

Quelques temps après que le R. P. Mathieu Ricci eut fondé la mission des Jésuites à la Chine, quelques missionnaires crurent que la chronologie chinoise, qui met la première année de *Yao* à l'année 2357 avant J.-C., était contraire à la Sainte-Ecriture, et quoiqu'on leur fît voir que cette chronologie pouvait s'accorder avec le

(1) Voyez la deuxième partie, ci-devant, p. 152.

36 *

calcul des Septante, autorisé dans l'église, ces missionnaires avaient toujours quelque scrupule. Les supérieurs
de la mission crurent l'affaire importante par rapport
à la prédication de l'évangile, et pensèrent qu'il y aurait
du danger à faire entendre aux Chinois qu'on croyait,
par exemple, que *Yao* n'avait pas été un empereur de la
Chine. On conféra avec d'habiles Chinois sur leur histoire,
et le R.P. Adam Schall fut chargé d'écrire à Rome au R. P.
général des Jésuites, et de lui rendre compte des fondemens de la chronologie chinoise. Le R. P. Adam Schall
envoya à Rome un mémoire dont je n'ai vu que le résultat. Dans ce mémoire, on dit que sans offenser les Chinois, on peut mettre la première année du règne de *Yao*
à l'année 2357 avant J.-C., et que cet empereur peut
être regardé comme le premier empereur de la Chine ;
que ses prédécesseurs jusqu'à *Fou-hi* peuvent être con-
sidérés comme autant de chefs de famille, mais chefs
illustres, et dont le mérite peut les faire appeler rois.
Pour l'époque de l'an 2357, on prétend dans ce Mémoire
qu'elle est hors de doute, 1° à cause de la suite des années
du cycle de soixante, non interrompue depuis *Yao* jusqu'à
l'année 1628 de J.-C.; 2° à cause de l'observation de la
constellation *Hiu* dont le septième degré fut trouvé répondre au solstice d'hiver, au temps de *Yao*; 3° à cause
que ce qu'on observa des autres étoiles au temps de *Yao*
est conforme à ce qui résulte de l'observation de la constellation *Hiu*, et à la suite des cycles de soixante (1).

Le R. P. Général ayant reçu à Rome le Mémoire du

(1) Par l'examen que j'ai fait et dont   des argumens employés dans le Mémoire
je rends compte dans cette troisième   du P. Adam Schall.
partie, on peut voir qu'elle est la force

R. P. Adam Schall , nomma des réviseurs pour l'examiner. On ne dit pas si l'on consulta le Saint-Père. J'ai vu la lettre écrite de Rome le 20 décembre 1637 , en réponse au Mémoire du R. P. Adam Schall. Dans cette lettre on recommande aux supérieurs de la mission, de faire suivre une chronologie uniforme par les misionnaires, en prêchant l'évangile ; on ajoute qu'on peut sans scrupule suivre la chronologie chinoise, suivant le Mémoire du P. Adam Schall ; qu'une telle chronologie est confirmée par l'autorité du martyrologe romain, et par le suffrage du cardinal Baronius, et est appuyée sur l'autorité des Pères de l'Eglise. On enjoint aux Jésuites de la Chine de ne pas faire entendre aux Chinois, que la chronologie qu'on leur dit pouvoir suivre, est un point décidé par l'Eglise , ou un point évidemment démontré.

Les missionnaires jésuites, outre le mémoire envoyé à Rome , consultèrent encore quelques fameux astronomes d'Europe. Le père Térence écrivit en particulier au fameux Kepler. Il lui fit part de ce que le chapitre *yao-tien* rapporte au sujet des étoiles. Il est hors de doute que c'est en cette occasion que le P. Térence fit part à Kepler de la méthode qu'il s'était faite à la Chine pour faciliter le calcul des éclipses de soleil. On envoya en même-temps ce que le *Chou-king* et le *Chi-king* rapportent de deux éclipses de soleil, et à ces éclipses on en ajouta quelques autres tirées du *Tchun-tsieou* et de l'histoire. On n'a pu trouver ici ni la copie des lettres écrites à Kepler, ni la réponse que Kepler fit sans doute à ces lettres.

A *Péking* , ce 27 septembre 1749.

FIN DE LA TROISIÈME ET DERNIÈRE PARTIE.

LETTRE

DU P. GAUBIL AU P. FOUREAU.

De Péking, le 2 octobre 1749.

MON RÉVÉREND PÈRE,

VOTRE RÉVÉRENCE demande une méthode pour savoir réduire les jours chinois aux jours européens, en voici une.

Vous savez que l'année julienne a 365 jours six heures. Si vous divisez cette somme par soixante, à la fin de l'année, tous les soixante ôtés, il reste cinq jours six heures; ainsi après quatre ans, les soixante ôtés-, il reste vingt-un jours; donc après quatre-vingts ans, la division faite, il reste zéro, c'est-à-dire qu'après quatre-vingts ans juliens, les caractères du cycle de soixante jours reviennent aux mêmes jours de l'année julienne. Si on a donc les caractères chinois pour le premier janvier julien d'une période de quatre-vingts ans juliens, on aura les caractères du premier janvier julien pour quelque année que ce soit, soit avant, soit après J.-C.; et si on a les caractères chinois pour le premier janvier, on a les caractères pour tous les autres jours de l'année : on n'a qu'à suivre les caractères du cycle de soixante. Donnons quelques exemples.

L'année 1750 de J.-C., le 12 janvier a dans le calendrier chinois les caractères du cycle *ki-mao*. Ce 12 janvier est le premier janvier julien, ainsi le premier janvier julien 1750, a les caractères *ki-mao*.

L'année 1750 est la soixante-onzième année de la période de quatre-vingts ans qui commença l'an de J.-C. 1680. Je cherche dans la table des jours d'une période de quatre-vingts ans, et je trouve les caractères *ki-mao* pour le premier janvier julien de la soixante-onzième année: de-là je conclus que le premier janvier julien, ou le 12 janvier grégorien de l'année 1750 a les caractères *ki-mao*, et je trouve effectivement ces caractères dans le calendrier chinois.

On veut savoir les caractères chinois du 24 juin, nativité de St.-Jean-Baptiste, de l'année 1749. Le 24 juin est le 13 juin julien. Selon la table, les caracteres du premier janvier sont les mêmes que ceux du 30 juin de l'année ordinaire. Or, dans le calendrier chinois, pour l'année 1749, le 13 juin julien, ou le 24 juin grégorien a les caractères *ting-sse:* donc le 30 juin a les caractères *kia-su*. Le premier janvier julien doit avoir les mêmes caractères *kia-su*. L'année de J.-C 1749 est la soixante-dixième année de la période de quatre-vingts ans, et à cette soixante-dixième année on trouve effectivement les caractères *kia-su* pour le premier janvier julien.

Dans l'astronomie chinoise on trouve une éclipse de lune au jour *y-yeou* de la onzième lune d'une année qui répond à l'année de J.-C. 1135. Le calcul des jours, selon la table, donne pour le premier janvier 1135 les caractères *keng-yn*. Les mêmes caractères sont pour les 2 mars, 1er mai, 30 juin, 29 août, 28 octobre, 27 décembre. Le solstice d'hiver doit être dans la onzième lune du calen-

drier de ce temps là : ainsi le jour *y-yeou* 22 décembre ,
peut seul convenir au texte. Le P. Grandamy rapporte une éclipse de lune au 22 décembre de l'année
1135 de J.-C. ; c'est clairement l'éclipse dont parle
l'astronomie chinoise. On pourrait rapporter beaucoup
d'autres exemples pour vérifier la méthode : en voici un
avant Jesus-Christ.

Le P. Riccioli rapporte une éclipse de soleil le 19 avril
481 avant J.-C. Dans la table du commencement des périodes de quatre-vingts ans, on trouve l'année 481 pour le
commencement d'une période, c'est-à-dire, que le 1er janvier de l'an 481 avant J.-C. eut les caractères *sin-ouey*
du cycle de soixante jours. Le 30 avril eut aussi les mêmes
caractères selon la table ; l'année était bissextile ; donc le
19 avril eut les caractères *keng-chin*. L'histoire chinoise
rapporte une éclipse de lune l'année 481 avant J.-C., au
premier jour *keng - chin* de la cinquième lune. Cette
cinquième lune était dans le calendrier de la dynastie
Tcheou, la troisième lune dans le calendrier d'aujour-
d'hui, c'est-à-dire, celle dans les jours de laquelle le soleil entre dans notre signe *Taurus*. Or, le 19 avril 481
avant J.-C., vers midi, au pays de *Chan-tong* où était la
cour des princes de *Lou*, de l'histoire desquels on a pris
l'éclipse rapportée dans l'histoire chinoise, la conjonction
eut lieu vers midi : le soleil et la lune étaient dans *Aries* 22 d.
47 m. 37 s., le nœud dans *Libra* 22 d. 27 m. Il y eut donc
éclipse. Dans cette lune, le soleil entra dans *Taurus* L'é-
clipse chinoise est la même que celle dont le P. Riccioli
parle. Le jour de cette éclipse fut le 19 avril, et l'histoire
chinoise marque le jour de l'éclipse par les caractères
keng-chin. On trouve les mêmes caractères par le calcul,
selon

selon les tables que je vous envoie. En suivant la table, vous voyez que l'année 1751 aura les caractères *Kia-chin* pour le 1er janvier julien. L'année 1752 aura les caractères *Ki-tcheou*. L'année 1753 aura les caractères *Y-ouey*, etc.

Vous devez faire attention, 1° au moment de minuit qui commence le jour chinois, 2° à la différence des méridiens. Par exemple, à Paris, à quatre heures 24 m. du soir du 1er janvier 1750, on doit marquer pour le jour chinois, *Keng-tchin*, quoique le jour *Ki-mao* soit le 1er janvier, parce que les quatre heures 24 min. du soir de Paris le 1er janvier, répondent, par exemple, à minuit par ou commence le 2 janvier. On doit faire attention, 3° à la nature du calendrier chinois. Une partie de la douzième lune est à la Chine au mois de janvier : ainsi quoique, par exemple, l'année 14e des années *Kien-long* soit marquée répondre à l'année de J.-C. 1749, quelques jours même de la onzième lune sont dans l'année 1750, puisque le 7 février 1750 sera le premier de la première lune de l'année 15e *Kien-long*. Il faut donc faire attention à la onzième et à la douzième lune. Ayez, par exemple, le livret de la connaissance des temps où on marque l'entrée du soleil dans les signes à un jour et une minute déterminés, ajoutez à ce temps sept heures 36 min.; vous aurez le temps pour Péking. Or, la première lune chinoise est celle dans les jours de laquelle le soleil entre dans le signe *Pisces*, la deuxième celle où le soleil entre dans *Aries*, etc. Le solstice d'été est dans la cinquième lune, le solstice d'hiver dans la onzième, l'équinoxe du printemps dans la deuxième, l'equinoxe d'automne dans la huitième lune. Quand dans une lune l'équinoxe n'entre dans aucun signe, la lune est intercalaire, et l'année a treize lunes. Si la conjonction est avant minuit, le premier jour de la lune est celui qui commence à minuit du jour précédent. Par exemple, le 18 mars 1749, les éphémérides chinoises marquent le moment de la conjonction à onze heures 11 min. du soir, mais le premier jour de la lune est compté du moment de minuit entre le 17 et 18 mars. Les éphémérides chinoises sont ici précisément d'accord avec M. l'abbé de la Caille, au lieu que M. Manfredi marque quatre heures 2 min., c'est-à-dire à Péking onze heures 2 min., parce que Boulogne est plus occidental que Péking de sept heures : ainsi si les éphémérides chinoises étaient différentes, par exemple, de 15 min. pour la conjonction, et que cela se trouvât avant minuit, il y aurait de l'embarras à juger par les éphémérides d'Europe du premier jour de la lune chinoise.

Par exemple, supposons qu'à un certain jour la conjonction soit marquée à Paris à quatre heures 10 min ; selon la différence des méridiens, c'est à Péking à onze heures 46 min. du soir : ainsi, en suivant les éphémérides de Paris, ce même jour est le premier de la conjonction à Péking. Mais supposons que les éphémérides de Péking retardent la conjonction de 30 min. de temps, la conjonction sera à Péking à 16 min. après minuit du jour suivant ; ainsi le jour suivant sera compté pour le premier jour de la lune. Je n'ai pas examiné ce qui s'est fait en pareil cas ; je crois cependant que quand cela arrive, les Jésuites de la vice-province portugaise qui sont dans le tribunal, ont soin de suivre le calcul des meilleures éphémérides européennes ; mais il pourra se faire qu'il y aura quelque différence entre celles de Paris et celles de Londres ou de Boulogne, etc. Cela étant, il est des cas où il sera difficile de déterminer en Europe le premier jour chinois de telle et telle lune. Pour cela, il faudrait avoir des éphémérides dont le calcul fût entièrement d'accord pour le moment des conjonctions avec les éphémérides chinoises; mais pour l'ordinaire on pourra déterminer les lunes chinoises en Europe par les éphémérides, parce que entre les éphémérides chinoises et celles d'Europe, la différence n'est pas si grande : on pourra aussi s'exposer à faire une lune petite au lieu d'une grande, et *vice versâ*. Voilà ce que j'ai à vous dire, relativement à ce que vous demandez pour les jours chinois. Je suis avec respect,

De V. R.

Le très-humble et très-obéissant serviteur, A. GAUBIL, J.

Vous savez qu'une grande lune a trente jours, et une petite lune vingt-neuf jours.

Si vous avez des éphémérides européennes, voyez l'espace entre les deux premières lunes chinoises de deux années : si l'espace est de 384 ou 385 jours, l'année aura treize lunes, dont une sera intercalaire, et l'intercalaire sera celle dans le cours de laquelle le soleil n'entrera dans aucun signe.

Si vous faites bien, vous conférerez sur tout ceci avec M. de l'Isle.

FIN.

DE L'IMPRIMERIE DE CHARLES, RUE DE THIONVILLE, N° 36.